中等专业学校教材

无机化学工艺学

江西省化工学校　王小宝　主编

化学工业出版社
·北　京·

图书在版编目（CIP）数据

无机化学工艺学/王小宝主编. —北京：化学工业
出版社，2000.5（2024.9重印）
中等专业学校教材
ISBN 978-7-5025-2777-8

Ⅰ. 无… Ⅱ. 王… Ⅲ. 无机化学-工艺学-专业学
校-教材 Ⅳ. TQ11

中国版本图书馆 CIP 数据核字（2000）第 01672 号

责任编辑：陈有华 旷英姿 装帧设计：蒋艳君
责任校对：马燕珠

出版发行：化学工业出版社（北京市东城区青年湖南街 13 号 邮政编码 100011）
印 刷：北京云浩印刷有限责任公司
装 订：三河市振勇印装有限公司
850mm×1168mm 1/32 印张 9¼ 字数 243 千字
2024 年 9 月北京第 1 版第 18 次印刷

购书咨询：010-64518888 售后服务：010-64518899
网 址：http://www.cip.com.cn
凡购买本书，如有缺损质量问题，本社销售中心负责调换。

定 价：28.00 元

前　　言

《无机化学工艺学》是全国化工中专化学工艺专业的规划教材。

本书是根据全国化工中专教学指导委员会1996年制定的化学工艺专业教学计划对《无机化学工艺学》的设课要求和教学大纲编写而成的。适合全日制普通中等专业学校化学工艺专业使用。

本书主要阐述典型无机产品的生产原理、生产方法、工艺条件的确定、生产工艺流程及主要设备构造等。并对有关产品生产的新工艺、新技术、新设备及发展动态作了简要介绍。

本书由江西化工学校王小宝和天津化工学校李金麟编写。王小宝编写绪论、第一章、第二章、第三章、第五章、第六章，李金麟编写第四章、第七章，全书由王小宝主编。本书由吉林化工学校吕守信主审，参加审稿的有：泸州化工学校姜德村、冯婷希，湖南化工学校李平辉，武汉化工学校张桃先。本书编写过程得到全国化工中专教学指导委员会委员、天津市化工学校黄震副校长的指导和帮助，还得到江西化工学校和天津化工学校领导和有关人员的大力支持。在此一并表示感谢！

由于编者水平所限，书中难免有错误和不妥之处，敬请专家及使用本书的广大师生批评指正。

编者

1999 年 9 月

目　　录

绪　论

一、本课程的性质、内容和任务

通过化学反应，将物料进行加工的工业过程统称为化工生产过程，它的范围很广。无机化学工艺学是分析研究无机化工过程规律的一门学科。它是理论与实践密切结合的技术学科，不仅需要应用物理和化学的原理和定律，而且要用到工程知识和技术经济规律以处理实际问题。无机化学工业拥有的行业较多，如化学肥料、酸碱生产及无机盐生产等。

无机化学工艺学中应用化学原理的目的是为了确定过程进行的方向和途径，以及在一定的工艺条件下，生产可能达到的极限。应用工程知识是为了使生产过程工业化并采用适宜的设备和工序进行正常生产。技术经济规律则有利于对生产工艺方案的可能性作出评价，综合比较以筛选出合理和经济的方案，从而确定物料和能量利用或综合利用的路线。生产中还要注意生产安全和进行污染治理，做好环境保护。

无机化学工艺学课程的主要内容是典型无机产品（如合成氨、化学肥料及无机酸碱盐等）的生产工艺。

学习本课程的主要任务是通过典型无机化工产品的学习，熟悉这些产品的生产原料、生产方法、工艺过程，掌握这些无机化工产品的生产原理、工艺条件，了解无机化工生产行业的发展动态。以便对现行的化学工业生产过程进行管理，使设备能正常运转，进而对现行的生产过程及设备作各种改进以提高其效率，从而使生产获得最大限度的经济效益。

二、典型无机产品在国民经济中的地位

一些典型无机产品，如合成氨、硫酸及纯碱等，在国民经济中占有重要的地位。合成氨、硫酸、纯碱和烧碱等这些产品的年产量在一

定程度上反映一个国家的化学工业发展水平。

氨（NH_3）是一种重要的含氮化合物，用途很广。以氨为主要原料可以制造各种氮素肥料，而氮素肥料施用量在整个化学肥料中占首位。氨也是一些工业部门的重要原料，工业用氨量已占合成氨产量的10％以上。基本化学工业中的硝酸、纯碱、各种含氮无机盐，有机化学工业中的各种含氮中间体，制药工业中的合成药物和高分子化学工业中的氨基塑料、丁腈橡胶等许多产品，都会直接或间接地用到氨。氨还应用于国防和尖端科学技术部门。制造三硝基甲苯、三硝基苯酚、硝化甘油等多种炸药都要消耗大量的氨。生产导弹、火箭的推进剂和氧化剂，同样也离不开氨。

不仅如此，合成氨工业的迅速发展，还促进了一系列科学技术和化学合成工业的发展。如高压低温技术、催化和特殊金属材料的应用、尿素及甲醇的合成、石油加氢、高压聚合物的生产等。

纯硫酸（H_2SO_4）是一种无色透明的油状液体，工业上的硫酸是指 SO_3 和 H_2O 以一定比例混合的溶液。硫酸是一种重要的基本化工原料，广泛地应用于国民经济的很多重要部门，曾被誉为"工业之母"。

三、典型无机产品的工业生产情况及生产发展趋势

化学工业的大规模生产可以认为是从路布兰在 1788 年提出以食盐为原料的制碱方法为开始。随着工业和城市的发展，农产品的需要量大为增加。为了农业增产，1841 年在工业上开始生产过磷酸钙，1870 年后兴起钾盐开采工业，同时智利硝石也大量开采，到 1892 年，电解食盐水、石棉隔膜电解槽相继投入工业生产。

由于产业革命促进了化工生产的迅速发展，使之结束了手工作坊的生产方式，新工艺、新技术不断使用，新产品不断出现，使化学化工理论的内容不断充实。

化学工业发展的科学开发阶段可以认为始于 1913 年哈伯和博施将第一个合成氨厂建成并投产，该厂设计生产能力为日产氨 30t，建在德国汉堡，1914 年满负荷生产。由于哈伯贡献突出而获 1918 年诺贝尔化学奖，人们也称这种直接合成氨的方法为哈伯-博施法。

(一) 合成氨生产的进展

第一次世界大战结束后，一些国家先后在哈伯-博施法的基础上加以改进，而出现了不同压力（10～100MPa）的氨合成方法。

随着世界人口不断增长，用于制造化学肥料和其他化工产品的氨产量也在迅速增加。经过近 80 年的发展，1992 年世界合成氨的产量为 92.363Mt（以 N 计），在化工产品中仅于次硫酸，而居世界第二位，成为重要的支柱产业之一。

第二次世界大战结束后，随着合成氨需要量的增长及石油工业的迅速发展，从 20 世纪 50 年代开始，合成氨工业在许多方面发生了重大的变化。以下就原料构成、生产规模、能量消耗与生产自动化等方面作一简要综述。

1. 原料构成　为了生产合成氨，必须制取合格的原料气。

合成氨工业的初始原料是煤、天然气、石油以及重油等，其中也包括煤加工产物焦炭和焦炉气，以及石油炼制过程中副产的炼厂气等。几十年来合成氨原料构成的变化如表 0-1 所示。

表 0-1　世界合成氨原料构成/%

原　料	1929 年	1939 年	1953 年	1965 年	1971 年	1975 年	1980 年	1985 年	1990 年
焦炭、煤	65.2	53.6	37	5.8	9.0	9.0	5.5	6.5	13.5
焦炉气	15.8	27.1	22	20					
天然气	—	1.3	26	44.2	60	62.0	71.5	71.0	77
石脑油	—	—	—	4.8	20	19.0	16.0	13.0	6
重油	—	—	—	9.2	4.5	5.0	7.5	8.5	3
其他	19	18	15	16	6.5	5.0	0.5	1.0	0.5
合计	100	100	100	100	100	100	100	100	100

由表 0-1 可以看出，合成氨原料构成是从固体燃料为主转移到以气体和液体燃料为主。

早期建立的合成氨厂都用焦炭为原料，20 世纪 20 年代以后开始出现焦炉气深度冷冻分离制取氢气的方法。焦炭和焦炉气都是煤的加工产物，一直到第二次世界大战结束，它们始终是生产合成氨的主要原料。

自从北美洲大陆大量开发天然气资源成功之后，因为天然气便于管道输送、加压转化，用作合成氨的原料具有投资省、能耗低的明显优势，20世纪50年代开始采用天然气为原料制氨。到60年代末国外主要产氨国家都已先后停用焦炭和煤为原料，而天然气制氨所占的比重不断上升。在解决了石脑油蒸汽转化过程的析炭问题后，1962年开发成功以石脑油为原料生产合成氨的方法。但石脑油价格比天然气高，而且又是石油化工的重要原料，它的采用受到一定限制。为了扩大原料范围，又开发了用重油部分氧化法制氢。重油来源广泛，比石脑油价廉，从此开始作为合成氨的一种原料。

从日产1000t合成氨厂相对投资和能量消耗比较，优先考虑采用天然气、油田气，其次是考虑用石脑油和重油为原料，用煤作原料时生产成本最高。

2. 生产规模　20世纪50年代以前，氨合成塔的最大能力为日产200t，到60年代初期为日产氨400t，因此单系列装置的氨生产能力为日产400t。对于规模大的氨厂，就需若干平行的系列装置。

随着蒸汽透平驱动的高压离心式压缩机研制成功，美国凯洛格（Kellogg）公司于1966年建成日产910t的氨厂，实现了单系列合成氨装置的大型化，这是合成氨工业的一次突破。大型装置的优点是投资费用低、能量利用效率高、占地少、劳动生产率高。从20世纪60年代中期开始，世界上新建的合成氨厂大都采用单系列的大型装置。目前采用较多的为日产氨1000t（年产量为300kt），现在世界上规模最大的合成氨装置为日产1800t氨，1991年在比利时建成投产。

3. 能源消耗　合成氨的生产，除原料为天然气、石脑油、煤炭等一次能源外，整个生产过程还需消耗较多的电力、蒸汽等二次能源，且需要量十分巨大，使得合成氨能耗约占世界能源消耗总量的3%，我国合成氨生产能耗约占全国能耗的4%。

由于能源消耗在合成氨成本中占有很大比重（约70%以上），在天然气、石油价格不断上涨的情况下，国内外合成氨工业都在致力于开发新的工艺。日产1000t的合成氨装置，吨氨能耗目前已从20世纪70年代的40.19GJ下降到约29.31GJ。其中有竞争能力的是美国凯洛格公司 MEAP 工艺、英国帝国化学工业公司 AM-V 工艺和美国布朗公司深冷净化工艺。虽然各生产流程不同，但吨氨能耗大致相近，如表 0-2 所示。

表 0-2   近年开发的低能耗合成氨工艺比较

项　　目	20 世纪 70 年代凯洛格工艺	凯洛格公司MEAP 工艺	英国帝国化学工业公司 AM-V 工艺	布朗公司深冷净化工艺
氨合成压力 /MPa	14.48	14.27	10.20	13.73
能耗/(GJ·t^{-1})	40.19	29.89	28.81	29.08
相对能耗	100	74.37	71.68	72.34

我国生产规模为 25kt 氨的小型化肥厂，近年在加强生产管理、提高操作水平的同时，尽量减少蒸汽消耗、充分回收和合理利用工艺余热，吨氨总能耗已降至 42.28GJ。

4. 生产自动化　　合成氨生产的特点之一是工序多、连续性强。20 世纪 60 年代以前的过程控制多采用分散方式，在独立的几个车间（或工段）控制室进行。自从出现单系列装置的大型合成氨厂，对过程控制提出了更高的要求，从而发展到把全流程的温度、压力、流量、液位和成分五大类参数的模拟仪表、报警和连锁系统全部集中在中央控制室显示和监视控制，不过仍停留在 Ⅱ 型电动单元组合仪表阶段。

自从 20 世纪 70 年代计算机技术应用到合成氨生产以后，操作控制上产生了飞跃。1975 年开发成功了 TPC-2000 总体分散型控制系统，简称集散控制系统（DCS）。在操作台上可以存取、显示多种数据和画面，包括带控制点的流程，全部过程变量，控制过程变量及其参数的动态数值和趋势图，从而实现集中监控和集中操作。与此同时，报警、连锁系统和程序控制系统，采用了微机技术的可编程序逻辑控制器代替过去的继电器。此外，若配置有高一级管理、控制功能的计算机系统，还能进行全厂综合优化控制和管理，这种新颖的过程控制系统不仅可以取代常规模拟仪表，而且还可进行复杂的自动控制。

现在，用仿真技术可以进行操作人员的模拟培训。在一台高性能的计算机上配合相应的软件以代替实际生产装置的控制、运转设备，这样就可能在较短时间内学习开停车、正常的和事故状态的操作。这些都表示合成氨生产自动化技术进入一个新的阶段，改变了几十年合成氨生产控制的面貌。

（二）我国无机化学工业发展概况

解放以前，我国几乎没有像样的化学工业。作为当时衡量一个国家化学工业水平的基本化工原料的三酸二碱，到 1949 年我国硫酸产量仅年产 40kt，纯碱年产 88kt，合成氨年产 5kt，全国化工总产值仅占全国工业总产值的 1.6%。

建国以来，我国的化学工业取得了光辉的成就。建立了门类齐全、互为配套的化学工业体系，建成了一批化工基地，使我国化学工业不仅有稳固的基础，而且由沿海到全国布局合理。

在化肥方面，我国合成氨生产是在 20 世纪 30 年代开始的，但当时仅在南京、大连两地建有氨厂，最高年产量不过 50kt（1941 年），此外在上海还有一个电解水制氢生产合成氨的小车间。建国后经过努力，我国已拥有多种原料，不同流程的大、中、小型合成氨厂一千多个，1992 年总产量为 22.98Mt 氨，排名世界第一。

20 世纪 50 年代初，在恢复与扩建老厂的同时，从前苏联引进以煤为原料、年产 50kt 的三套合成氨装置，1957 年先后建成投产。在试制成功高压往复式压缩机和氨合成塔后，标志着我国具有自力更生发展合成氨的工业条件，于是自行设计与自制设备，陆续建设了一批年产 50kt 的中型氨厂。60 年代随着石油、天然气资源的开采，又从英国引进以天然气为原料的加压蒸汽转化法、年产 100kt 合成氨装置；并从意大利引进以重油为原料的部分氧化法、年产 50kt 合成氨装置，从而形成了煤、油、气原料并举的中型氨厂生产体系。迄今为止，我国已建成 50 多座中型氨厂，1992 年产量为 4.78Mt。

为了适应农业发展的迫切需要，1958 年我国著名化学家侯德榜提出碳化法合成氨流程制取碳铵新工艺，从 20 世纪 60 年代开始在全国各地建设了一大批小型氨厂，1979 年最多时曾发展到 1539 座。

20 世纪 70 年代是世界合成氨工业大发展的时期，由于大型合成氨装置的优越性，我国陆续从国外引进并建成了 17 套年产 300kt 合成氨联产尿素的大型装置。其中以天然气为原料的 4 套，以油田气为原料的 4 套，以石脑油为原料的 5 套，以重油为原料的 3 套，以煤为原料的 1 套。这些大型合成氨引进装置的建成投产，不仅较快地增加我国合成氨产量和提高生产技术水平，而且也缩小了与世界先进水平的差距。

与此同时，我国的化工生产技术也有很大提高。在合成氨生产中，除开发了碳铵和脱硫新工艺、低温变换和甲烷化的高效催化剂外，已经能自行设计年产 300kt 级的大型合成氨联尿系统，制造包括高压离心压缩机的整套设备。第一套我国自行设计以石脑油为原料的年产 300kt 合成氨装置于 1980 年建成投产。而以天然气为原料的我国第一套年产 200kt 氨的国产化大型装置，于 1990 年在四川化工总厂建成，吨氨能耗设计保证值为 29.31GJ，1992 年考核实际值为 30.20GJ。电解制碱实现了金属阳极工业化，硫酸生产采用了两转两吸工艺，联合制碱在 20 世纪 60 年代已工业化生产。随着环境保护日益受到重视，对污染源加强了治理，并将治理与综合利用相结合。此外，化学工业还为国防现代化和尖端技术的应用提供了大量原材料和新型材料。

我国的化学工业从小到大，从落后走向先进。在发展速度、产品的品种和质量、生产规模和布局、技术的提高和科技人才的增加等方面，都取得了显著成就，并为今后的发展奠定了坚实的基础。

第一章 合 成 氨

在合成氨原料气的生产中除电解水方法以外，所制得的粗原料气中都含有一氧化碳、二氧化碳、硫化合物等。这些不纯物都是氨合成催化剂的毒物，因此在把粗原料气送去合成以前，需将这些杂质彻底除去。

工业上因所用原料气的制备与净化方法不同，而组成不同的工艺流程，氨合成采取将未反应的氢　氮气返回到合成塔的方法。

第一节　原料气的制取

天然气、油田气、焦炉气、石脑油、重油、焦炭和煤等，都是生产合成氨的原料。按生产原料种类的不同，供热方式的不同，制取粗原料气有许多种方法。

一、固体燃料造气

（一）固体燃料气化过程概述

固体燃料气化过程是以焦炭或煤为原料，在一定的高温条件下通入空气、水蒸气或富氧空气-水蒸气混合气，经过一系列反应生成含有 CO、CO_2、H_2、N_2 及 CH_4 等混合气体的过程。在气化过程中所使用的空气、水蒸气或富氧空气-水蒸气等称为气化剂。气化剂通过炽热固体燃料层时，所含游离氧或结合氧将燃料中的碳转化为可燃性气体，这种气体称为煤气。用于实现气化过程的设备称为煤气发生炉。

以空气和水蒸气分别作气化剂时，得到的气体按一定比例混合，当混合气中的 $(CO+H_2)$ 与 N_2 体积之比为 3.1～3.2 时，即称为半水煤气。半水煤气主要用作合成氨的原料气。

（二）气化反应原理

1. 以空气为气化剂的气化反应原理

（1）化学平衡 以空气或富氧空气为气化剂时，在燃料层中主要进行下列反应：

$$2C + O_2 \Longrightarrow 2CO \qquad \Delta H_{298}^{\ominus} = -221.19 \text{kJ} \cdot \text{mol}^{-1} \qquad (1\text{-}1)$$

$$2CO + O_2 \Longrightarrow 2CO_2 \qquad \Delta H_{298}^{\ominus} = -566.37 \text{kJ} \cdot \text{mol}^{-1} \qquad (1\text{-}2)$$

$$C + O_2 \Longrightarrow CO_2 \qquad \Delta H_{298}^{\ominus} = -393.777 \text{kJ} \cdot \text{mol}^{-1} \qquad (1\text{-}3)$$

$$CO_2 + C \Longrightarrow 2CO \qquad \Delta H_{298}^{\ominus} = 172.284 \text{kJ} \cdot \text{mol}^{-1} \qquad (1\text{-}4)$$

其中，反应式(1-1)、(1-2)、(1-3)为放热反应,反应式(1-4)为吸热反应。它们的平衡常数式及平衡常数与温度的关系如表 1-1 所示。

表 1-1 平衡常数式、平衡常数与温度的关系

平衡常数式	$\lg K_p$	温 度/℃					
		600	700	900	1000	1100	1300
$K_{p_1} = \dfrac{p_{CO}^2}{p_{O_2}}$	$\lg K_{p_1}$	—			18.07	17.43	16.33
$K_{p_2} = \dfrac{p_{CO_2}^2}{p_{CO}^2 \cdot p_{O_2}}$	$\lg K_{p_2}$	—	20.80	15.82	13.93	12.12	9.38
$K_{p_3} = \dfrac{p_{CO_2}}{p_{O_2}}$	$\lg K_{p_3}$	—	20.80	17.37	16.05	14.78	12.86
$K_{p_4} = \dfrac{p_{CO}^2}{p_{CO_2}}$	$\lg K_{p_4}$	−2.49	−0.05	1.55	2.12	2.65	3.48

由表可以看出，在很大的温度范围内(700～1300℃)，反应式(1-1)、(1-2)、(1-3)的平衡组成中，反应物微乎其微，几乎全是生成物。因此，可以认为在上述温度范围内，这三个反应式是不可逆的。而反应式(1-4)的情况却不同，在煤气发生炉可能的操作温度范围内，其平衡常数的对数值，在正负值之间变动，即平衡组成中的 CO 和 CO_2 的相对含量，随平衡时温度的不同变化很大。

反应式(1-4)的平衡常数与温度的关系可用如下经验式表示：

$$\ln K_{p_4} = \frac{21000}{T} + 21.4 \qquad (1\text{-}5)$$

式中 T——热力学温度，K。

在不同温度下，由实验及用近似计算所得的气体平衡组成如表 1-2 所示。可以看出，随着温度的升高，CO 平衡含量增加，而 CO_2

平衡含量下降。高于 900℃，气相中 CO_2 含量甚少，碳与氧反应的主要产物是 CO。

表 1-2   0.1MPa 下反应 $CO_2 + C \Longrightarrow 2CO$ 的气体平衡组成/%

温度/℃	由实验求得		由式(1-5)求得	
	CO	CO_2	CO	CO_2
445	0.6	99.4	—	—
550	10.7	89.3	11	89
660	39.8	60.2	39	61
800	93.0	7.0	90	10
925	96.0	4.0	97	3

注：其组成为体积分数。

（2）反应速率　以空气或富氧空气为气化剂时，碳与氧的反应属于气-固相系统的多相反应。气-固相反应由若干步骤组成，即有化学过程又有物理过程。碳和氧的反应由下列步骤组成：① 气相中的活性组分向碳表面扩散（物理过程）；② 活性组分被碳表面吸附（物理过程）；③ 生成中间产物（化学过程）；④ 中间产物分解成反应产物（化学过程）；⑤ 反应产物解吸（物理过程）；⑥ 反应产物扩散入气流中（物理过程）。

物理过程的速率和气体的扩散速率有关，化学过程的速率和化学反应速率有关，总的气化速率由这两个过程的速率决定。当反应物温度较高，化学反应进行很快，整个过程的速率便由进行较慢的反应物扩散到碳表面或生成物扩散到气流中的速率所控制，这种情况称为扩散控制。影响扩散控制的最主要因素是气流速度。当化学反应速率较扩散速度慢，整个过程的速率受化学反应速率控制时，称为反应动力学控制。影响反应动力学控制的主要因素是温度，提高温度就能加快整个过程的速率。至于哪种情况属于扩散控制或反应动力学控制，要由过程的性质和操作条件来决定。

根据对碳和氧反应的研究表明，这一反应在温度低于 775℃ 以下时，属于反应动力学控制。在温度高于 900℃ 时属于扩散控制。在二者温度之间，可认为处于过渡区。

2. 以水蒸气为气化剂的气化反应原理

（1）碳与水蒸气反应的化学平衡　高温下的碳与水蒸气反应，可生成含有 H_2、CO 和 CO_2 的混合气体。反应式如下：

$$C + 2H_2O \Longrightarrow CO_2 + 2H_2 \quad \Delta H_{298}^{\ominus} = 90.196 \text{kJ} \cdot \text{mol}^{-1} \quad (1\text{-}6)$$

$$C + H_2O \Longrightarrow CO + H_2 \quad \Delta H_{298}^{\ominus} = 131.390 \text{ kJ} \cdot \text{mol}^{-1} \quad (1\text{-}7)$$

反应所生成的 CO、CO_2 和 H_2 能继续与碳或水蒸气反应：

$$CO_2 + C \Longrightarrow 2CO$$

$$CO + H_2O \Longrightarrow CO_2 + H_2 \quad \Delta H_{298}^{\ominus} = -41.194 \text{ kJ} \cdot \text{mol}^{-1} \quad (1\text{-}8)$$

$$C + 2H_2 \Longrightarrow CH_4 \quad \Delta H_{298}^{\ominus} = -74.898 \text{ kJ} \cdot \text{mol}^{-1} \quad (1\text{-}9)$$

在 600～1200℃ 的温度范围内，上述 5 个反应均为可逆反应。反应式(1-6)～(1-9)的平衡常数式及平衡常数与温度的关系如表 1-3 所示。

表 1-3　反应式(1-6)～(1-9)的平衡常数式及其与温度的关系

平衡常数式	$\lg K_p$	600℃	800℃	1000℃	1200℃	1400℃
$K_{p_6} = \dfrac{p_{CO_2} p_{H_2}^2}{p_{H_2O}^2}$	$\lg K_{p_6}$	-5.05	-2.96	-1.66	-0.763	-0.107
$K_{p_7} = \dfrac{p_{CO} p_{H_2}}{p_{H_2O}}$	$\lg K_{p_7}$	-4.24	-1.33	0.45	1.65	2.50
$K_{p_8} = \dfrac{p_{CO_2} p_{H_2}}{p_{H_2O} p_{CO}}$	$\lg K_{p_8}$	1.396	0.553	0.076	-0.222	-0.424
$K_{p_9} = \dfrac{p_{CH_4}}{p_{H_2}^2}$	$\lg K_{p_9}$	—	-3.316	-4.301	—	—

由表 1-3 可以看出，提高反应温度能提高煤气中 CO 和 H_2 的含量，减少 CO_2 和 CH_4 的含量。

通过计算，求得碳与水蒸气反应的平衡组成，如图 1-1 所示。

由图可知，0.1MPa 下温度高于 900℃，碳与水蒸气反应的平衡产物中，含有等量的 H_2 及 CO，其他组分含量则接近于零。随着温度的降低，H_2O、CO_2 及 CH_4 等平衡含量逐渐增加。所以，在高温下

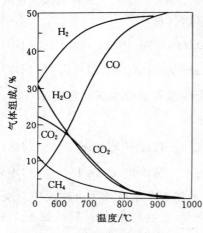

图 1-1　0.1MPa 下碳-水蒸气
反应的平衡组成

进行水蒸气与碳的反应，平衡时残余水蒸气量少，这意味着水蒸气分解率高，水煤气中 CO 及 H_2 的含量多。

（2）碳与水蒸气反应的速率

实验结果表明，碳与水蒸气反应的速率和水煤气中各组分的含量，除决定于温度外，还取决于燃料的性质。对活性大的燃料（如泥煤、木炭、褐煤），900℃ 时已为扩散控制，而对活性较小的燃料（如焦炭），要到 1000～1100℃ 以上才是扩散控制。

碳与水蒸气的反应程度可用水蒸气分解率来表示：

$$水蒸气分解率 = \frac{水蒸气分解量}{入炉水蒸气量} \times 100\%$$

（三）半水煤气的生产方法

1. 半水煤气生产的特点　作为生产合成氨用的半水煤气，要求气体中 $(CO + H_2)$ 与 N_2 的比例为 3.1～3.2。

从气化系统的热量平衡来看，碳与空气的反应为放热反应，而碳与水蒸气的反应为吸热反应。如果外界不提供热源，而是由前者的反应热来保证后者反应进行以维持系统自热平衡的话，则空气与水蒸气的比例在满足半水煤气组成时，不能维持系统的自热平衡。反之，保持了系统的自热平衡，则不能得到合格的半水煤气。为了解决气体成分与热量平衡这一矛盾，可以采用下列方法。

（1）外热法　利用原子能反应堆余热或其他廉价高温热源，用熔融盐、熔融铁等介质为热载体直接加热反应系统，或预热气化剂，以提供气化过程所需的热能。但由于固体导热性差，并需要优质耐火砖，故未能得到推广。

（2）**富氧空气气化法**　为了调整生成的煤气中氮的含量，用富氧空气代替空气是行之有效的方法，也可以用纯氧代替空气，并用此法可连续制气。但作为合成氨原料气，尚应在下游工序中补加纯氮，使氢氮比符合要求。

（3）**蓄热法**　用空气和蒸汽分别送入燃料层，也称间歇气化法。先送入空气以提高燃料层温度，生成的气体（吹风气）大部分放空。然后送入水蒸气进行气化反应，此时燃料层温度下降。如此间歇地送空气和吹蒸汽重复进行，所得水煤气配入部分吹风气即成半水煤气。这种方法是我国多数中、小型合成氨厂采用的气化方法。

工业上间歇式气化过程，是在固定床煤气发生炉中进行的，如图1-2所示。块状固体燃料由气化炉顶部间歇加入，气化剂通过燃料层进行气化反应，反应后的灰渣落入灰箱后排出炉外。

当燃料在煤气发生炉中自上而下移动时，发生一系列物理与化学变化。在燃料层的顶部，燃料与上升的温度较高的煤气接触，被高温煤气加热，燃料中的水分蒸发，这一区域称为干燥区。燃料下移继续受热，达到一定温度时（如600℃左右）燃料中的有机物受热分解，放出相对分子质量较低的碳氢化合

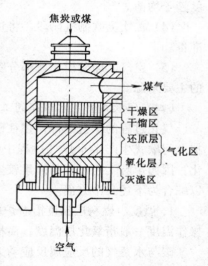

图 1-2　间歇式固定床煤气发生
炉燃料层分区示意图

物，燃料中的挥发分大量放出，燃料本身也逐渐焦化，变为类似半焦的物质，这一区域称为干馏区。再往下就是气化区，气化反应主要在此进行。当气化剂为空气时，在气化区的下部，主要进行碳的燃烧反应，称为氧化层，其上部主要进行碳与二氧化碳的反应，称为还原层。以水蒸气为气化剂时，在气化区进行碳与水蒸气的反应，不再区分氧化层或还原层。燃料层底部为灰渣区，这一层灰渣可以预热由炉

底进入的气化剂，同时灰渣被冷却，这样就保护炉算不致因过热而变形或烧坏。

2. 间歇式制半水煤气的工作循环　间歇式制半水煤气时，自上一次开始送入空气至下一次再送入空气止，称为一个工作循环，每个工作循环包括五个阶段。

（1）吹风阶段　吹入空气，提高燃料层温度，吹风气放空。

（2）一次上吹制气阶段　自下而上送入水蒸气进行气化反应，燃料层下部温度下降，上部温度上升。

（3）下吹制气阶段　水蒸气自上而下进行气化反应，使燃料层温度趋于均衡。

（4）二次上吹制气阶段　将炉底部下吹煤气排净，为吹入空气作准备。

（5）空气吹净阶段　此部分吹风气加以回收，作为半水煤气中氮的主要来源。

（四）间歇式制半水煤气的工艺条件

气化过程的工艺条件，往往随燃料性能的不同而有很大的差异。加上间歇式生产半水煤气过程中燃料层温度与气体组成的周期性变化，因而影响工艺过程的因素较多。间歇式制半水煤气的工艺条件可以综合为下述几个方面。

1. 温度　燃料层温度沿着炉的轴向而变化，以氧化层温度最高。操作温度一般指氧化层温度，简称炉温。

碳与水蒸气的反应属反应动力学控制，所以高炉温对制气阶段有利。从化学平衡角度说，高炉温时煤气中 CO 和 H_2 含量高，H_2O 含量低；从反应速率来说，高温时反应速率加快。总的表现为蒸汽分解率高，煤气产量高、质量好。

在吹风阶段，炉温越高，吹风气出口温度愈高，则吹风气中 CO 的含量越高，放出的反应热就少，被吹风气带走的热量就越多。结果使积蓄于燃料层中的热量减少，吹风效率降低，燃料消耗增加。

为解决这一矛盾，在流程设计中，应对吹风气的显热及燃烧热作充分的回收，并根据碳与氧反应的特点，加大风速，以降低吹风气中

CO 的含量。工业上采用的炉温范围一般为 1000～1200℃，炉内最高温度应比燃料灰熔点低 50℃。

2. 吹风速度　提高炉温的主要手段是增大吹风速度。在氧化层中，碳与氧的反应速率很快，属扩散控制；而在还原层中，CO_2 的还原反应速率较慢，属化学动力控制。所以，提高吹风速度，可使氧化层反应加快，且使 CO_2 在还原层停留时间减少，最终表现为吹风气中 CO 的含量降低，从而减少了热损失。但吹风速度的增大受到所用固体燃料机械强度、热稳定性和颗粒大小以及均匀性的限制，操作上将导致飞灰增加，燃料损失加大，甚至燃料层出现风洞以至被吹翻，造成气化条件严重恶化。吹风速度过大也使鼓风机电耗增加。

工业生产上吹风速度一般为 $0.5～1.5m \cdot s^{-1}$，对内径 2.74m 的煤气发生炉，风量为 $18000～28000m^3 \cdot h^{-1}$（标准状态）。

3. 蒸汽用量　蒸汽用量是改善煤气产量与质量的重要手段之一，此值随蒸汽流速和加入蒸汽的延续时间而改变。工业生产上，内径 2.74m 的煤气发生炉蒸汽用量约 $5～7t \cdot h^{-1}$，蒸汽流速以选用 $0.1～0.35m \cdot s^{-1}$ 为宜。

实际生产中，还可在制气阶段加入部分空气。这样，在进行蒸汽分解反应的同时亦有碳的燃烧反应，既可缩短吹风时间，又利于燃料层温度的稳定。

4. 燃料层高度　在制气阶段，较高的燃料层将使水蒸气停留时间加长，而且燃料层温度较为稳定，有利于提高蒸汽分解率。但对吹风阶段，由于空气与燃料接触时间加长，吹风气中 CO 含量增加，放出的反应热就少，这是不利的。过高的燃料层由于阻力增大，会使输送空气的动力消耗增加。根据工厂实践经验，对粒度较大、热稳定性较好的燃料，采用较高的燃料层是可取的。但对颗粒小或热稳定性差的燃料，则燃料层不宜过高。

5. 循环时间及其分配　每一工作循环所需的时间，称为循环时间。一般地说，循环时间长，气化层温度、煤气的产量和质量波动较大。循环时间短，气化层的温度波动小，煤气的产量与质量也较稳定，但阀门开关占有的时间相对加长，影响煤气发生炉气化强度，而且阀门开关过于频繁，易于损坏。根据自控水平及维持炉内工况稳定的原则，目前的工业生产上一般取循环时间等于或略小于3min。

工作循环中各阶段的时间分配，随燃料的性质和工艺操作的具体要求而异。不同燃料气化的循环时间分配的百分比大致范围如表1-4所示。

表1-4 不同燃料气化循环时间的分配范围

燃料品种	循环阶段时间/%				
	吹风	上吹	下吹	二次上吹	空气吹净
无烟煤(粒度 25～75mm)	24.5～25.5	25～26	36.5～37.5	7～9	3～4
无烟煤(粒度 15～25mm)	25.5～26.5	26～27	35.5～36.5	7～9	3～4
石灰碳化煤球	27.5～29.5	25～26	36.5～37.5	7～9	3～4
焦炭(粒度 15～50mm)	22.5～23.5	24～26	40.5～42.5	7～9	3～4

6. 气体成分　间歇式制半水煤气过程中，要调节气体中（$CO + H_2$）与 N_2 的比值为 $3.1～3.2$，方法是改变加氮空气量，或改变空气吹净时间。在生产中还应经常注意保持氧含量 $\leq 0.5\%$，否则对下游工序不利，氧含量过高还有爆炸的危险。

（五）半水煤气生产的工艺流程及主要设备

固定床煤气发生炉制取半水煤气的工艺流程如图1-3所示。流程中包括煤气发生炉、余热回收装置、煤气的除尘、降温等设备。固体燃料由加料机从炉顶间歇加入炉内。

在吹风阶段，空气经鼓风机自下而上通过燃料层，吹风气经燃烧室及废热锅炉回收热量后由烟囱放空。燃烧室中加入二次空气，将吹风气中的可燃性气体燃烧，使室内的蓄热砖温度升高。燃烧室盖子具有安全阀的作用，当系统发生爆炸时可以卸压，以减轻设备的损坏。蒸汽上吹制气时，煤气经燃烧室及废热锅炉回收余热后，再经洗气箱及洗涤塔进入气柜。下吹制气时，蒸汽从燃烧室顶部进入，经预热后自上而下流经燃料层，由于煤气温度较低，直接由洗气箱经洗涤塔进入气柜。二次上吹制气时，气体流向与上吹相同。空气吹净时，空气经鼓风机自下而上通过燃料层，煤气经燃烧室、废热锅炉、洗气箱、洗涤塔后进入气柜，此时燃烧室不必加入二次空气。在上、下吹制气

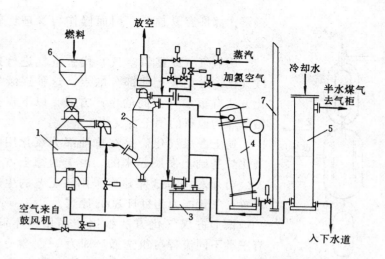

图 1-3　固定床煤气发生炉制取半水煤气的工艺流程

1—煤气发生炉；2—燃烧室；3—水封槽（即洗气箱）；4—废热锅炉；

5—洗涤塔；6—燃料贮仓；7—烟囱

时，如在蒸汽中配入空气，则其送入时间应稍迟于水蒸气送入时间，并在蒸汽停送之前切断，以避免空气与煤气相遇而发生爆炸。燃料经气化后，灰渣经旋转炉算由刮刀带入灰箱，排出炉外。

间歇式制半水煤气过程中的主要设备是煤气发生炉。煤气发生炉是气化剂和固体燃料发生气化反应的设备，其外壳由钢板制成，上部衬耐火砖及保温砖，下部是夹套锅炉的内壁。煤气发生炉通常采用的内径有 3.6m、2.74m 等几种。夹套锅炉的内壁和外壁均为钢板制成，外壁包以保温材料。夹套锅炉的主要作用是防止气化层由于温度较高使灰渣粘在炉壁上，并回收部分热量以产生水蒸气。

（六）简介以煤为原料的德士古气化法

间歇式生产半水煤气的方法，虽然应用广泛，但存在不少缺点。例如，由于吹风阶段需通入大量空气，吹风末期碳层温度很高，因而对燃料的粒度、热稳定性、特别是要求灰熔点较高。气化过程中大约有三分之一的时间用于吹风和倒换阀门，有效制气时间少，气化强度较低。此外，操作时需要经常维持气化区的适当位置，加上阀门开闭

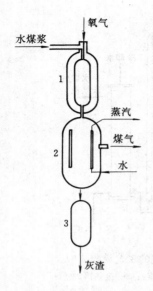

图 1-4 德士古
煤气化炉

1—反应室；2—废热锅炉；3—灰渣锁斗

频繁，部件容易损坏，因而操作与管理比较繁杂。

用氧气（或富氧空气）代替空气进行连续气化，可克服上述部分缺点。这种连续气化方法有很多种不同的生产方式，以下仅介绍以煤为原料的德士古气化法。

德士古煤气化炉是在重油部分氧化用的气化炉基础上发展起来的，由美国德士古开发公司开发。1983 年建成采用该工艺的生产装置，气化能力为每日 800t 原煤。

德士古煤气化方法根据产品用途不同，有三种不同流程可供选择。即为：① 激冷流程，主要用于合成氨、制 H_2 等；② 废锅流程，通过辐射、对流式废锅间接冷却，回收显热生成中、高压蒸汽，适用于联合循环发电等；③ 半废锅流程，只有辐射式废锅，主要适用于一氧化碳部分变换的场合，如生产甲醇等。

德士古煤气化炉为直立圆筒结构，分为上、下两部分，上部为反应室，下部为激冷室或废热锅炉，下接灰渣锁斗，如图 1-4 所示。

德士古煤气化法的特点是以水煤浆形式加料，水煤浆系粉状煤分散于介质水中形成的悬浮物系，这简化了干粉煤给料及加压煤仓加料问题，取消了气化前煤的干燥，因而节约能量。

图 1-5 为日产 1000t 氨的德士古煤气化工艺流程。原料煤在球磨机 1 中与水磨成高浓度的煤浆，煤粉质量分数约为 70%，并加入添加剂以控制煤浆粘度，提高其稳定性。此外还加入碱液和助溶剂，以调节煤浆的 pH 值和降低灰的流动性。

气化反应的压力为 6.4MPa，煤浆通过煤浆泵 3 升压后与高压氧气一起通过烧嘴进入气化炉，于 1300～1500℃高温下进行气化反应。离开反应室的高温气体在激冷室 5 中用水激冷，激冷水由洗涤塔 10

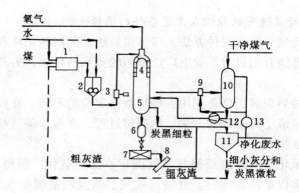

图 1-5　德士古煤气化工艺流程

1—球磨机；2—煤浆槽；3—煤浆泵；4—气化炉；5—激冷器；6—灰渣锁斗；

7—灰渣收集槽；8—筛网；9—文丘里洗涤器；10—洗涤塔；

11—澄清槽；12—激冷泵；13—洗涤泵

引入，气体被水蒸气饱和，同时在反应中产生的大部分煤灰和少量未反应的碳以灰渣形式除去。根据粒度大小将灰渣分为粒渣和细渣两种，粒渣在激冷室中沉积，通过灰渣锁斗 6 定期与水一同排入灰渣收集槽 7 中，细渣则以灰水形式连续排出。离开激冷室的气化气通过文丘里洗涤器 9 和洗涤塔 10 将其所含细灰彻底清除后去一氧化碳变换工序。气化气组成(体积分数)大致为：H_2 35%～36%；CO 44%～51%；CO_2 13%～18%；CH_4 0.1%。

德士古水煤浆加压气化是在高温下反应，原料煤适应性广，气化强度高，合成气中甲烷含量低，无焦油和酚生成，污水处理费用低。但因气化温度很高，又是并流操作，所以炉内热效率低，气化气中CO_2 含量高。

二、烃类造气

烃类造气具有操作连续、工程投资省、能量消耗低等优点。天然气蒸汽转化法制氨在许多国家得到广泛应用，在开发成功抗析炭的系列石脑油蒸汽转化催化剂之后，20 世纪 60 年代起合成氨原料又开始扩大到石脑油。目前，工业上还广泛采用以重油为原料合成氨。

（一）烃类造气的原理及工艺条件的选择

烃类造气一般有三种方法，即热裂解法、蒸汽转化法和部分氧化法。在此详细介绍目前工业上广泛采用的蒸汽转化法，另两种方法简单介绍。

烃类的热裂解，就是利用各种烃类稳定性的不同，在高温下使大分子烃分解成小分子烃的方法。热裂解过程，在有水蒸气存在时，也可产生 CO 和 H_2。

部分氧化法就是由烃类与氧气进行不完全氧化，获得 CO 和 H_2 的方法，常以重油为原料。重油与氧气、蒸汽经喷嘴加入气化炉中，首先重油被雾化，并与氧气、蒸汽均匀混合，在炉内高温辐射下，进行十分复杂的反应过程，从而制得合成氨原料气。

以下主要介绍介绍烃类的蒸汽转化法造气。蒸汽转化法的原料一般是气态烃和轻油。气态烃的化学加工中，甲烷是最具代表性的组分，因为可以认为其他组分与水蒸气反应都需经过甲烷这一步。如：

$$C_nH_{2n+2} + \frac{n-1}{2}H_2O \Longrightarrow \frac{3n+1}{4}CH_4 + \frac{n-1}{4}CO_2$$

所以这里重点介绍甲烷转化制合成氨原料气的理论基础。

1. 转化反应的化学平衡　甲烷蒸汽转化进行如下反应：

$$CH_4 + H_2O \Longrightarrow CO + 3H_2 \qquad \Delta H_{298}^{\ominus} > 0 \qquad (1\text{-}10)$$

$$CH_4 + 2H_2O \Longrightarrow CO_2 + 4H_2 \qquad \Delta H_{298}^{\ominus} > 0 \qquad (1\text{-}11)$$

$$CO + H_2O \Longrightarrow CO_2 + H_2 \qquad \Delta H_{298}^{\ominus} < 0 \qquad (1\text{-}12)$$

因为反应式(1-10)与反应式(1-12)相加等于反应式(1-11)，所以反应式(1-11)可视为总反应。讨论化学平衡有关问题时，选反应式(1-10)和反应式(1-12)研究。平衡常数式如下：

$$K_{p_1} = \frac{p_{CO}\,p_{H_2}^3}{p_{CH_4}\,p_{H_2O}} \qquad (1\text{-}13)$$

$$K_{p_3} = \frac{p_{CO_2}\,p_{H_2}}{p_{CO}\,p_{H_2O}} \qquad (1\text{-}14)$$

表 1-5 列出了反应式(1-10)和(1-12)的平衡常数值。

表 1-5　反应式(1-10)和(1-12)的平衡常数

温度/℃	K_{p_1}	K_{p_3}	温度/℃	K_{p_1}	K_{p_3}
500	9.694×10^{-5}	4.878	800	1.68	1.015
550	7.948×10^{-4}	3.434	850	5.23	8.552×10^{-1}
600	5.163×10^{-3}	2.527	900	14.78	7.328×10^{-1}
650	2.758×10^{-2}	1.923	950	38.36	6.372×10^{-1}
700	1.246×10^{-1}	1.519	1000	92.38	5.610×10^{-1}
750	4.880×10^{-1}	1.228			

根据气体的原始组成、反应温度 t、加入的水蒸气量及总压 p，由 K_p 即可算出气体的平衡组成。以 1mol CH_4 为计算基准，原料气中的水碳比为 m ($m = H_2O/CH_4$，摩尔比)，在甲烷蒸汽转化反应达平衡时，设 x 为按反应式 (1-10) 转化了的摩尔数，y 为按反应式 (1-12) 变换了的 CO 的摩尔数。将各组分的分压值代入平衡常数式 (1-13) 和式 (1-14)，经整理后可得：

$$K_{p_1} = \left[\frac{(x-y)(3x+y)^3}{(1-x)(m-x-y)} \right] \cdot \left(\frac{p_{总}}{1+m+2x} \right)^2$$

$$K_{p_3} = \frac{y(3x+y)}{(x-y)(m-x-y)}$$

联立两式，即可解出 x 和 y 值，从而求得不同条件下的平衡组成。

影响甲烷蒸汽转化反应平衡组成的因素如下。

(1) 水碳比　水碳比是指进口气体中水蒸气与含烃原料中碳分子总数之比，这个指标表示转化操作所用的工艺蒸汽量。在给定条件下，水碳比越高，甲烷平衡含量越低。

(2) 温度　烃类蒸汽转化是可逆的吸热反应，温度升高，甲烷平衡含量下降。因此，从降低残余甲烷含量考虑，操作中转化温度应尽可能高一些。通过计算，在甲烷平衡含量 0.5% 以下时，若水碳比为 2，压力为 1.0~4.0MPa，反应温度至少要在 950℃ 以上。

(3) 压力　烃类蒸汽转化为体积增大的可逆反应，增大压力，甲烷平衡含量随之增大。所以从平衡角度考虑，增大压力对烃类蒸汽转化是不利的。

总之，从热力学方面衡量，甲烷蒸汽转化应尽可能在高温、高水碳比及低压的条件下进行。但是，在相当高的温度下反应速率仍然很慢，需要催化剂来加快反应。

2. 转化反应速率　烃类蒸汽转化反应是一个比较复杂的化学反应过程，即使是简单的甲烷转化反应，也是很复杂的。在此就不过多地讨论反应过程机理及动力学方程，仅介绍影响甲烷蒸汽转化反应速率的因素。

(1) 甲烷转化率　图 1-6 是反应速率对甲烷转化率进行标绘的，图中虚线为计算值，实线为实验测定值，以反应温度为参数。由图可见，当甲烷转化率约达 10% 时，反应速率有一个最大值，在 700℃ 以上，这个最大值更明显。

(2) 温度　由图 1-6 可知，当甲烷转化率较小时，温度对反应速率的影响很大，而当甲烷转化率达 80% 以上时，这一影响逐渐减小。

(3) 内扩散　在工业用甲烷蒸汽转化炉的反应管内，混合气体流速较大，故外扩散对反应的影响较小，而主要受内扩散控制。所以减小催化剂粒度能促进转化，在较高温度下（如 700℃ 左右），效果更加明显。

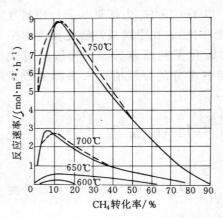

图 1-6　反应速率与转化率
及反应温度的关系

3. 蒸汽转化催化剂

(1) 蒸汽转化催化剂的组成　烃类蒸汽转化催化剂主要含活性组分、耐热载体、助催化剂、润滑剂和扩孔剂等。

工业上广泛采用镍为转化催化剂的活性组分，镍质量分数在 4%～30%。含量越高，活性越好，但镍含量达 50% 时，活性反而迅速下降。

耐热载体是催化剂的重要组分，通常作为活性组分的骨架或粘合剂，它对活性组分应是惰性的。工业上最常用的载体有 $\alpha\text{-}Al_2O_3$、MgO、CaO 等单体或它们的混合物。

在催化剂中，加入少量助催化剂，能使催化剂的活性增加，活化能降低，寿命延长，还能在高温时抑制催化剂的烧结，防止微小晶粒长大。助催化剂必须是难还原的、高熔点的氧化物，如 Al、Mg、Cr、Ti 等的氧化物。据报道，在催化剂中加入 1%～3% Ti 的氧化物或加入 2% 的 BaO，对抗析碳有良好的效果。

在催化剂压制成型过程中，一般加少量石墨或硬脂酸镁作为润滑剂。也可加入淀粉、纤维素、尿素等，烧结时它们便气化，从而使催化剂具有更多的大孔，因而把这些物质称为扩孔剂。

(2) 催化剂的还原 蒸汽转化用的镍催化剂是以氧化态提供的，它没有催化活性，使用前必须活化，将其还原成金属镍。还原反应如下：

$$NiO + H_2 \Longrightarrow Ni + H_2O(g) \qquad \Delta H_{298}^{\ominus} = -1.26 \text{kJ} \cdot \text{mol}^{-1} \qquad (1\text{-}15)$$

工业生产上常用天然气与蒸汽混合气进行还原。为保证还原彻底，还原温度以高一些为好，一般控制在高于转化操作的温度。

(3) 催化剂的中毒 蒸汽转化催化剂的中毒，就是毒物使镍形成无活性的镍化合物而造成的。中毒分为可逆中毒和不可逆中毒。

可逆中毒（亦称暂时中毒）的催化剂，通过适当处理（如通过干净的气体）仍能恢复活性。引起催化剂可逆中毒的物质有硫化物、氯、溴等，通常要求原料气中的总硫含量最高不超过 0.5×10^{-6}（质量分数），这就要求在蒸汽转化以前需将原料气严格脱硫。

不可逆中毒亦称为永久中毒，永久中毒后的催化剂不能再恢复活性。引起催化剂永久中毒的物质主要是砷，所以对原料气中砷含量的要求是十分严格的。

4. 甲烷蒸汽转化过程中的析炭 在烃类蒸汽转化过程中，要防止有炭黑析出。因为炭黑覆盖在催化剂表面，会堵塞微孔，降低催化剂活性，甚至导致催化剂碎裂，从而造成转化反应管的床层阻力增加，最终造成转化气中的残余甲烷含量增加。所以，转化过程有炭析出是十分有害的。

进行甲烷蒸汽转化反应的同时，在一定条件下会发生析炭反应：

$$CH_4 \Longrightarrow C + 2H_2 \qquad \Delta H > 0 \qquad (1\text{-}16)$$

$$2CO \Longrightarrow C + CO_2 \qquad \Delta H < 0 \qquad (1\text{-}17)$$

$$CO + H_2 \Longrightarrow C + H_2O(g) \quad \Delta H < 0 \qquad (1\text{-}18)$$

反应式（1-16）为裂解析炭，反应式（1-17）为歧化析炭，反应式（1-18）为还原析炭。对上述反应作热力学分析后，可得如下结论。

提高温度时，裂解析炭的可能性增加，而歧化和还原析炭的可能性减少；提高压力时，裂解析炭的可能性减少，但歧化和还原析炭的可能性增大。由于温度、压力对析炭的影响随反应的不同而不同，因此要避免析炭就应选择适当的水蒸气用量，以及适当的温度和压力。

既然甲烷蒸汽转化过程有可能析炭，那么究竟采用什么措施防止炭黑生成呢？第一，工业上多采用控制水蒸气量来防止，一般析炭的条件是水碳比等于 2，操作条件可选在水碳比等于 3 以上，同时原料气的预热温度不要太高。第二，选择适宜的催化剂并保持良好活性，如在催化剂中加入 K_2O、MgO 作载体，可使镍催化剂的表面增大，增加其活性，促进蒸汽和碳的反应，可以较好的解决析炭问题。

5. 工艺条件的选择

（1）压力 虽然从热力学上讲加压转化是不利的，但从动力学上讲增大压力可提高反应速率。工业生产上均采用加压蒸汽转化法，这是因为烃类蒸汽转化反应一般都是体积增大的反应，所以压缩原料气的动力消耗比压缩转化气的动力消耗少。由于水蒸气分压随总压升高，其热焓随之增大，所以加压蒸汽转化有利于充分利用热量，大大提高热效率。加压蒸汽转化亦可提高气速，提高设备生产强度，从而可缩小设备和管道尺寸，相对减少投资。

目前，由于炉管材料的强度限制，生产上采用的最高压力为 4MPa。

（2）温度 无论从化学平衡还是从反应速率考虑，提高温度对甲烷蒸汽转化反应都是有利的。但是，温度太高时，除进行蒸汽转化反应外，甲烷裂解的可能性增大，从而造成析炭。一段转化炉出口温度是决定出口气体组成的重要因素，提高它有助于降低残余甲烷含量，对二段炉的操作有利。但是，其温度上限受炉管材料限制，目前中型制氨装置转化操作压力约为 1.8MPa，出口设计温度为 760℃；大型制氨装置转化操作压力为 3.5～4.0MPa，出口温度在 800℃ 左右。

烃类蒸汽转化制取的原料气质量，最终是由二段转化炉出口温度控制的。工业上一般要求二段炉出口气体中残余甲烷含量小于 0.5%，出口温度应在 1000℃ 左右。

（3）水碳比　从防止析炭方面考虑，要求水碳比高于 2.0，从甲烷转化方面考虑，水碳比应更高一些。加压转化时，温度不能提得太高，要保证一段炉出口残余甲烷含量，主要手段只有提高进口的水碳比。但过多的水蒸气用量不仅不经济，而且还可能使低温变换催化剂受到损害。根据操作压力和温度，水碳比保持在 3.5～4.0 之间。目前的新流程倾向于使用低水碳比，相应调整其他工艺条件，从而降低能耗。

（4）空间速度　烃类蒸汽转化的空间速度可用原料气空速、碳空速、理论氢空速及液空速表示。由于甲烷转化是一级反应，从反应速率考虑，加压可加快反应的速率，因而压力愈高，可适当采取较高的空速，即少用一些催化剂。

（二）烃类造气的工艺流程及主要设备

1. 工艺流程　烃类蒸汽转化法流程包括有一、二段转化炉，原料气预热，余热回收与利用。现在以美国凯洛格（Kellogg）公司天然气蒸汽转化流程为例，加以说明。工艺流程如图 1-7 所示。

原料天然气中配入 0.25%～5% 的氢气，在对流段预热到 380～400℃，经钴钼加氢及氧化锌脱硫后，天然气的总硫含量降至 0.5×10^{-6} 以下。随后在压力 3.6MPa、温度为 380℃ 左右的条件下，天然气与中压蒸汽混合（达水碳比约为 3.5）后进入一段转化炉对流段，进一步预热到 500～520℃。然后由转化炉顶部，进入各支反应管，自上而下流过转化催化剂，进行转化反应。离开反应管底部的转化气温度为 800～820℃，压力为 3.1MPa，残余甲烷含量约 9.5%，汇合于集气管，再沿着集气管中间的上升管上升，继续吸收一些热量，使

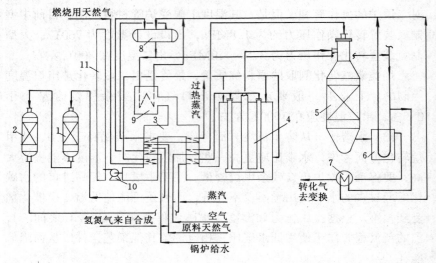

图 1-7 天然气蒸汽转化法工艺流程

1—钴钼加氢反应器；2—氧化锌脱硫罐；3—对流预热段；4——段转化炉；

5—二段转化炉；6—第一废热锅炉；7—第二废热锅炉；8—汽包；

9—辅助锅炉；10—排风机；11—烟囱

温度升至 850～860℃，经输气总管送往二段转化炉。

二段转化用的空气经压缩机加压到 3.3～3.5MPa，配入少量水蒸气，经对流段预热盘管加热到 450℃ 左右，进入二段炉顶部与一段转化气混合。在顶部燃烧区燃烧、放热、温度升至 1200℃ 左右，通过催化剂床层继续反应并吸收热量，离开二段转化炉的气体温度约 1000℃，压力约 3MPa，残余甲烷含量约为 0.3%。

二段转化气送入两台并联的第一废热锅炉，接着又进入第二废热锅炉，这三台锅炉都产生高压蒸汽。从第二废热锅炉出来的转化气温度约 370℃，送往变换工序。

一段炉的热量是由顶部烧嘴喷入燃烧用的天然气（或加入部分合成驰放气）燃烧所供给。燃料天然气从辐射段顶部烧嘴喷入并燃烧，烟道气的流动方向自上而下，与管内的气体流向一致。离开辐射段的烟道气温度在 1000℃ 以上，进入对流段后，依次流过混合气、空气、蒸汽、原料天然气、锅炉水和燃料天然气各个盘管，温度降到 250℃ 左右，用排风机通过烟囱排往大气。

2. 主要设备　一段转化炉是烃类蒸汽转化的关键设备之一，它由有若干根反应管与加热室的辐射段以及回收热量的对流段两个主要部分组成。由于反应管长期处高压、高温和气体腐蚀的苛刻条件下，需要采用耐高温合金钢管，因此费用昂贵。

凯洛格排管式转化炉如图 1-8 所示。这种炉子为顶烧炉，外形像一个长方形箱子，烧嘴布置在炉顶，火焰自上向下喷射，与炉管平行。因烧嘴放在炉管气体进口一侧，发热量最大的地方正好是炉管内吸热最多的区段，因此整个炉管的温度分布比较均匀。炉管与烧嘴相间排列，这样炉管表面受热均匀，占地面积少。炉管用弹簧吊架挂于炉顶的钢架上，下集气管与炉管之间直接焊接。下集气管在炉膛内，与炉底墙板保持一定距离，以便炉管受热时能自由膨胀，转化气通过下集气管中部的上升管从炉顶引出。

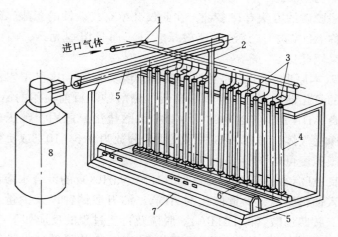

图 1-8　凯洛格排管式转化炉

1—进气总管；2—升气管；3—顶部烧嘴；4—炉管；5—烟道气出口；

6—下集气管；7—耐火砖炉体；8—二段转化炉

第二节　原料气的净化

以不同原料不同制气方法所得的合成氨原料气中，除有用成分 H_2 和 N_2 外，尚含有不同数量的 H_2S、CO、CO_2 有机硫化合物以及其他气体。这些气体如不预先加以清除，不仅会增加压缩这些气体的动力消耗，而且对氨的生产有着极大的危害。原料气的净化，就是清除原料气中对合成氨无用或有害物质的过程，以下逐一介绍。

一、原料气的脱硫

（一）脱硫方法简介

合成氨粗原料气中，都含有一定数量的硫化物，主要是 H_2S，其次是 CS_2、CoS、硫醇、硫醚和噻吩等有机硫。原料气中的硫化物对催化剂的活性有影响，硫化氢还会腐蚀设备和管道，给后工序的生产带来许多危害，必须加以脱除。

脱硫方法很多，通常按脱硫剂的状态把它们分为干法脱硫和湿法脱硫两大类。部分脱硫方法及其分类如图 1-9 所示。

（二）湿法脱硫

湿法脱硫的方法有许多种，在此仅介绍有代表性的蒽醌二磺酸钠法（简称 ADA 法）。该法脱硫效果较好，而且溶剂无毒，国内中型氨厂多采用此法。

1. 基本原理　ADA 是蒽醌二磺酸的英文缩写，这里用它代表该法所用的氧化催化剂2,6-或 2,7-蒽醌二磺酸钠。目前通用的 ADA 法实为改良 ADA 法，应当称之为 ADA-钒酸盐法，适用于常压或加压条件下净化气体，可将 H_2S 脱除至质量分数为 $0.5×10^{-6}$ 或更低，回收的硫磺纯度可达 99.9%。

改良 ADA 法的吸收剂是 Na_2CO_3 与 $NaHCO_3$ 的混合水溶液，溶液中加入偏钒酸钠，少量催化剂 ADA、酒石酸钠钾以及少量三氯化铁和乙二胺四乙酸（即 EDTA）。脱硫及再生过程的反应如下：

① 脱硫塔中的反应　以 pH 值为 $8.5\sim9.2$ 的稀碱液吸收 H_2S 生成硫氢化钠。

$$Na_2CO_3 + H_2S \longrightarrow NaHS + NaHCO_3 \qquad (1-19)$$

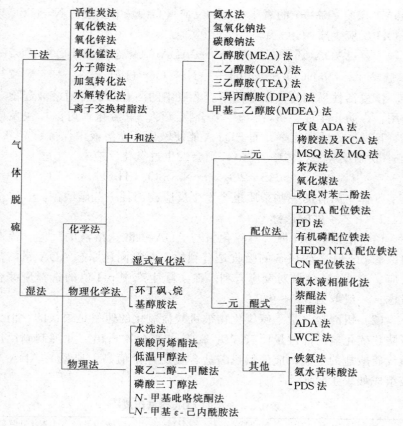

图 1-9 脱硫方法分类

硫氢化钠与偏钒酸盐反应转化成元素硫，而偏钒酸钠被还原成焦钒酸钠。

$$2NaHS + 4NaVO_3 + H_2O \longrightarrow Na_2V_4O_9 + 4NaOH + 2S \quad (1\text{-}20)$$

氧化态 ADA 与焦钒酸钠反应，生成还原态的 ADA，而焦钒酸钠则被 ADA 氧化，再生成偏钒酸盐。

$$Na_2V_4O_9 + 2ADA(氧化态) + 2NaOH + H_2O \longrightarrow$$

$$4NaVO_3 + 2ADA(还原态) \quad (1\text{-}21)$$

② 再生塔中的反应　还原态 ADA 被空气中的氧氧化成氧化态的

ADA，恢复了 ADA 的氧化性能。反应（1-19）中生成的 $NaHCO_3$ 与 NaOH 反应生成 Na_2CO_3。

$$2ADA(还原态) + O_2 \longrightarrow 2ADA(氧化态) + 2H_2O \qquad (1-22)$$

$$NaHCO_3 + NaOH \longrightarrow Na_2CO_3 + H_2O \qquad (1-23)$$

恢复活性后的溶液循环使用。溶液中的酒石酸钠钾对溶液起稳定作用，以防止生成"钒-氧-硫"复合物沉淀。三氯化铁可以加快反应式（1-22）的反应速率，而 EDTA 能使铁离子在溶液中保持稳定。

③ 副反应　气体中若有 O_2 则会发生过氧化反应。

$$2NaHS + 2O_2 \longrightarrow Na_2S_2O_3 + H_2O$$

气体中另有的一些杂质也会发生反应，消耗一些碳酸钠。

2．工艺条件的选择

（1）溶液的 pH 值　对硫化氢与 ADA-钒酸盐溶液的反应，提高溶液的 pH 值，对 H_2S 的吸收是有利的。而氧同还原态 ADA-钒酸盐反应，溶液 pH 值低对反应有利。在实际生产中 pH 值的选择应综合考虑，一般取为 8.5～9.2。

（2）钒酸盐含量　硫氢化物被钒酸盐氧化的速率是很快的，但为了防止硫化氢局部过量而有"钒-氧-硫"复合物析出，并抑制副反应硫代硫酸盐的生成，应使偏钒酸盐含量比理论值高。典型的 ADA 溶液组成如表 1-6 所示。

表 1-6　典型的 ADA 溶液组成

组　　成	Na_2CO_3 /(mol·L^{-1})	ADA /(g·L^{-1})	Na_2VO_3 /(g·L^{-1})	$KNaC_4H_4O_6$ /(g·L^{-1})
I（加压、高 H_2S）	1	10	5	2
II（常压、低 H_2S）	0.4	5	2～3	1

（3）温度　吸收和再生过程对温度均无严格要求，但低温下会引起碳酸氢钠、ADA、偏钒酸钠等沉淀，若高温会加剧副反应。生产上一般控制吸收温度在 20～30℃。

3．ADA 法脱硫的工艺流程　ADA 法脱硫流程包括硫化氢吸收，溶液再生和硫黄回收三个部分。图 1-10 所示为加压改良 ADA 法脱硫的生产流程图。原料气进入下部为空塔上部有一段填料的吸收塔 1，净化后的气体经分离器 2 分离液滴后送至后工序。吸收塔出来的溶液进入反应槽 7，在此，NaHS 与 NaVO₃ 的反应全部完成，并且还原态的钒酸钠开始被 ADA 氧化，溶液出反应槽后，减压进入再生塔 3。空气通入再生塔内，将还原态的 ADA 氧化，并使单体硫黄浮集在塔顶；溢流到硫泡沫槽 5，经过滤机 14 分离而得副产品硫黄。溶液由塔上部经液位调节器 4，进入溶液循环槽 8，再用泵 11 升压后送回吸收塔。

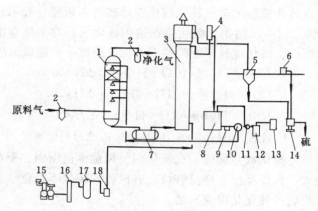

图 1-10 加压改良 ADA 法脱硫工艺流程图

1—吸收塔；2—分离器；3—再生塔；4—液位调节器；5—硫泡沫槽；6—温水槽；7—反应槽；8—循环槽；9—溶液过滤器；10—循环泵；11—原料泵；12—地下槽；13—溶碱槽；14—过滤器；15—空压机；16—空气冷却器；17—缓冲罐；18—空气过滤器

4. 其他湿法脱硫方法 湿法脱硫的关键是催化剂的选择，除 ADA 法以外，还有许多种湿法脱硫方法，如栲胶法脱硫、茶碱法脱硫等。

栲胶法脱硫也属于氧化催化剂反应过程，是利用碱性栲胶水溶液脱除 H₂S。栲胶是聚酚类（丹宁）物质，分子中具有大量的酚羟基和羟基，可取代 ADA 作为四价钒的氧化剂，并取代酒石酸钾作为钒的配合剂。由于栲胶价廉，脱硫效果与 ADA 法接近，只是再生装置稍有不同。这种方法自从 20 世纪 70 年代开发成功，在我国中小型化肥厂得到推广应用。

(三) 干法脱硫

干法脱硫时，脱硫剂的形态为固体。当原料气中总硫含量较低，而且大多为 H_2S 与 CoS 形式，选用活性炭法已能满足要求。若原料气中有机硫含量较高，且含噻吩，脱硫要求又比较高，可选用钴钼加氢法串联氧化锌法流程。

1. 钴钼加氢法　以天然气、轻油为原料的合成氨厂，大多采用管式炉蒸汽转化流程。蒸汽转化催化剂对硫特别敏感，要求总硫脱除至 0.2×10^{-6} 以下。钴钼加氢法是在钴钼催化剂存在下使有机硫化物产生氢解反应，转化成易于脱除的 H_2S，以便进一步把硫除去。

$$COS + H_2 \rightleftharpoons CO + H_2S \qquad \Delta H < 0$$
$$CS_2 + 4H_2 \rightleftharpoons CH_4 + 2H_2S \qquad \Delta H < 0$$
$$RSH + H_2 \rightleftharpoons RH + H_2S \qquad \Delta H < 0$$
$$C_4H_4S + 4H_2 \rightleftharpoons C_4H_{10} + H_2S \qquad \Delta H < 0$$

这些反应都是放热反应，在催化剂使用温度范围内，平衡常数的数值都很大，只要反应速率足够快，有机硫的转化不受化学平衡的限制，即有机硫的转化是很完全的。

钴钼催化剂的主要成分是 MoO_3 和 CoO，以 Al_2O_3 为载体，以氧化态提供给用户的钴钼催化剂就有一定活性，但硫化后活性更高，其催化剂在使用之前须进行硫化处理。

根据钴钼催化剂的特性，加氢转化反应可以 260～400℃ 范围内进行。操作压力根据流程和装置的要求通常控制在 0.7～4.5MPa (表)。循环氢气量与所要求的脱硫率和原料烃的性质有关，对天然气脱硫，以加氢转化后气体中的 H_2 含量 5%～15% 为宜。

2. 氧化锌法　氧化锌是一种内表面大、硫容较高的接触反应型脱硫剂。除噻吩外，它能以极快的速度将硫化氢和各种有机硫化合物几乎全部脱除，净化后气体中的硫含量可降到 0.1×10^{-6} 以下。氧化锌法多用于低浓度硫的脱除，作为最后一级精脱硫。

氧化锌脱硫剂直接吸收 H_2S，生成十分稳定的硫化锌。氧化锌也可以脱除硫醇、二硫化碳、氧硫化碳等反应性硫化合物，其中以脱除硫醇的性能最好。

$$ZnO + H_2S \Longrightarrow ZnS + H_2O$$

$$ZnO + C_2H_5SH \Longrightarrow ZnS + C_2H_5OH$$

$$ZnO + C_2H_5SH \Longrightarrow ZnS + C_2H_4 + H_2O$$

氧化锌脱硫剂国内外均有生产，主要活性成分为 ZnO，含量在 80%～90%，其余为 Al_2O_3，还有的加入 CuO、MoO_3、TiO_2、MnO_2 和 MgO 等，以提高脱硫效果。催化剂一般制成球状、片状或条状，呈灰白或浅黄色，使用过的氧化锌催化剂为深灰色或黑色。

工业生产中评价氧化锌脱硫剂的一个重要指标是"硫容量"，硫容量是指每单位新的氧化锌脱硫剂吸收硫的量。如 15% 硫容量，是指 100kg 新脱硫剂，可吸收 15kg 的硫。在脱硫器中，靠近气体入口的氧化锌先被硫饱和，随着使用时间的增长，饱和层逐渐扩大，当扩大到临近出口处时，就开始漏硫。工业生产上宜采用双床串联倒换法，第一床起脱硫作用，第二床起保护作用。

氧化锌脱硫能力随温度上升而增加。脱除 H_2S 和 COS 在较低温度（常温至 200℃）即可进行，而脱除其他有机硫则必须在较高温度（250～300℃以上）才能进行。温度过高，超过 430℃ 时，各类副反应加剧，温度过低，反应速率又较慢。所以氧化锌脱硫的操作温度为 350～400℃，这个温度条件还有利于烃类汽转化法氨厂的热能综合利用。

3. 干法脱硫流程　图 1-11 为加氢转化串联氧化锌流程。轻油（或天然气）预热到 350～400℃ 后与循环氢气（来自甲烷化后）混合，进入钴钼加氢反应器，有机硫在催化剂上加氢分解变成硫化氢。之后气体进入氧化锌脱硫槽，在此可将硫化氢脱至 0.2×10^{-6} 以下，净化气送下一工序。

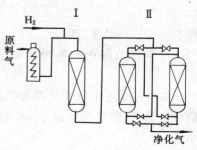

图 1-11　加氢转化串联氧化锌流程
Ⅰ—加氢反应器；Ⅱ—氧化锌脱硫槽

二、一氧化碳的变换

合成氨原料气中所含的 CO 对氨合成催化剂有毒害，因此，原料气送往合成工序之前必须将其彻底清除。原料气中的 CO，一般分两次除去，大部分先通过 CO 变换反应，这样既能把 CO 变为易于清除的 CO_2，同时又可制得等体积的 H_2。所以对合成氨生产来讲，变换工序既是原料气的净化过程，又是原料气制造的继续。通过变换后，原料气中少量残余的 CO 再通过其他净化法加以脱除。

（一）一氧化碳变换的基本原理

1. 变换反应的化学平衡　一氧化碳变换反应可用下式表示：

$$CO + H_2O \Longleftrightarrow CO_2 + H_2 \quad \Delta H_{298}^{\ominus} = -41.19 \text{kJ} \cdot \text{mol}^{-1}$$

这是一个可逆的等体积放热反应，反应热随温度升高而有所减少。反应很慢，即使温度达 1000℃ 时反应速率也很小，因此必须采用催化剂。

常压下变换反应的平衡常数为：

$$K_p = \frac{p_{CO_2} p_{H_2}}{p_{CO} p_{H_2O}}$$

由于反应是放热的，故 K_p 随温度升高而降低。在 360~520℃ 之间，K_p 可用如下简式计算：

$$\lg K_p = \frac{1914}{T} - 1.782$$

式中　T——温度，K。

在生产范围内，不同温度下 CO 变换反应的平衡常数如表 1-7 所示。

变换率表示 CO 变换的程度，其定义为：已变换的 CO 量与变换前 CO 量的百分比，以 x 表示。平衡时的变换率称为平衡变换率 x^*。

以 1mol 湿原料气为基准，a、b、c 和 d 分别代表初始状态 CO、H_2O、CO_2 和 H_2 的含量（摩尔分数），x^* 为 CO 的平衡变换率。通

表 1-7　一氧化碳变换的平衡常数

温度/℃	K_p	温度/℃	K_p	温度/℃	K_p
200	2.219×10^3	400	11.7	490	5.265
210	1.846×10^2	410	10.56	500	4.378
220	1.506×10^2	420	9.61	510	4.530
230	1.234×10^2	430	8.748	520	4.368
240	1.034×10^2	440	7.986	530	3.929
250	8.85×10^1	450	7.311	540	3.670
260	7.293×10^1	460	7.10	550	3.434
270	6.189×10^1	470	5.923	560	3.320
280	5.285×10^1	480	5.605		

过推导可得下式：

$$K_p=\frac{(c+ax^*)(d+ax^*)}{(a-ax^*)(b-ax^*)}$$

若已知温度及初始组成，即可据上式计算出 CO 平衡变换率 x^* 及系统平衡组成，不同条件下变换气中 CO 平衡含量如表 1-8 所示。

表 1-8　不同条件下，干变换气中 CO 的平衡含量（摩尔分数）[①]

温度/℃	$n(H_2O)/n(CO)$[②]			温度/℃	$n(H_2O)/n(CO)$[②]		
	1	3	5		1	3	5
150	0.009538	0.001757	0.000065	350	0.078495	0.015234	0.008030
200	0.016999	0.002137	0.000216	400	0.099126	0.024781	0.013469
250	0.027318	0.003017	0.000576	450	0.120184	0.036818	0.020748
300	0.059030	0.008375	0.004314	500	0.141059	0.050849	0.029791

① 干原料气组成：CO 31.7%；CO_2 8.0%；H_2 40%；N_2+CH_4+Ar 20.3%。
② 表示 H_2O 与 CO 摩尔比。

由表 1-8 可见，当温度为 450℃，$n(H_2O)/n(CO)=3$ 时，CO 平衡含量为 3.68%，而温度为 200℃ 时降到 0.21%，因而降低反应温度可以较大地降低残余 CO 含量。水蒸气加入量对平衡组成也有很大的影响，若要求 CO 平衡含量越低，则需要水碳比越大。

生产上可测定原料气及变换气中 CO 的干基含量，而由下式计算 CO 的实际变换率：

$$x=\frac{y_a-y_a'}{y_a(1+y_a')}\times100\%$$

式中 y_a，y_a'——分别为原料气及变换气中 CO 的摩尔分数（干基）。

2. 变换反应动力学　关于变换反应的机理，目前尚未取得一致意见，一般认为变换反应进行时，水蒸气分子首先被催化剂的活性表面所吸附，并分解为 H_2 及吸附态氧原子，H_2 进入气相，吸附态氧则在催化剂表面形成吸附层，由于 CO 分子的碰撞而生成 CO_2，并离开催化剂的表面。

在工艺计算中，常认为变换反应为二级反应，所用动力学方程式为：

$$r_{CO} = k[(a-ax)(b-ax)-(c+ax)(d+ax)/K_p]$$

式中 r_{CO}——反应速率；

k——反应速率常数，h^{-1}。

反应速率常数 k 值，可根据经验公式计算。压力增大时，反应速率常数增大，所以加压可提高变换反应速率。

对于变换反应，内扩散的影响不容忽视。内表面利用率不仅与催化剂的尺寸、结构及反应活性有关，而且与操作温度及压力等因素有关。在相同的温度及压力下，小颗粒的催化剂具有较高的内表面利用率，这是因为催化剂尺寸越小，毛细孔的长度越短，内扩散阻力越小。对于同一尺寸的中变催化剂，在相同的温度下，随着压力的提高，反应速率增大，而 CO 有效扩散系数又显著变小，故内表面利用率随压力的增加而迅速下降。

（二）变换催化剂

工业上，一氧化碳变换反应均在催化剂存在下进行。20 世纪 60 年代以前，主要是用以 Fe_2O_3 为主体的铁铬系催化剂，使用温度范围为 $350\sim550℃$。60 年代以后，随着制氨原料的改变和脱硫技术的进展，气体中的硫含量可降低到 1×10^{-6} 以下，有可能在更低温度下使用活性高而抗毒性差、以 CuO 为主体的铜锌系催化剂，操作温度为 $200\sim280℃$，残余 CO 可降至 0.3% 左右。为了区别上述两种温度范围的变换过程，习惯上将前者称为高温变换（或中温变换），而后者称为低温变换。所用催化剂分别称为中变（或高变）催化剂及低变催化剂。近些年我国开发的 Co-Mo 系宽温变换催化剂，称为耐硫低温变换催化剂，活性温度 $180 \sim 500℃$，已在许多中小型合成氨厂用于串接在中温变换之后，使变换气中 CO 含量降至 1% 左右。

1. **铁铬系催化剂**　铁铬系催化剂是化学工业中最早研究及使用的催化剂之一。这种催化剂以 Fe_2O_3 为主体，Cr_2O_3 为促进剂，并添加 K_2O、MgO 及 Al_2O_3 等。这种催化剂呈赤褐色，使用以后变为黑色。催化剂使用前须经过还原操作，因 Fe_2O_3 还原成 Fe_3O_4 后才具有活性，其反应式为：

$$3Fe_2O_3 + H_2 \Longrightarrow 2Fe_3O_4 + H_2O(g) \qquad \Delta H < 0$$
$$3Fe_2O_3 + CO \Longrightarrow 2Fe_3O_4 + CO_2 \qquad \Delta H < 0$$

原料气中的 H_2S 及某些杂质会使铁铬系催化剂的活性显著下降，其中最常见的毒物是 H_2S。一般认为，当气体中 H_2S 的含量低于 200×10^{-6} 时，活性不受影响。一旦中毒，当使用纯净的原料气时，催化剂的活性也可以较快的恢复。但这个过程若反复进行，就会使催化剂微晶结构发生改变而导致活性下降。

2. **铜锌系催化剂**　目前工业上使用的低变催化剂都是铜锌系催化剂，其主要成分为 CuO 和 ZnO。这种催化剂视加入促进剂的不同，又可分为铜锌铬系和铜锌铝系，前者加入 Cr_2O_3，后者加入 Al_2O_3。铜锌系催化剂使用前必须先经过还原操作，其反应式如下：

$$CuO + H_2 \Longrightarrow Cu + H_2O(g) \qquad \Delta H < 0$$
$$CuO + CO \Longrightarrow Cu + CO_2 \qquad \Delta H < 0$$

催化剂还原时，可用氮气、天然气或过热水蒸气作为载气，配入适量的还原性气体。

与中变催化剂相比，低变催化剂对毒物十分敏感。引起低变催化剂中毒或活性降低的物质主要有冷凝水、硫化物和氯化物。

冷凝水除对催化剂物理性能有直接影响外，还由于烃类加压转化及中温变换过程中，可生成少量的氨，这些氨溶于冷凝水成为氨水，从而溶解催化剂中的活性组分铜，导致催化剂活性下降。因此，低变操作温度一定要高于该条件下气体的露点。

原料气中的硫化物可全部被催化剂吸收，使低变催化剂永久中毒。气体中 H_2S 含量大于 2×10^{-6}，在温度 232℃ 时，催化剂中的铜微晶即可生成硫化亚铜，从而活性下降。因此，原料气在进入低变炉之前须进行严格净化，使 H_2S 含量在 1×10^{-6} 以下。

氯化物是对低变催化剂危害最大的毒物，其毒性较硫化物大 5～10 倍，属永久中毒。氯化物的主要来源是工艺蒸汽或冷激水，为了保护催化剂，蒸汽中氯含量越低越好，一般要求应小于 0.03×10^{-6}，有时甚至要求低于 0.003×10^{-6}。

3. 耐硫变换催化剂　由于铁铬系中变催化剂活性温度高，抗硫性能差，铜锌系低变催化剂活性虽然好，但活性温度范围窄，对硫又十分敏感。为了解决这一问题，人们又开发了既耐硫又活性温度较宽的变换催化剂。

耐硫变换催化剂通常是将活性组分 Co-Mo 等负载在载体上组成的，载体多为 Al_2O_3，并加入碱金属助催化剂以改善低温活性。这一类变换催化剂有很好的低温活性，使用温度可低至 180℃，而且有较宽的活性温度范围（180～500℃）；有突出的耐硫和抗毒性；强度高，尤其以 $\gamma\text{-}Al_2O_3$ 作载体，强度更高；可再硫化，不含钾的 Co-Mo 系催化剂部分失活后，可通过再硫化使活性大部分恢复。

钴钼系变换催化剂主要缺点是使用前的硫化过程比较麻烦，一般用 CS_2 作硫化剂。我国生产的 B302Q 变换催化剂采用快速的硫化方法，已在许多中小型氨厂应用，硫化后催化剂活性很好，使用时间也长。

（三）变换工艺条件的选择

1. 压力　压力对变换反应的平衡几乎没有影响，但加压可提高反应速率。从能量消耗上看，加压也是有利的。当然，加压变换需用压力较高的蒸汽，对设备材料要求也较高，析炭和生成甲烷等副反应发生的可能性稍大。但综合的结果，加压还是有利的。一般小型合成氨厂操作压力为 0.7～1.2MPa，中型氨厂为 1.2～1.8MPa，以天然气为原料的大型合成氨厂变换压力由蒸汽转化的压力而定。

2. 温度　变换反应是可逆放热反应，因而存在最佳反应温度。温度升高时，反应速率常数增大，对提高反应速率有利，但平衡常数会减小，CO 平衡含量增大，反应推动力变小，对反应速率不利，可见温度对两者的影响是相反的，对一定的催化剂及气相组成，必将出现最大的反应速率，其对应的温度即为最适宜反应温度。从动力学角度经推导的最佳反应温度 T_m 计算式为

$$T_m = \frac{T_e}{1 + \dfrac{RT_e}{E_2 - E_1} \ln \dfrac{E_2}{E_1}} \tag{1-24}$$

式中　T_e——平衡温度，K；

E_1、E_2——正、逆反应活化能，kJ·kmol^{-1}·K^{-1}。

对一定初始组成的反应系统，随 CO 变换率 x 的增加，平衡温度 T_e 及最佳反应温度 T_m 均降低，如图 1-12 所示。在工业反应器中，若按最佳反应温度进行反应，则反应速率最大，即在相同的生产能力下所需催化剂用量最少。但是，实际生产上完全按最佳反应温度线操作是不可能的。为了尽可能接近最佳反应温度线，可采用分段反应、段间冷却。根据原料气中的 CO 含量，一般将催化剂床层分为两段或三段，段间进行冷却，图中的 *ABCD* 线称为操作线、

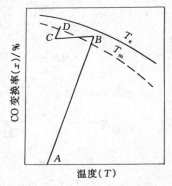

图 1-12　一氧化碳变换过程的 T-x 图

AB、*CD* 分别为一、二段绝热反应线，*BC* 表示段间间接换热降温线。工业生产上，操作温度选择在催化剂的起始活性温度及耐热温度之间，随着催化剂使用时间的增长活性有所下降，可适当提高热点温度。

3. 水蒸气比例　水蒸气比例一般是指 $n(H_2O)/n(CO)$ 比值，改变水蒸气比例是变换反应中最主要的调节手段。增加水蒸气用量，可提高 CO 的平衡变换率，从而降低 CO 的残余含量，加速变换反应的进行。过量水蒸气的存在，会使析炭及生成甲烷等副反应不易发生。提高水蒸气比例，湿原料气中 CO 含量相应下降，催化剂床层的温升将减少。但是，水蒸气用量是变换过程中最主要的消耗指标，尽量减

少其用量对过程的节能降耗具有重要意义。工业生产上，中变操作时适宜的水蒸气比例一般取为 $n(H_2O)/n(CO) = 3\sim5$。经反应后，中变气中 $n(H_2O)/n(CO)$ 可达 15 以上，不必添加蒸汽即可满足低温变换的要求。

（四）变换的工艺流程及主要设备

1. 中变流程　半水煤气的中温变换流程，原先都在常压下进行，随着生产技术的发展，现在都采用加压操作，如图 1-13 所示。

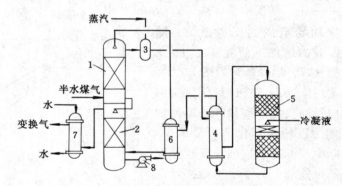

图 1-13　一氧化碳加压变换流程

1—饱和塔；2—热水塔；3—混合器；4—热交换器；5—变换炉；
6—水加热器；7—冷凝塔；8—热水泵

压力为 1.8MPa 的半水煤气进入饱和塔 1，塔中以 170℃ 左右的热水淋洒，气体被加热至 160℃ 左右，带出一定量水蒸气，并在混合器 3 中与补充蒸汽混合，使 $n(H_2O)/n(CO)$ 达到 4 左右，进入热交换器 4，气体被预热至 380℃ 进入变换炉。变换炉段间采用水冷激方式，变换后的气体经热交换器 4，温度降至 260℃ 左右，再经水加热器冷却至 200℃，进入热水塔 2。变换气离开热水塔的温度约 155℃，在冷凝塔中冷却至常温，送至下一工序。饱和塔出来的热水约 140℃，在热水塔中加热至 165℃ 后，再经水加热器加热至 170℃ 左右，送往饱和塔循环使用。

2. 中（高）变-低变串联流程　采用这种流程时，一般与甲烷化方法配合。以天然气蒸汽转化法制合成氨流程为例，由于原料气中

CO 含量较低，中变催化剂只需配置一段，串联低变即可，如图 1-14 所示。

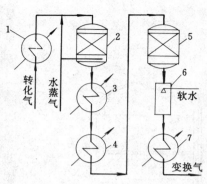

图 1-14　一氧化碳中（高）变一低变串联流程

1—废热锅炉；2—高变炉；3—高变废热锅炉；4—甲烷化炉进气预热器；5—低变炉；6—饱和器；7—贫液再沸器

含 CO 13%～15% 的原料气经废热锅炉降温，在压力为 3MPa、温度为 370℃ 条件下进入高变炉，反应后气体中 CO 降到 3% 左右，温度约 430℃。气体通过高变废热锅炉 3 降温至 330℃，之后气体进入甲烷化炉进气预热器，温度降至 220℃ 后进入低变炉。低变绝热温升仅 15～20℃，残余 CO 降至 0.3%～0.5%，低变气的余热还可进一步回收。为了提高传热效果，喷入少量水于气体中，使其达饱和状态，这样，当气体进入换热器时水蒸气即行冷凝，使传热系数增大。变换气温度降低后进入下一工序。

3. 主要设备　图 1-15 所示为加压两段变换炉，炉外壳是钢板，内衬耐热混凝土。半水煤气及蒸汽由炉顶部进入，经过分布器进入第一、二层催化剂（一段），二段变换气经中间换热器或增湿器（加入冷激水）降温后进入第三层催化剂（二段），变换气经底部分配装置后出变换炉。

三、二氧化碳的脱除

经一氧化碳变换后的合成氨原料气中含有大量的 CO_2，CO_2 不仅会使氨合成催化剂中毒，而且影响后续工段的操作。CO_2 又是制造尿素、碳酸氢铵、纯碱和干冰等化工产品的重要原料。因此，原料气中 CO_2 的脱除兼有净化气体和回收 CO_2 两个目的。

脱除 CO_2 的方法很多，一般采用溶液吸收法，根据吸收剂性能的不同，脱碳方法分为物理吸收和化学吸收法。物理吸收法，利用 CO_2 能溶解于水或有机溶剂这一性质完成的。化学吸收法是利用 CO_2

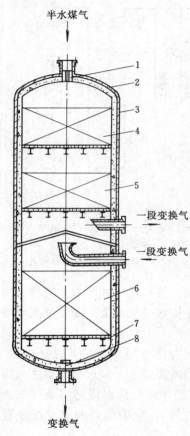

半水煤气

1
2
3
4
5
一段变换气
一段变换气
6
7
8

变换气

图 1-15　加压变换炉

1，8—气体分布装置；2—变换
炉外壳；3—耐热混凝土衬里；
4，5，6—催化剂；7—支架

是酸性气体的特性，与碱性物质进行反应将其吸收。

（一）碳酸丙烯酯法

碳酸丙烯酯法是在水洗法基础上发展起来的，是一种物理吸收法。碳酸丙烯酯分子式为 $CH_3CHOCO_2CH_2$，是具有一定极性的有机溶剂，对 CO_2、H_2S 等酸性气体有较大的溶解能力，而 H_2、N_2、CO 等气体在其中的溶解度甚微。在 0.1MPa、25℃时，各种气体在碳酸丙烯酯中的溶解度如表 1-9 所示。

由表 1-9 可见，0.1MPa 和 25℃ 时，CO_2 在碳酸丙烯酯中的溶解度为 $3.47m^3 \cdot m^{-3}$ 而在同样条件下 H_2 在碳酸丙烯酯中的溶解度仅为 $0.03m^3 \cdot m^{-3}$，因此可用碳酸丙烯酯从气体混合物中选择吸收 CO_2。同理，也能选择性地吸收 H_2S 和有机硫化合物。

碳酸丙烯酯性质稳定、无毒，纯的溶剂对碳钢没有腐蚀性。碳酸丙烯酯的吸水性较强，溶剂中的含水量对 CO_2 的吸收能力有一定影响。在实际生产上靠再生气将水分带出即可维持系统的水平衡，而无需对溶液特殊处理。

表 1-9　各种气体在碳酸丙烯酯中的溶解度[①]/($m^3 \cdot m^{-3}$)

气　体	CO_2	H_2S	H_2	CO	CH_4	COS	C_2H_2
溶解度	3.47	12.0	0.03	0.5	0.3	5.0	8.6

① 0.1MPa,25℃。

从以上讨论可以看出，碳酸丙烯酯是吸收 CO_2 的一种理想溶剂，其吸收能力与压力成正比，所以适用于高压下操作。因溶剂的蒸气压较低，可以在常温下操作。吸收 CO_2 以后的溶液经减压解吸或通入空气的方法即可使溶液再生而无需消耗热量。该法生产流程简单，整个系统的设备可用碳钢制作，这些优点使得碳酸丙烯酯吸收 CO_2 在工业上的应用越来越广泛。

图 1-16 所示为碳酸丙烯酯吸收 CO_2 的典型工艺流程。经变换后的原料气进入吸收塔 1 的下部，吸收塔通常在低于室温下操作，出塔净化气中含 CO_2 约为 1%。吸收了 CO_2 以后的碳酸丙烯酯溶液（富液）由吸收塔下部引出，经水力透平 6 回收动能后进入中压闪蒸槽 3，溶解于溶剂中的 H_2、N_2 等气体首先闪蒸出来，这些气体经压缩机 2 压缩后返回

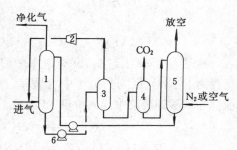

图 1-16 碳酸丙烯酯法脱
除二氧化碳工艺流程
1—吸收塔；2—压缩机；3—中压闪
蒸槽；4—低压闪蒸槽；5—气提
塔；6—水力透平

系统。从中压闪蒸槽流出的溶剂继续在低压闪蒸槽 4 解吸，膨胀气作为 CO_2 产品回收。为了提高吸收塔出口气体的净化度，再生后的碳酸丙烯酯溶液送到气提塔 5，用空气或惰性气体气提，进一步使溶剂中 CO_2 逸出，之后溶剂返回吸收塔循环使用。

我国以煤为原料的中小型合成氨厂采用此法脱碳时，在 CO_2 分压为 0.34～0.6MPa（表压）、吸收温度低于 40℃ 时，净化气中 CO_2 含量可降到 1% 左右。

（二）有机胺催化热钾碱法

用碳酸钾水溶液吸收 CO_2 是目前应用最广泛的工业脱碳方法，该法具有净化度高、吸收选择性好、CO_2 纯度和回收率高的优点。

碳酸钾水溶液具有强碱性，其与 CO_2 的反应为：

$$K_2CO_3 + CO_2 + H_2O \rightleftharpoons 2KHCO_3 \quad \Delta H < 0$$

生成的碳酸氢钾在减压和受热时，又放出 CO_2，重新生成碳酸钾，因而溶液可循环使用。工业生产上常应用的活化剂有二乙醇胺（以 DEA 表示）和氨基乙酸等。以 DEA 为活化剂，偏钒酸钾（KVO_3）为缓蚀剂的催化热钾碱法，称为本菲尔特法，以下主要介绍这种方法。

1. 基本原理 纯碳酸钾水溶液与 CO_2 的反应如下：

$$CO_2(g)$$

$$CO_2(l) + K_2CO_3 + H_2O \rightleftharpoons 2KHCO_3$$

这是一个可逆反应，反应速率较慢。活化剂 DEA（即二乙醇胺，简写为 R_2NH）因为其分子中含胺基，所以可与液相中的 CO_2 进行反应。当碳酸钾溶液中加入少量 DEA 时，溶液脱除 CO_2 的反应如下：

$$K_2CO_3 \rightleftharpoons 2K^+ + CO_3^{2-}$$

$$R_2NH + CO_2 \ (l) \rightleftharpoons R_2NCOOH$$

$$R_2NCOOH \rightleftharpoons R_2NCOO^- + H^+$$

$$R_2NCOO^- + H_2O \rightleftharpoons R_2NH + HCO_3^-$$

$$H^+ + CO_3^{2-} \rightleftharpoons HCO_3^-$$

$$K^+ + HCO_3^- \rightleftharpoons KHCO_3$$

产生的游离胺循环使用，总胺浓度在反应前后不变。由于改变了反应历程，所以这种方法比不加活性剂的热钾碱法反应速率要快10～1000倍。

碳酸钾溶液吸收 CO_2 以后，应进行再生使溶液循环使用。其再生反应式为：

$$2KHCO_3 \rightleftharpoons K_2CO_3 + H_2O + CO_2 \uparrow$$

加热有利于 $KHCO_3$ 的分解。为了使 CO_2 更完全的从溶液中解吸出来，生产是在再生塔下装置再沸器，在再沸器内利用间接换热将溶液加热到沸点，使大量的水蒸气从溶液中蒸发出来。水蒸气沿再生塔向上流动与溶液逆流接触，这样不仅降低了气相中的 CO_2 分压，增加了解吸的推动力，同时增加了液相的湍动程度和解吸面积，从而使溶液得到更好的再生。

2. 溶液的组成　本菲尔特法所使用的溶液是由碳酸钾水溶液、催化剂 DEA、缓蚀剂 KVO_3 以及消泡剂硅酮等组成。

(1) 碳酸钾的含量　提高溶液中碳酸钾的含量可以提高溶液对 CO_2 的吸收能力，同时也加快反应速率，相应的溶液循环量可以减少。但溶液的碳酸钾含量越高，对设备的腐蚀性越大，而更为重要的是碳酸钾结晶点随浓度增加而提高。生产上通常维持溶液中碳酸钾质量分数在 27%～30%。

(2) 活化剂的含量　碳酸钾溶液所需活化剂 DEA 的含量要由实验确定。在本菲尔特法中，活化剂 DEA 的含量约为 2.5%～5.0%，溶液中含有更多的活化剂，其作用增加并不明显。

(3) 缓蚀剂含量　二乙醇胺的腐蚀性较轻，腐蚀介质是热碳酸钾溶液和潮湿的 CO_2。在本菲尔特法中，多以偏钒酸盐作缓蚀剂。在系统开车时，为了在设备表面生成牢固的钝化膜，此时溶液中总钒（以 KVO_3 计）质量分数控制在 0.7%～0.8% 以上，而在正常生产时，溶液中总钒含量可保持在 0.5% 左右，其中五价钒的含量为总钒含量的 10% 以上即可。

3. 工艺条件的选择

(1) 吸收压力　提高吸收压力可加快吸收速率，从而减小设备尺寸，提高气体净化度和溶液吸收能力。但压力提高到一定程度，上述影响已不明显。实际生产中，吸收压力主要取决于原料气组成、要求的气体净化度以及前后工序的压力等。如以天然气为原料的合成氨流程中，吸收压力为 2.7～2.8MPa，而以煤为原料的合成氨流程中，吸收压力多为 1.8～2.0MPa。

(2) 吸收温度　提高吸收温度，吸收速率加快，但溶液上方 CO_2 的平衡分压增大，从而使气体净化度降低。通常应在保持有足够推动力的前提下，尽量将吸收温度提高到和再生温度相同或者接近的程度，以节省再生时的耗热量。在两段吸收、两段再生流程中，半贫液的温度和再生塔中部温度几乎相等，取决于再生操作压力和温度，约为 110～115℃；贫液温度则根据吸收压力和要求的气体净化度来确定，通常取为 70～80℃。

（3）溶液的再生　为确保溶液再生完全，最重要的是要维持再生塔底溶液温度在沸点，再生压力要低一些。采用一段再生则不能达到气体的净化度小于0.2%，一般采用二段再生。

（4）防止溶液起泡　溶液起泡是操作中需要重视的一个问题，适当加入消泡剂能抑制溶液起泡，但根本解决溶液起泡的措施是保持系统的洁净。油污、铁锈、高级烃等杂质都易造成溶液起泡，因此，设备使用前的清洗，运转过程中保持气体、液体的干净，极为重要。另外，在系统中还应设有过滤器，使一部分循环液体（10%左右）通过，以除去 $30\sim50\mu m$ 的细粒。

4．工艺流程及主要设备

（1）工艺流程　目前工业上常用的是两段吸收与两段再生流程。图1-17为本菲尔特脱碳工艺流程。

压力为2.6MPa、温度为240℃的低温变换气用水冷凝到露点。然后进入再生塔底的再沸器，冷却至125℃左右，放出大量的冷凝热，作为再生的主要热源。气体被分离水分后进入吸收塔底，自下而上通过四层填料，与吸收液逆流接触。含 CO_2 0.1%左右的净化气送往甲烷化工序。

吸收塔有两个溶液进口，进入塔顶的是温度为71℃、再生较为完全的贫液，塔中部进入的是温度为112℃、部分再生的半贫液。温度约120℃的富液从吸收塔底流出，经水力透平回收能量，送至再生塔顶部进行再生。

富液在再生塔入口处减至常压，当即有部分 CO_2 解吸。液体自上而下流经填料层，与向上流动的蒸汽逆流接触，温度不断上升，CO_2 不断析出。自塔中部把部分再生的溶液抽出，用泵送往吸收塔中部。少部分溶液继续向下流动进一步再生，最后进入再沸器加热至沸腾，将溶液中的 CO_2 脱除。溶液随即从塔底引出，经冷却后送往吸收塔顶。

再生塔顶部有三层泡罩塔板作为洗涤段，用水把气体夹带的碱液洗涤下来。气体自塔顶排出，经冷却冷凝后送去生产尿素或放空。冷凝液一部分送回洗涤段，维持系统的水平衡，一部分排出系统。

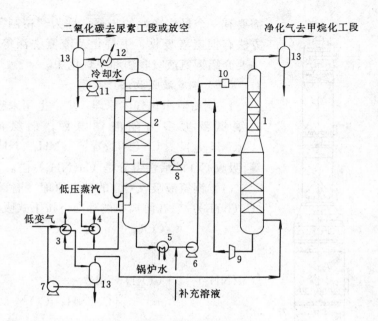

图 1-17 本菲尔特脱碳工艺流程

1—吸收塔；2—再生塔；3—低变气再沸器；4—蒸汽再沸器；5—锅炉给水预热器；
6—贫液泵；7—淬冷水泵；8—半贫液泵；9—水力透平；10—机械过滤器；
11—冷凝液泵；12—二氧化碳冷却器；13—分离器

（2）主要设备　吸收塔是加压吸收设备。由于采用两段吸收，进入上塔的溶液量仅为整个溶液量的四分之一左右，同时气体中大部分 CO_2 都在塔下部被吸收，上塔直径较小而下塔直径较大，如图 1-18 所示。

整个塔内装有填料。为了使溶液均匀地润湿填料表面，除了在填料层上部装有液体分布器以外，上下塔的填料又分为两层，每层中间设有液体再分布器。

四、原料气的精制

合成氨所用的粗原料气，经 CO 变换和 CO_2 脱除后，还残留有少量 CO 和 CO_2。为防止对合成催化剂的毒害，要求 CO 和 CO_2 体积分数之和不得多于 $(10\sim30)\times10^{-6}$。因此，原料气送往合成塔以前，

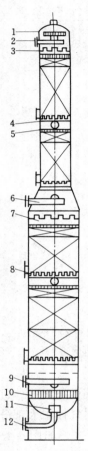

图 1-18 吸收塔
1—除沫器；2，6—液体分配管；3，7—液体分布器；4—填料支承板；5—压紧箅子板；8—填料卸出口（4 个）；9—气体分配管；10—消泡器；11—防涡流挡板；12—富液出口

需要有一个最终净化的步骤，称为"精制"。精制方法有铜氨液吸收、甲烷化及液氮洗涤等。以下主要介绍铜氨液吸收法和甲烷化法。

（一）铜氨液吸收法

1. 铜氨液净化气体原理　生产上用来吸收 CO 的铜氨液大多为醋酸铜氨液，铜氨液内有 $[Cu(NH_3)_2]^+$、$[Cu(NH_3)_4]^{2+}$、NH_4^+、NH_3、Ac^- 等，吸收 CO 的活性组分是 $[Cu(NH_3)_2]^+$。

（1）铜氨液吸收 CO 的基本原理　铜氨液中的 $[Cu(NH_3)_2]^+$，在游离氨的存在下按下式吸收 CO。

$$CO(g)$$
$$\Updownarrow$$
$$[Cu(NH_3)_2]^+ + CO(l) + NH_3 \rightleftharpoons$$
$$[Cu(NH_3)_3CO]^+ \quad \Delta H < 0$$

这是一个包括气液相平衡和液相中化学平衡的吸收反应。增加低价铜氨液浓度、降低温度和提高压力都会使吸收能力增大，但操作中 CO 的吸收只能达平衡时的 60% ~ 70%。为了防止铜洗气中 CO 含量过高，除了选用较低温度、较高压力外，还应要求再生后铜液中残余 CO 含量要低。

（2）铜氨液吸收 CO_2、O_2 和 H_2S　铜氨液除能吸收 CO 外，还可以吸收 CO_2、O_2 和 H_2S，所以铜洗是脱除少量 CO 和 CO_2 的有效方法之一，而且可起到脱除 H_2S 和最后把关作用。由于有游离氨的存在，吸收 CO_2 的反应如下：

$$NH_3 + CO_2 + H_2O \rightleftharpoons NH_4HCO_3 \quad \Delta H < 0$$

吸收 CO_2 是放热反应，会使塔内铜液温度升高。气体中 CO_2 含量高时，会导致铜液吸收 CO

的能力下降。

原料气中的氧来源于变换气及水洗气，铜液吸收 O_2 是依靠低价铜离子的作用，反应如下：

$$4Cu(NH_3)_2Ac + 4NH_4Ac + 4NH_3 \cdot H_2O + O_2 =\!=\!=$$
$$4Cu(NH_3)_4Ac_2 + 6H_2O \quad \Delta H < 0$$

这是一个不可逆的氧化反应，能够完全把氧脱除。但在吸收 O_2 时，低价铜氧化成高价铜，因此铜比会下降，而且还消耗了游离氨。所以进入铜洗塔的气体中含氧越低越好。铜液吸收 H_2S 的主要反应为：

$$2NH_3 \cdot H_2O + H_2S =\!=\!= (NH_4)_2S + 2H_2O \quad \Delta H < 0$$
$$2Cu(NH_3)_2Ac + 2H_2S =\!=\!= Cu_2S \downarrow + 2NH_4Ac + (NH_4)_2S$$

铜洗后可以完全脱除 H_2S，但当原料气中 H_2S 含量过高，同时生成 Cu_2S 沉淀，易于堵塞管道和设备，所以要求进入铜洗系统的 H_2S 含量越低越好。

2. 铜洗操作条件的选择

(1) 铜氨液的组成　铜氨液中有低价铜离子和高价铜离子两种，前者以 $[Cu(NH_3)_2]^+$ 形式存在，是吸收 CO 的活性组分；后者以 $[Cu(NH_3)_4]^{2+}$ 形式存在，没有吸收 CO 的能力，但溶液内必须有它，否则会析出金属铜，反应如下：

$$2Cu(NH_3)_2Ac =\!=\!= Cu(NH_3)_4Ac_2 + Cu \downarrow$$

低价铜离子与高价铜离子浓度的总和称为总铜，用 T_{Cu} 表示，二者之比 $[Cu^+]/[Cu^{2+}]$ 称为铜比，用 R 表示。低价铜离子无色，高价铜离子呈蓝色，由于铜氨液中同时存在两种离子，所以铜氨液呈蓝色。

氨也是铜氨液的主要组分，它以配合氨、固定氨和游离氨三种形式存在。"配合氨"是与 Cu^+、Cu^{2+} 配合在一起的氨。"固定氨"是与酸根结合在一起的氨。"游离氨"是指物理溶解状态的氨。这三种氨浓度之和称为总氨。

铜液中的醋酸是以 Ac^- 离子形式存在，与 $[Cu(NH_3)_2]^+$、

[Cu(NH₃)₄]²⁺结合成复盐。若溶液中醋酸量不足, [Cu(NH₃)₂]⁺、[Cu(NH₃)₄]²⁺就会与其他酸根结合,影响溶液的稳定。

国内工厂所用醋酸铜氨液的组成如表 1-10 所示。

表 1-10　醋酸铜氨液的组成/ (mol·L⁻¹)

组分	总铜	低价铜	高价铜	铜比	总氨	醋酸	CO₂
范围	2.0~2.6	1.8~2.2	0.3~0.4	5~7	9~11	2.2~3.5	<1.5

（2）压力　提高压力既有利于提高铜液的吸收能力，又有利于提高气体的净化度。如图 1-19 所示，在一定温度下，铜液吸收能力随

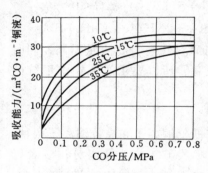

图 1-19　压力和温度对铜液吸收能力的影响

CO 分压增加而增加，但当超过 0.5MPa 后，吸收能力随着 CO 分压升高而增加的效果已不显著，却增加了动力消耗，同时对设备也提出了更高要求。实际生产上大多选择操作压力为 12~15MPa。

（3）温度　降低铜液吸收温度，即可提高吸收能力，又有利于铜洗气中 CO 浓度的降低。另外，铜液吸收 CO、CO₂ 等气体都是放热反应，塔内的铜液温度会随着吸收过程的进行而升高。所以，铜液进塔的温度应该低一些。但温度过低，铜液粘度将增加很多，同时还有可能析出碳酸氢铵堵塞设备，从而增加系统阻力。目前工业生产上进铜洗塔的铜液温度维持在 8~12℃，超过 15℃ 铜液吸收能力迅速下降。

3．铜液的再生　为了使吸收 CO、CO₂、O₂ 及 H₂S 后的铜液能循环使用，必须经过再生处理。铜液再生过程比较复杂，因为再生过程不仅要把吸收的 CO、CO₂ 等气体完全解吸出来，而且要把被氧化的高价铜还原成低价铜以恢复到适宜的铜比。此外，氨的损失要控制到最小。

（1）铜液再生反应　铜液的解吸反应是吸收反应的逆过程。在低

压和加热条件下，铜液中发生如下反应使气体解吸。

$$[Cu(NH_3)_3CO]^+ \Longrightarrow [Cu(NH_3)_2]^+ + CO\uparrow + NH_3\uparrow$$

除解吸反应外，铜液中还有高价铜还原成低价铜，反应式如下：

$$[Cu(NH_3)_3CO]^+ + 2[Cu(NH_3)_4]^{2+} + 4H_2O \longrightarrow$$
$$3[Cu(NH_3)_2]^+ + 2NH_4^+ + 2CO_2 + 3NH_3 \cdot H_2O$$

（2）再生操作条件　再生后铜液中 CO 残余量是再生操作的主要指标之一。降低再生系统压力对 CO、CO_2 气体解吸有利，生产上多采用常压再生。

铜液再生的好坏，主要取决于再生温度。温度高，对 CO 解吸有利。但温度过高，氨和酸的损失增大，而氨损失严重时，又将导致金属铜和亚铜盐的沉淀。在兼顾铜液再生与氨的损失条件上，接近沸腾情况的常压再生温度以 76～80℃ 为宜，而离开回流塔的铜液温度不应超过 60℃。

铜液在再生器内的停留时间即为再生时间，停留时间愈长，铜液再生愈完全。实际生产中，铜液在再生器内停留时间不应低于20min，再生器液位控制在½～⅔高度比较合适。

（3）还原操作条件　在铜液再生过程中，利用溶解态的 CO 把高价铜还原。溶解态 CO 只是高价铜还原的必要条件，关键是还原反应的速率。同绝大多数反应一样，还原反应速率随温度升高而加快。但温度过高，溶解的 CO 迅速解吸，这样反而削弱了高价铜的还原。实际操作时，采用 55～65℃ 为宜。

4. 铜洗工艺流程　许多中小型合成氨厂仍使用铜洗法，其典型流程如图 1-20 所示。

脱碳后的原料气压缩到 12MPa 以上，送入铜洗塔底部，气体在塔内与塔顶喷淋下来的铜液逆流接触。气体中的 CO、CO_2、O_2 及 H_2S 被铜液吸收，精制后的氢氮混合气从塔顶出来，经铜液分离器除去夹带的铜液，送往压缩工序。

铜液由泵加压至 12MPa 以上送入铜洗塔，吸收了 CO 等气体后，由塔底经减压阀送往回流塔顶部，向塔内喷淋。在回流塔内吸收了大部分的氨和热量，从回流塔的下侧流出。再生气从回流塔顶部出来，

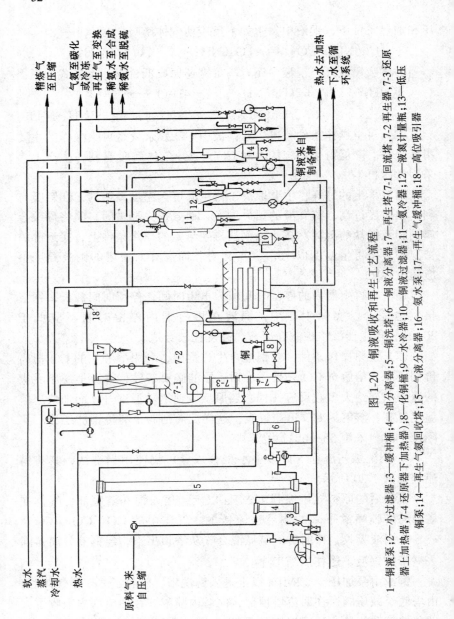

图 1-20　铜液吸收和再生工艺流程

1—铜液泵；2—小过滤器；3—缓冲桶；4—油分离器；5—铜洗塔；6—铜液分离器；7—再生塔(7-1回流塔，7-2再生塔；7-3还原器上加热器，7-4还原器下加热器)；8—化铜桶；9—水冷器；10—铜液过滤器；11—氨冷器；12—液氨计量瓶；13—低压铜泵；14—再生气氨回收塔；15—气液分离器；16—氨水泵；17—再生气缓冲桶；18—高位吸引器

放空或用水吸收后送往变换系统。之后，铜液进入还原器的下加热器底部，加热至 60℃左右，以调节铜比，经上加热器加热至 76～78℃后进入再生器。溶液在再生器停留约 20min，温度维持在 78℃左右，以保证 CO、CO_2 等气体全部析出来。再生后的铜液去水冷却器，再经铜液过滤器去掉杂质，然后进入氨冷却器，使铜液温度降低到 8～12℃，再经泵加压而送往铜洗塔循环使用。

（二）甲烷化法

甲烷化法是在催化剂存在下，使原料气中的 CO 及 CO_2 加氢生成 CH_4 和 H_2O 的一种净化工艺，可把碳氧化物$(CO+CO_2)$的含量降至 10×10^{-6} 以下。由于甲烷化反应不但要消耗氢气，而且生成对合成系统不利的甲烷，使循环气放空量增加，因此要求甲烷化前的气体中 CO 和 CO_2 总量要低于 0.7%～1%。

1. 甲烷化法的基本原理　甲烷化法的反应如下：

$$CO + 3H_2 \Longrightarrow CH_4 + H_2O \qquad \Delta H < 0$$
$$CO_2 + 4H_2O \Longrightarrow CH_4 + 2H_2O \qquad \Delta H < 0$$

甲烷化反应是体积减小的可逆强放热反应，所以温度愈低、压力愈高，则反应愈完全。通过计算，在甲烷化反应的操作条件（2.7MPa、400℃）下，CO 和 CO_2 的平衡含量都非常小，因此可认为甲烷化反应进行的比较完全。

甲烷化反应的催化剂主要是镍催化剂，是由载在耐火材料载体上的氧化镍组成，镍含量要比甲烷转化催化剂高，一般为 15%～30%（以 Ni 计）。催化剂可压片、挤条或做成球形，颗粒大小一般在 6mm 左右。

实际生产过程中，甲烷化操作压力与前后工序有密切关系，通常随变换、脱碳的压力而定。用作甲烷化的镍催化剂在 200℃时已有活性，也能承受 800℃的高温，但操作中低限应高于生成羰基镍的温度，高限应低于反应器材质允许的设计温度，一般在 280～420℃。

2. 甲烷化法工艺流程　甲烷化的典型工艺流程如图 1-21 所示。

图（a）流程中原料气预热部分是由进出气换热器与外加热源串联组成，以保证入口气体达到所需的温度，缺点是开工升温比较困难。图（b）流程则全部利用外加热源预热原料气，出口气体的余热则用来预热锅炉给水。

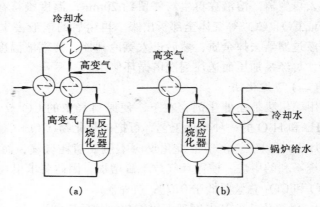

图 1-21　甲烷化工艺流程

第三节　氨 的 合 成

氨的合成是整个合成氨流程中的核心部分。氨的合成属于气固相催化反应，在较高压力下进行，由于反应后气体中氨含量一般只有10%～20%，故分离氨后的气体须循环使用。

一、氨合成基本原理

（一）氨合成热力学

氨合成反应是体积缩小的放热可逆反应，其反应式为：

$$\frac{1}{2}N_2 + \frac{3}{2}H_2 \Longrightarrow NH_3 \quad \Delta H_{298}^{\ominus} = -46.22 kJ \cdot mol^{-1}$$

氨合成反应的热效应，不仅取决于温度，而且与压力、气体组成有关。纯的氢混合气完全转化为氨，在不同温度、压力下的反应热可由下式计算：

$$-\Delta H_F = 38338.9 + \left[22.5304 + \frac{347344}{T} + \frac{1.89963 \times 10^{10}}{T^3}\right]p +$$

$$22.3864T + 10.572 \times 10^{-4}T^2 - 7.0828 \times 10^{-6}T^3$$

式中　ΔH_F——纯氢氮混合气完全转化为氨的反应热，$kJ \cdot mol^{-1}$；

p——压力，MPa；

T——温度，K。

工业生产中，反应产物为 N_2、H_2、NH_3 及惰性气体的混合物，热效应应为上述反应热与气体混合热之和。由于气体混合是吸热，所以实际热效应比上述计算值要小。

化学平衡常数 K_p 可表示为：

$$K_p = \frac{p_{NH_3}^*}{(p_{N_2}^*)^{1/2}(p_{H_2}^*)^{3/2}} = \frac{1}{p_{总}} \cdot \frac{y_{NH_3}^*}{(y_{N_2}^*)^{1/2}(y_{H_2}^*)^{3/2}}$$

式中　$p_{总}$——系统总压，MPa；

p_i^*——系统中各组分平衡分压，MPa；

y_i^*——平衡组分的摩尔分数。

工业上氨的合成总是在加压条件下进行的，通常采用 $12\sim30$MPa。在这样的压强下，气体性质与理想气体有很大的偏差。因此化学平衡常数 K_p 不仅与温度有关，而且与压力和气体组成有关。不同温度、压力下，纯氢氮混合气体($H_2/N_2 = 3$)反应的 K_p 值见表1-11。

表 1-11　不同温度、压力下氨合成反应的 K_p 值

温度 /℃	压　　力/MPa					
	0.1013	10.13	15.20	20.27	30.39	40.53
350	2.5961×10^{-1}	2.9796×10^{-1}	3.2933×10^{-1}	3.5270×10^{-1}	4.2346×10^{-1}	5.1357×10^{-1}
400	1.2540×10^{-1}	1.3842×10^{-1}	1.4742×10^{-1}	1.5759×10^{-1}	1.8175×10^{-1}	2.1146×10^{-1}
450	6.4086×10^{-2}	7.1310×10^{-2}	7.7939×10^{-2}	7.8990×10^{-2}	8.8350×10^{-2}	9.9615×10^{-2}
500	3.6555×10^{-2}	3.9882×10^{-2}	4.1570×10^{-2}	4.3359×10^{-2}	4.7461×10^{-2}	5.2259×10^{-2}
550	2.1302×10^{-2}	2.3870×10^{-2}	2.4707×10^{-2}	2.5630×10^{-2}	2.7618×10^{-2}	2.9883×10^{-2}

为简化计算，在 $1.01\sim101.3$MPa 压力下，化学平衡常数可由下式近似求得：

$$\lg K_p = \frac{2074.8}{T} - 2.4943T - \beta T + 18564\times10^{-7}T^2 + I$$

式中　T——温度；

β——系数；

I——积分常数。

不同压力下的 β、I 值见表 1-12。

表 1-12　不同压力下的 β、I 值

压力/MPa	1.01	3.04	5.07	10.13	30.40	60.80
$\beta \times 10^5$	0.00	3.40	12.56	12.56	12.56	108.56
I	2.9873	3.0153	3.0843	3.1073	3.2003	4.0533

若氨、惰性气体的平衡含量分别为 $y^*_{NH_3}$ 和 y^*_i，原始氢氮比为 r，总压为 p，则氨、氮、氢等组分的平衡分压为：

$$p^*_{NH_3} = p y^*_{NH_3}$$

$$p^*_{N_2} = \frac{p}{r+1}(1 + y^*_{NH_3} - y^*_i)$$

$$p^*_{H_2} = \frac{pr}{r+1}(1 - y^*_{NH_3} - y^*_i)$$

将各分压值代入平衡常数计算式，经整理后可得：

$$\frac{y^*_{NH_3}}{(1 - y^*_{NH_3} - y^*_i)^2} = K_p \cdot p \cdot \frac{r^{1.5}}{(1+r)^2}$$

可以看出，氢氮比 r 对平衡氨含量有显著影响，如不考虑组成对平衡常数的影响，$r=3$ 时平衡氨含量具有最大值。考虑到组成对 K_p 的影响，具有最大 $y^*_{NH_3}$ 的氢氮比略小于 3，随压力而异，约在 2.68~2.9 之间。当 $r=3$ 时，上式可简化为：

$$\frac{y^*_{NH_3}}{(1 - y^*_{NH_3} - y^*_i)^2} = 0.325 \cdot K_p \cdot p$$

因此式求出的平衡氨含量如表 1-13 所示（假设无惰性气体影响）。生产上必须考虑惰性气体的影响，此时的计算结果如图 1-22 所示。

综上所述，提高平衡氨含量的途径为：降低温度、提高压力、保持氢氮比为 3 左右并减少惰性气体含量。

表 1-13　纯 $3H_2$-N_2 混合气体的平衡氨含量

温度/℃	压　力/MPa					
	0.1013	10.13	15.20	20.27	30.40	40.53
360	0.0072	0.3510	0.4335	0.4962	0.5891	0.6572
380	0.0054	0.2995	0.3789	0.4408	0.5350	0.6059
400	0.0041	0.2537	0.3283	0.3882	0.4818	0.5539
420	0.0031	0.2136	0.2825	0.3393	0.4304	0.5025
440	0.0024	0.1792	0.2417	0.2946	0.3818	0.4526
460	0.0019	0.1500	0.2060	0.2545	0.3366	0.4049
480	0.0015	0.1255	0.1751	0.2191	0.2952	0.3603
500	0.0012	0.1051	0.1487	0.1881	0.2580	0.3190
520	0.0010	0.0882	0.1262	0.1613	0.2248	0.2814
540	0.0008	0.0743	0.1073	0.1384	0.1955	0.2475

（二）氨合成反应动力学

1. 反应机理和动力学方程式　氨合成反应过程和一般气-固相催化反应一样，由外扩散、内扩散和化学反应等一系列连续步骤组成。

当气流速度相当大及催化剂粒度足够小时，外扩散和内扩散的影响均不显著，此时整个催化反应过程的速率可以认为等于化学动力学速率。

有关氮与氢在铁催化剂上的反应机理，存在着不同的假设。一般认为，氮在催化剂表面上被活性吸附，离解为氮原子，然后

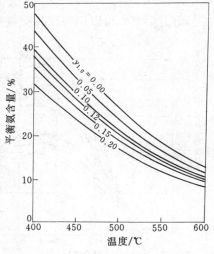

图 1-22　30.40MPa 时不同温度下平衡氨含量（$H_2/N_2 = 3$）

逐步加氢，连续生成 NH、NH_2 和 NH_3。1939 年，捷姆金和佩热夫根据以上机理，认为氮的活性吸附是反应速率的控制步骤，并假设催化剂表面活性不均匀、氮的吸附遮盖中等、气体为理想气体以及反应距平衡不很远等因素，推导出动力学方程式为：

$$r_{NH_3} = k_1 p_{N_2} \left[\frac{p_{H_2}^3}{p_{NH_3}^2} \right]^\alpha - k_2 \left[\frac{p_{NH_3}^2}{p_{H_2}^3} \right]^{1-\alpha}$$

式中 r_{NH_3}——过程的瞬时速率;

　　　k_1、k_2——正、逆反应的速率常数;

　　　p_i——混合气体中 i 组分的分压;

　　　α——常数, 由实验确定。

对于一般的工业铁催化剂, α 可取 0.5, 于是上式变为:

$$r_{NH_3} = k_1 p_{N_2} \frac{p_{H_2}^{1.5}}{p_{NH_3}} - k_2 \frac{p_{NH_3}}{p_{H_2}^{1.5}}$$

k_1、k_2 与平衡常数 K_p 的关系为 $\dfrac{k_1}{k_2} = K_p^2$

动力学方程可以用来计算催化剂用量并对指导生产有很重要的意

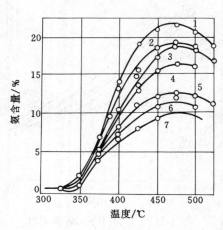

图 1-23 不同粒度催化剂出口氨含量与温度的关系 (30.4MPa, 30000h^{-1})

1—0.6mm; 2—2.5mm; 3—3.75mm;

4—6.24mm; 5—8.03mm; 6—10.2mm;

7—16.25mm

义。但上述动力学方程式仅适用于理想气体, 在加压下是有偏差的, 加压下的 k_1 和 k_2 为总压的函数且随压力增大而减小。人们后来又推导出新的普遍化动力学方程, 但计算较繁, 在此不作介绍。

2. 内扩散对氨合成速率的影响　前面讨论的氨合成动力学方程并未考虑外扩散和内扩散过程对反应速率的影响, 因此是纯化学动力学方程。在工业反应器中的实际氨合成速率还需考虑到扩散的阻滞作用。大量的研究工作表明, 工业反应器的气流条件足以保证气流与催化剂颗粒外表面的传递过程能强烈地进行，即外扩散的阻力可以忽略不计。但内扩散的阻力却不能忽略，内扩散速率对反应速率有明显影响。

图 1-23 所示为压力 30.4MPa 下对不同温度及不同粒度催化剂所测得的出口氨含量。由图可见，温度低于 380℃时，出口氨含量受粒度影响较小。超过 380℃，在催化剂活性温度范围内，温度愈高，出口氨含量受粒度影响愈大。这是因为反应速率加快，微孔内的氨不易扩散出来，使内扩散阻滞作用增大。

内扩散的阻滞作用通常以内表面利用率 ξ 表示，实际的氨合成速率应该是化学动力学速率 r_{NH_3} 与内表面利用率 ξ 的乘积。内表面利用率可表示如下：

$$\xi = \frac{\text{反应组分从外表面向内表面的扩散速率}}{\text{反应组分的理论反应速率}}$$

氨合成催化剂的内表面利用率取于催化剂的颗料大小、反应速率常数、催化剂微孔半径、操作温度及压力等。这些因素中影响显著而又便于调整的是催化剂颗粒的大小。通常情况下，催化剂粒度增加，内表面利用率大幅度下降；温度愈高，内表面利用率愈小；氨含量愈大，内表面利用率愈大。

总的来说，采用小颗粒催化剂是提高内表面利用率的有效措施。但颗粒过小压力降增大，且小颗粒催化剂易中毒而失活。因此，要根据实际情况，综合考虑。

（三）氨合成催化剂

1. 化学组成和结构　长期以来人们对氨合成催化剂作了大量的研究工作，发现对氨合成有活性的一系列金属为 Os、U、Fe、Mo、Mn、W 等，其中以铁为主体并添加促进剂的铁系催化剂价廉易得，活性良好，对毒物（如含氧化合物）的敏感性较低，从而获得了广泛应用。

目前，大多数铁系催化剂都是用经过精选的天然磁铁矿通过熔融法制备。铁催化剂的活性组分为 α-Fe，未还原前为 FeO 和 Fe_2O_3，其中 FeO 质量分数为 24%～38%，Fe^{2+}/Fe^{3+} 约为 0.5，所以成分可

视为 Fe_3O_4，具有尖晶石结构。作为促进剂的成分有 K_2O、CaO、MgO、Al_2O_3、SiO_2 等。

氨合成铁催化剂是一种黑色、有金属光泽、带磁性、外形不规则的固体颗粒，堆密度约为 $2.5 \sim 3.0kg \cdot L^{-1}$，空隙率约为 $40\% \sim 50\%$。铁催化剂在空气中易受潮，引起可溶性钾盐析出，使活性下降。经还原的铁催化剂若暴露在空气中则迅速燃烧，立即失掉活性。

常见氨合成催化剂的组成及性能如表 1-14 所示。

表 1-14 常见氨合成催化剂的组成及性能

国别	型号	组 成	外形	堆密度 /$(kg \cdot L^{-1})$	使用温度 /℃	主要性能
中国	A106	Fe_3O_4,Al_2O_3, K_2O,CaO	不规则颗粒	2.9	400~520	380℃ 还原已明显
	A110	Fe_3O_4,Al_2O_3,K_2O, CaO,MgO,SiO_2,BaO	不规则颗粒	2.7~2.8	380~490	还原温度 350℃
	A201	Fe_3O_4,Al_2O_3, Co_3O_4,K_2O,CaO	不规则颗粒	2.6~2.9	360~490	易还原,低温活性高
	A301	FeO,Al_2O_3, K_2O,CaO	不规则颗粒	3.0~3.25	320~500	低温、低压、高活性,极易还原
丹麦	KM Ⅱ	Fe_3O_4,Al_2O_3, K_2O,CaO,MgO,SiO_2	不规则颗粒	2.5~2.85	360~480	370℃ 还原明显,耐毒抗毒性稍差
英国	ICI35-4	Fe_3O_4,Al_2O_3, K_2O,CaO,MgO,SiO_2	不规则颗粒	2.65~2.85	350~530	530℃ 以下活性稳定
美国	C73-1	Fe_3O_4,Al_2O_3, K_2O,CaO,SiO_2	不规则颗粒	2.88	370~540	570℃ 以下活性稳定

2. 催化剂的还原和使用 氨合成铁催化剂中的 Fe_3O_4，必须将其还原成 α-Fe 后才有催化活性。催化剂还原后的活性不仅与还原前的化学组成和结构有关，而且在很大程度上取决于还原过程的条件。因此，还原过程实际上是活性催化剂制造的关键步骤和最后阶段。

催化剂还原反应式为：

$$Fe_3O_4 + 4H_2 =\!=\!= 3Fe + 4H_2O(g) \quad \Delta H_{298} = 149.9kJ \cdot mol^{-1}$$

确定还原条件的原则一方面是使 Fe_3O_4 充分还原为 α-Fe，另一方面是还原生成的铁结晶不因重结晶而长大，以保证有最大的比表面积和更多的活性中心。为此，生产上宜选取合适的还原温度、压力、空速及还原气组成。

催化剂的还原过程多在氨合成塔内进行，还原温度借外热（如电加热器）维持，并严格按规定的温度-时间曲线进行。催化剂的还原也可以在塔外进行，即催化剂的预还原。采用预还原催化剂不仅可以缩短合成塔的升温还原时间，而且也避免了在合成塔内不适宜的还原条件对催化剂活性的损害，为强化生产开辟了新的途径。预还原后的催化剂须经"钝化"保存，即用含少量 O_2 的气体缓慢进行氧化，使催化剂表面形成 Fe_2O_3 保护膜。使用预还原催化剂的氨合成塔，只需稍加还原，即可投入生产。

催化剂经长期使用后，其活性就会慢慢下降，表现为氨合成率逐渐降低，生产能力逐渐下降。其原因主要是细小结晶长大改变了催化剂的结构、催化剂中毒以及油雾等机械杂质遮盖催化剂表面。

在合成氨的工业生产中，氢氮气虽经精制，但由于精制的效果不同，往往还残留少量的各种有害气体，它们影响催化剂的活性。能使催化剂中毒的物质有氧及氧化合物（CO、CO_2、H_2O 等）、硫及硫化合物（H_2S、SO_2 等）、磷及磷的化合物（PH_3）、砷化合物以及润滑油、铜氨液等。硫、磷、砷及其化合物的中毒作用是不可逆的。氧及氧化合物是可逆毒物，中毒是暂时的，一旦气体成分得到改善，催化剂的活性可以得到恢复。气体中夹带的油类或高级烃类在催化剂上裂解析炭，使其毛孔堵塞、遮盖活性中心，后果介于可逆与不可逆中毒之间。另外，润滑油中的硫分，同样会引起催化剂中毒。若铜液被带入氨合成塔，则催化剂的活性表面被覆盖，也会造成催化剂活性降低。

生产上，氢氮原料气送往合成系统之前应充分清除各类毒物，以保证原料气的纯度。如果对催化剂使用得当，维护保养得好，使用数年仍能保持相当高的催化活性。

二、氨合成工艺条件的选择

氨合成工艺条件的选择除了考虑平衡氨含量外，还要综合考虑反应速率、催化剂使用特性以及系统的生产能力、原料和能量的消耗等。氨合成的工艺条件一般包括压力、温度、空速、氢氮比、惰性气体含量和初始氨含量等。

（一）压力

在氨的合成中，合成压力是决定氨合成其他工艺条件的前提，也是决定生产强度和技术经济指标的重要因素。

从化学平衡和化学反应速率的角度看，提高操作压力是有利的。在一定的空速下，合成压力越高，出口氨浓度越高，氨净值就高，生产强度就大。而且压力高时，氨分离流程可以简化，例如，高压下分离氨，只需水冷却就已足够。但是，压力高时对设备的材质及加工制造技术要求均较高，催化剂使用寿命也较短。

生产上选择操作压力的主要依据是能量消耗以及包括能量消耗、原料费用、设备投资在内的所谓综合费用。

氨合成过程的能量消耗主要包括原料气压缩功、循环气压缩功和氨分离的冷冻功。图1-24表示出合成系统能量消耗随操作压力的变化关系。合成压力提高时由于氨净值增高，单位氨成品所需的循环气量减少，循环气压缩功减少。合成压力的提高，也有利于氨的分离，因而冷冻功相应减少。但压力提高，原料气压缩功明显增加。可以看出，总能耗在15～30MPa区间相差不大。压力过高则原料气压缩功太大；压力过低则循环气压缩功、氨分离冷冻功又太高。氨合成压力的提高，可使设备的体积缩小、工艺流程简化、占地面积减少，但对设备的材料和制造技术要求较高。

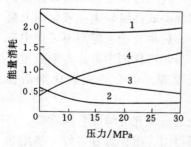

图1-24　合成系统能量消耗与操作压力的关系（以15MPa原料气的压缩功为比较的基准）

1—总能量消耗；2—循环气压缩功；
3—氨分离冷冻功；4—原料气压缩功

从能量消耗和综合费用分析，可以认为30MPa左右仍是合成氨比较适宜的操作压力，根据实际情况，我国中小型氨厂大多采用20～32MPa。近年来，随着合成氨工业向大型化发展，要求压缩机的进气量增大、能量消耗降低，因此发展了采用蒸汽透平驱动的离心压缩机，操作压力降至 15～24MPa。

（二）温度

和变换反应一样，合成氨反应存在着最适宜温度 T_m，它取决于反应气体的组成、压力以及催化剂的活性。最适宜温度 T_m 与平衡温度 T_e 之间的关系如公式（1-24）所示。图 1-25 所示为氢氮比等于 3、压力为 30.4MPa、惰性气体含量为 15% 时，平衡温度曲线和 A106 型催化剂的最适宜温度曲线。在一定压力下，氨含量提高，相应的平衡温度与最适宜温度下降。

在系统中，压力、气体组成等都不影响最适宜温度与平衡温度之间的相对关系，只要催化剂的活性不变，E_1 和 E_2 一定，T_m 和 T_e 之间的相对关系即不会改变。

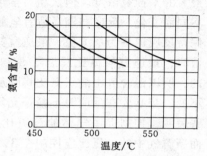

图 1-25　$H_2/N_2 = 3$ 的条件下
平衡温度与最适宜温度
（30.4MPa，$y_{I,0} = 15\%$）

从理论上看，合成反应按最适宜温度曲线进行时，催化剂用量最少、合成效率最高。但由于反应初期，氨合成反应速率很高，故实现最适宜温度不是主要问题，而实际上受一些条件限制不可能做到这一点。例如，氨合成塔进气氨含量为 4%（压力为 30.4MPa，惰性气体含量 15%），此时最适宜温度已超过 600℃。也就是说催化剂床层入口温度应高于 600℃，之后床层轴向温度逐渐下降，这个温度已超过催化剂耐热温度（一般为 550℃左右）。此外温度分布递降的反应器在工艺上也不合理，它不能利用反应热使反应过程自发进行，需额外预热反应气体以保证入口的温度。所以，在催化剂床层的前半段不可能按最适宜温度操作。在床层的后半段，氨含量已经比较高，反应温度依最适宜温度曲线操作是有可能的。

氨合成反应温度，一般控制在 400～500℃。催化剂床层的进口温度比较低，大于或等于催化剂使用温度的下限，依靠反应热床层温度迅速提高，之后温度再逐渐降低。床层中温度的最高点，称为"热点"，不应超过催化剂的使用温度的高限。到生产后期，催化剂活性已经下降，操作温度应适当提高。

（三）氨合成气体的初始组成

1. 氢氮比　从反应平衡的角度来看，当氢氮比为3时，可获得最大的平衡氨浓度。但从动力学角度分析，最适宜氢氮比随氨含量的不同而变化。反应初期最适宜氢氮比 r 为1。随着反应的进行，如欲保持反应速率为最大值，最适宜氢氮比将不断增大，氨含量接近平衡值时，最适宜氢氮比趋近于3。由于氨合成时氢氮比是按3:1消耗的，所以混合气中的氢氮比将随反应进行而不断减少。若维持氢氮比不变，势必要在反应时不断补充氢气，这在生产上难以实现。生产实践表明，控制进塔气体的氢氮比略低于3，如2.8～2.9比较合适。而新鲜气中的氢氮比应控制在3，以免循环气中的氢氮比不断下降。

2. 惰性气体的含量　惰性气体（CH_4、Ar）来自新鲜气，而新鲜气中惰性气体的含量随所用原料和气体净化方法的不同相差很大。由于氨合成过程中未反应的氢氮混合气需返回氨合成塔循环利用，而液氨产品仅能溶解少量惰性气体，因此惰性气体在系统中积累。惰性气体的存在，对平衡氨含量和氨合成反应速率都是不利的，而且稀释了合成混合气。但是，维持过低的惰性气体含量又需大量排放循环气，导致原料气消耗量增加。

如果循环气中惰性气体含量一定，新鲜气中惰性气体含量增加，则必使放空气量增加，故新鲜气消耗随之增大。因此，循环气中惰性气体含量应根据新鲜气中惰性气体含量、操作压力、催化剂活性等条件而定。工业生产上，循环气中惰性气体含量控制指标视情况不同而不同，一般控制在12%～15%。

3. 初始氨含量　其他条件一定时，进塔气体中氨含量越高，氨净值就越小，生产能力就越低。用冷冻法分离氨时，要降低氨合成塔出口混合气体中的氨含量，需消耗大量冷冻功。而且进氨合成塔混合气体中氨含量过低时，合成反应过于激烈，催化床温度不易控制。

合成塔进口氨含量的控制也与合成压力有关。操作压力高，氨合成反应速率快，进口氨含量可控制高些；操作压力低，为保持一定的反应速率，进口氨含量应控制低些。工业生产上，操作压力 30MPa 时，进塔混合气中氨含量一般控制在 3.2%～3.8%；15MPa 时控制在 2.0%～2.5%。国内也有些厂采用水吸收法分离氨，初始氨含量可控制在 0.5%以下。

（四）空间速度、出口氨浓度及氨净值

空间速度（简称空速）是指单位体积催化剂、单位时间内通过的气体量。氨合成反应在催化剂颗粒表面进行，气体中氨含量与气体和催化剂表面接触时间有关。当反应温度、压力、进塔气组成一定时，对于既定结构的合成塔，增加空速也就是加快气体通过催化剂床层的速度，气体与催化剂表面接触时间缩短，使出塔气中的氨含量降低；但催化剂床层中对于一定位置的氨平衡浓度与气体中实际氨含量的差值增大，即氨合成反应速率相应增大。由于氨净值降低的程度比空速的增大倍数要少，所以当空速增加时，氨合成的生产强度有所提高，即氨的产量有所增加。

催化剂的生产强度可按下式计算：

$$G = \frac{0.75 V_{s_1} \cdot \Delta y_{NH_3}}{1 + y_{2,NH_3}}$$

式中　G——催化剂生产强度，$kg \cdot m^{-3} \cdot h^{-1}$；

V_{s_1}——气体进塔的空速，h^{-1}；

Δy_{NH_3}——氨净值；

y_{2,NH_3}——出塔气体的氨含量，摩尔分数。

由上式可以看出，在其他条件一定时，增加空速能提高催化剂生产强度。但加大空速将使系统阻力增大，循环功耗增加，氨分离所需的冷冻功也加大。一般操作压力为 30MPa 的中压法合成氨厂，空速在 20000～30000h^{-1}之间，氨净值 10%～15%。大型合成氨厂为充分利用反应热，降低功耗并延长催化剂使用寿命，通常采用较低的空速。如操作压力 15MPa 的轴向冷激式合成塔，空速取为 10000h^{-1}，氨净值为 10%。

三、氨合成的工艺流程

（一）氨合成的基本工艺步骤

1. 气体的压缩　为使气体达到氨合成时所要求的压力，需将经过净化的氢氮混合气经压缩机压缩。当使用往复式压缩机时，部分润滑油在气缸内的高温条件下气化并被气体带出。因此，在往复式压缩机每段出口都设有水冷却器和油分离器，将气体中的油分除净。大型合成氨厂使用离心式压缩机从根本上解决了气体带油问题，使生产流程得以简化。

2. 气体的预热和合成　氨合成铁催化剂有一定的活性温度，因此氢氮混合气需加热到催化剂的起始活性温度，才能进行氨合成反应。正常操作的情况下，是反应前的氢氮混合气被反应后的高温气体预热到反应温度后，进入催化剂床层，但在开工时需用电热器提供热量。这种换热过程一部分在催化剂床层中通过换热装置进行，一部分在催化剂床层外的换热设备中进行。氨合成过程中的反应热有很大回收价值，可以直接通过废热锅炉副产蒸汽，以提高能量利用率。

3. 氨的分离　从合成塔出来的混合气体中，氨含量很低，须经过分离才能得到产品。从氢氮混合气中分离氨的方法，大致有以下两种。

（1）冷凝法　该法是冷却含氨混合气，再经气液分离设备，冷凝后获得的液氨即可从气体中分离出来。在一定温度、压力下，饱和氨含量可依下式计算：

$$\lg y_{NH_3}^0 = 4.1856 + \frac{1.9060}{\sqrt{p}} - \frac{1099.5}{T}$$

式中　$y_{NH_3}^0$——气相中氨平衡含量，%；

　　　　p——混合气总压力，MPa；

　　　　T——混合气温度，K。

由上式可算出不同温度和压力下液氨面上混合气体中氨的平衡浓度。可以看出，气相中饱和氨含量随温度降低，压力升高而减少。若考虑到其他气体组分对气相氨平衡含量的影响，其值可从有关手册中查取。

若操作压力在 45MPa 以上，用水冷却即能使氨冷凝。操作压力在 20~30MPa 时，水冷仅能分出一部分氨，需进一步以液氨作冷冻剂冷却到 0℃ 以下，才可能使气相中氨含量降至 2%~4%。操作压力在 15MPa 以下时，须经过一级水冷和三级氨冷，才可能使气相中氨含量降至规定要求。

（2）水吸收法　用水吸收混合气体中的氨时，由于高压下氨在水中的溶解度较大，因而氨的分离比较完全。但分离氨后的氢氮混合气被水蒸气饱和，在再次利用这部分气体进行氨合成时，须将其中的水蒸气除去，否则将影响催化剂的活性。

水吸收法得到的产品是浓氨水。从浓氨水制取液氨尚需经过氨水蒸馏及气氨冷凝等步骤，消耗一定的热量，工业上采用此法较少。

4．未反应氢氮气的处理　氨合成塔出口气体中的氨分离掉后，剩下的氢、氮气仍占合成前氢、氮气的大部分。为了回收这部分气体，工业上常采用循环法，即未反应的氢氮混合气，经分离氨后用循环压缩机补充压力，与新鲜的原料气汇合，重新进入合成塔进行反应。

5．惰性气体的排放　因制取合成氨原料气所用原料和净化方法的不同，在新鲜原料气中通常含有一定数量的惰性气体，即甲烷和氩。合成系统采用循环法时，新鲜原料气中的氢和氮会连续不断地合成为氨，而惰性气体除一小部分溶解于液氨中被带出外，大部分在循环气体中积累下来。在工业生产中，为了保持循环气体中惰气含量不致过高，常采取将一部分含惰性气体较高的循环气放空的方法。

若循环气中的惰性气体含量维持较低时，对氨的合成有利，但放空气量增加，相应地增大了氢氮混合气的损失。反之，当放空气量小时，就必然使循环气中的惰气含量增加，对氨的合成不利。在氨合成系统中，流程中各部位惰性气体含量是不同的。惰性气体排放的位置应选择在惰性气体含量最大而氨含量最小的地方，这时放空损失最小。放空气中的氨可用水吸收法或冷凝法加以回收，其余的气体可用作燃烧。

（二）氨合成的工艺流程

1．中型氨厂氨合成工艺流程　这类流程中，新鲜气与循环气均由往复式压缩机加压，设置水冷器两次分离产品液氨，利用氨合成反应热尚可副产蒸汽。

如图 1-26 所示，合成塔出口气体先经水冷器 4 冷却到一定程度，其中部分氨被冷凝，液氨在氨分离器 5 中分出。为降低惰性气体含量，循环气部分放空。大部分循环气和新鲜气混合后依次通过冷交换器 6、氨冷器 7，气体中余下的氨在此冷却、冷凝，并在氨分离器 8 中分出。分离氨后的气体通过循环压缩机 3 升压后进入氨合成塔。因为合成氨反应过程中放热，该流程利用部分反应热通过中置式锅炉 2 可副产蒸汽。

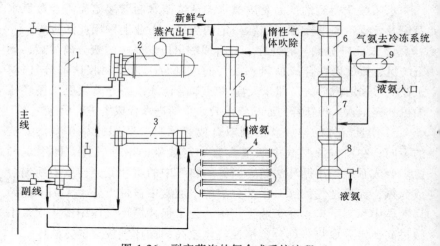

图 1-26　副产蒸汽的氨合成系统流程

1—氨合成塔；2—中置式锅炉；3—透平式循环气压缩机；4—水冷器；5—氨分离器；6—冷交换器；7—氨冷器；8—氨分离器；9—液氨补充槽

这类流程是我国中小型合成氨厂普遍采用的中压合成流程，合成压力为 28～32MPa，也有些工厂无副产蒸汽装置。

2．大型氨厂氨合成工艺流程　在这类流程中采用蒸汽透平驱动的带循环段的离心式压缩机，气体中不含油雾。氨合成反应热除预热进塔气体外，还用于加热锅炉给水或副产高压蒸汽，热量回收较好。

图 1-27 为凯洛格氨合成工艺流程。新鲜气在离心压缩机 15 的第

一缸中压缩，经新鲜气甲烷化气换热器 1、水冷却器 2 及氨冷却器 3
逐步冷却到 8℃。除去水分后新鲜气进入压缩机第二缸继续压缩并与
循环气在缸内混合，压力升至 15.3MPa，温度为 69℃经过水冷却器
5，气体温度降至 38℃。之后，气体分为两路，一路约 50%的气体经
过两级串联的氨冷却器 6 和 7，将气体冷却到 1℃。另一路气体与高
压氨分离器 12 来的 -23℃ 的气体在冷热交换器 9 内换热，降温至
-9℃，而来自氨分离器的冷气体则升温到 24℃。两路气体汇合温度
为 -4℃，再经过第三级氨冷却器 8，将气体进一步冷却到 -23℃，
送往高压氨分离器 12。分离液氨后的含氨 2%的循环气经冷热交换器
9 和塔前换热器 10 预热到 141℃进轴向冷激式氨合成塔 13。

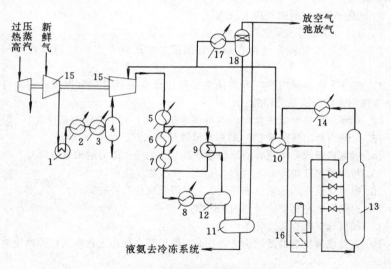

图 1-27　凯洛格氨合成工艺流程

1—新鲜气甲烷化气换热器；2，5—水冷却器；3，6，7，8—氨冷却器；4—冷凝液
分离器；9—冷热换热器；10—塔前换热器；11—低压氨分离器；12—高压氨分离
器；13—氨合成塔；14—锅炉给水预热器；15—离心式压缩机；16—开工加热炉；
17—放空气氨冷却器；18—放空气分离器

　　高压氨分离器中的液氨经减压后进入冷冻系统，弛放气与回收氨
后的放空气一并用作燃烧。

思 考 题

1. 什么叫半水煤气？

2. 间歇法制半水煤气的工作循环分哪几个阶段？为什么要分成这几个阶段？

3. 制造半水煤气的两个关键问题是什么？

4. 德士古气化法的特点是什么？需要解决哪些方面的技术问题？对原料煤有什么要求？

5. 以气态烃为原料制取合成氨原料气的方法有哪几种？

6. 在甲烷蒸汽转化过程中，确定操作压力、温度、水碳比和空速的依据分别是什么？

7. 氧化锌法脱硫的原理是什么？钴钼加氢法能独立脱硫吗？什么场合使用钴钼加氢法？

8. 试述 ADA 法脱硫及再生原理。

9. 为什么要进行一氧化碳变换？

10. 一氧化碳变换为何存在最适宜温度？最适宜温度随变换率是如何变化的？

11. 工业上通常采用哪些方式使变换反应温度接近最适宜温度？它在 $T\text{-}x$ 图上表现出来的特征是怎样的？

12. 本菲尔特热钾碱法吸收 CO_2 的原理是什么？再生的原理是什么？

13. 碳酸丙烯酯法脱除 CO_2 的基本原理是什么？此法有何优点？

14. 铜氨液吸收一氧化碳的原理是什么？影响吸收能力的因素有哪些？

15. 写出铜氨液脱除 CO、CO_2、O_2 及 H_2S 的反应式。

16. 甲烷化反应的基本原理是什么？甲烷化反应有哪些特点？

17. 讨论影响平衡氨含量的四种因素。

18. 如何选择氨合成工艺条件。

19. 氨合成催化剂的活性组分是什么？简述其在使用过程中活性不断下降的原因。

20. 氨合成工艺流程需要哪几个基本步骤？为什么？

第二章 硫 酸

第一节 概 述

硫酸是基本化学工业中产量最大、用途最广的重要化工产品之一。它不仅是化学工业许多产品不可缺少的原料，而且广泛应用于其他工业部门。

一、硫酸的性质

纯硫酸是一种无色透明的油状粘稠液体，几乎比水重一倍。工业上的硫酸，是指 SO_3 和 H_2O 以任意比例溶合的溶液。如果 SO_3 和 H_2O 的分子比小于 1，就是硫酸的水溶液；分子比大于 1，称为发烟硫酸，这种硫酸的 SO_3 蒸气压较大，暴露在空气中能释放出 SO_3，SO_3 和空气中的水蒸气迅速化合成硫酸，形成白色烟雾。

工业上常用质量分数表示硫酸中 H_2SO_4 的含量，如 93% 硫酸、98% 硫酸等。发烟硫酸是以其中所含游离 SO_3 的质量对全部发烟硫酸质量的百分数来表示，工业上常见的发烟硫酸组成为 20% 发烟硫酸（俗称 105 酸）和 65% 发烟硫酸（俗称 115 酸）。

硫酸是最活泼的无机酸之一，它不仅具有强酸的通性，还具有自己的特性，如浓硫酸有脱水、氧化、磺化等性质。下面分别介绍硫酸的结晶温度、密度、沸点及粘度等性质。

1. 硫酸的结晶温度 硫酸的结晶温度随着 SO_3 含量的不同而有较大的变化。两者之间的关系如图 2-1 所示。

2. 硫酸的密度 硫酸和发烟硫酸的密度如图 2-2 所示。从图中可以看出，硫酸水溶液的密度随 H_2SO_4 质量分数的增加而增大，于 98.3% 时达最大值，过后则递减；发烟硫酸的密度也随其中游离 SO_3 含量的增加而增大，达 62% SO_3（游离）时为最大值，过后则递减。

3. 硫酸沸点及蒸气组成 硫酸和发烟硫酸的沸点如图 2-3 所示。

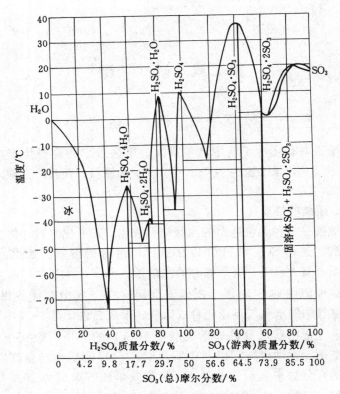

图 2-1　H₂O-H₂SO₄ 体系结晶图

由图可见，常压下硫酸水溶液的沸点，随硫酸质量分数的增加而升高，当硫酸质量分数达 98.3% 时沸点最高（336.6℃），浓度再增加沸点反而下降。发烟硫酸的沸点，则随游离 SO₃ 的增加而下降，直至液体 SO₃ 的沸点 44.7℃ 为止。

稀硫酸被加热沸腾时，只有水蒸气放出，且随酸浓度提高，沸点随之上升。当继续加热蒸发使酸的质量分数达 85% 以上时，气相中除水蒸气外，还有硫酸蒸气存在，且其含量随硫酸浓度的增加而增加。当酸的质量分数达 98.3% 时，气液两相组成相同，为恒沸化合物，图中两条曲线交于 M 点，称恒沸点，其组成在蒸馏时不改变。对于质量分数大于 98.3% 的硫酸和游离 SO₃、游离 SO₃ 小于 30% 的

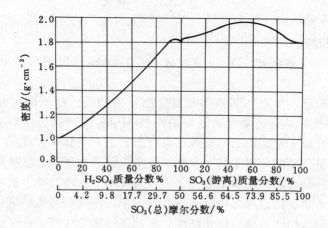

图 2-2　硫酸和发烟硫酸在 40℃时的密度

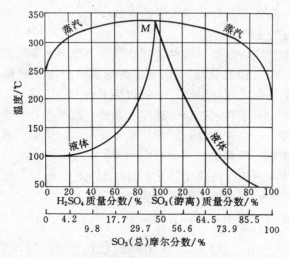

图 2-3　硫酸与发烟硫酸的沸点

发烟硫酸，气相中同时含 H_2SO_4 和 SO_3。游离 SO_3 大于 30% 的发烟硫酸，沸腾时气相中只含 SO_3，这说明发烟硫酸加热沸腾时，可以逐出全部游离的 SO_3，而最后残存的硫酸质量分数仍为 98.3%。

4. 硫酸的粘度　硫酸和发烟硫酸的粘度随其浓度的增加而增大，

随温度的下降而增大。

二、硫酸的用途

硫酸的性质决定了它的用途极其广泛，在国民经济中占重要地位。

某些磷肥、氮肥和其他多元复合肥料的制造，都需要大量的硫酸，如生产 1t 普通过磷酸钙就要消耗约 310kg 的硫酸。在冶金工业中，如钢材加工及其成品的酸洗，有色冶金工业中炼铝、炼铜、炼锌也需要大量的硫酸。对于基本化学工业来说，硫酸是生产各种酸类和盐类的原料；在有机化学工业方面，它是塑料、人造纤维、有机染料生产中不可缺少的原料之一。在国防工业中，浓硫酸和浓硝酸的混合物，用于制取硝化甘油、硝化纤维、三硝基甲苯等炸药。原子能工业及火箭工业也大量使用硫酸。此外，在农药、除草剂、石油炼制、制革、制药、印染等工业都使用大量的硫酸。

三、硫酸的生产方法

工业上生产硫酸都是以各种含硫物质作为原料。原料通过焙烧制成 SO_2 气体，SO_2 经氧化成 SO_3 后，再与水结合而成硫酸。国内外生产硫酸绝大部分采用接触法，主要包括下列五个工序。

原料工序——原料的贮存、运输、破碎、配矿等；

焙烧工序——SO_2 炉气的制备、冷却和除尘，烧渣的运输；

净化工序——清除炉气中的有害杂质；

转化工序——SO_2 的催化氧化，制备 SO_3；

吸收工序——吸收 SO_3 制取成品酸。

此外，还有三废治理和综合利用。

第二节　二氧化硫炉气的制造

制造硫酸的原料有黄铁矿（俗称硫铁矿）、硫黄以及冶炼烟气等。硫黄是制造硫酸使用最早而又最好的原料，该法工艺过程较简单，投资费用较少，生产的硫酸质量好，杂质少。冶炼有色金属过程中，产生的大量含 SO_2 的烟气，可作为制造硫酸的原料，这不但能回收资源，而且还能消除公害。此处仅介绍以硫铁矿为原料制取 SO_2 炉气的方法。

一、硫铁矿焙烧的理论基础

硫铁矿是硫化铁矿的总称，其主要成分是 FeS_2，理论含硫量为 53.46%，天然硫铁矿因含有各种杂质，所以实际含硫量均比理论值低。硫铁矿根据来源不同，又可分为普通硫铁矿、浮选硫铁矿和含煤硫铁矿。

在硫酸生产过程中，为满足生产要求、稳定操作、合理使用资源、提高硫的烧出率和炉气质量。焙烧前必须将不同来源，不同杂质含量和硫含量的原料，经过粉碎、配矿和干燥等预处理，使之达到沸腾炉用硫铁矿的规定指标。

（一）焙烧反应

硫铁矿焙烧的化学反应比较复杂，随着过程控制条件的不同而得到不同产物。硫铁矿的焙烧过程，主要是矿石中的 FeS_2 与空气中氧的反应，其反应分两步进行。

第一步，硫铁矿在高温下受热分解为硫化亚铁和硫。

$$2FeS_2 \!=\!=\! 2FeS + S_2 \quad \Delta H_{298}^{\ominus} = 295.68 \text{kJ} \qquad (2\text{-}1)$$

此反应在 500℃ 以上时进行较显著，随着温度升高反应急剧加速。

第二步，硫蒸气燃烧和硫化亚铁的氧化反应。

分解出来的硫蒸气，瞬即燃烧生成二氧化硫。

$$S_2 + 2O_2 \!=\!=\! 2SO_2 \quad \Delta H_{298}^{\ominus} = -724.07 \text{kJ} \qquad (2\text{-}2)$$

硫铁矿分解出硫后，剩下的硫化亚铁逐渐变成多孔性物质，继续焙烧，当空气过剩量大时，生成红棕色的烧渣，即呈 Fe_2O_3 形态。

$$4FeS + 7O_2 \!=\!=\! 4SO_2 + 2Fe_2O_3 \quad \Delta H_{298}^{\ominus} = -2453.30 \text{kJ} \qquad (2\text{-}3)$$

当温度较高和空气过剩量小时，则生成棕黑色的烧渣，即呈 Fe_3O_4 形态。

$$3FeS + 5O_2 \!=\!=\! Fe_3O_4 + 3SO_2 \quad \Delta H_{298}^{\ominus} = -1723.79 \text{kJ} \qquad (2\text{-}4)$$

综合式(2-1)、(2-2)、(2-3)三个反应，当空气过剩量大时，硫铁矿焙烧的总反应式为：

$$4FeS_2 + 11O_2 \xlongequal{\quad} 2Fe_2O_3 + 8SO_2 \quad \Delta H^{\ominus}_{298} = -3310.08kJ \quad (2\text{-}5)$$

综合式(2-1)、(2-2)、(2-4)三个反应,当空气过剩量小时,硫铁矿焙烧的总反应式为:

$$3FeS_2 + 8O_2 \xlongequal{\quad} Fe_3O_4 + 6SO_2 \quad \Delta H^{\ominus}_{298} = -2366.28kJ \quad (2\text{-}6)$$

上述反应中硫与氧化合生成的二氧化硫及其他气体统称为炉气,铁与氧生成的氧化物及其他固态物质统称为烧渣。

此外,焙烧过程中还会发生许多副反应,反应式如下:

$$2SO_2 + O_2 \xlongequal{\quad} 2SO_3$$

$$4SO_3 + Fe_3O_4 \xlongequal{\quad} Fe_2(SO_4)_3 + FeSO_4$$

$$3SO_3 + Fe_2O_3 \xlongequal{\quad} Fe_2(SO_4)_3$$

$$FeS_2 + 16Fe_2O_3 \xlongequal{\quad} 11Fe_3O_4 + 2SO_2$$

$$FeS_2 + 5Fe_3O_4 \xlongequal{\quad} 16FeO + 2SO_2$$

硫铁矿中所含铜、锌、钴、铅、砷、硒和氟等,在焙烧过程中生成氧化物和氟化物。其中铜、锌、钴金属氧化物留在烧渣中,而 PbO、As_2O_3、SeO_2、HF 等则呈气态,随炉气进入制酸系统,成为有害杂质。

（二）焙烧速率

硫铁矿的焙烧属于气固相不可逆反应,从热力学观点来看,反应进行得很完全,因而对生产起决定作用的是焙烧速率问题。而硫铁矿的焙烧速率不仅和化学反应速率有关,还与传热和传质过程的速率有关。

如上所述,硫铁矿的焙烧反应是分两步进行的,为了提高焙烧的反应速率,应该研究上列反应中哪一步反应是整个过程的控制步骤。根据实验测得的结果,硫化亚铁的焙烧反应速率是整个焙烧过程的控制步骤。

硫化亚铁与气相中氧的反应是在矿料颗粒的外表面及整个颗粒内部进行的。当矿料外表面上的硫化亚铁与氧发生作用后,生成 Fe_2O_3 矿渣层,而氧与矿料内部硫化亚铁继续作用时,就必须通过矿渣层。反应生成的二氧化硫气体,也必须通过氧化铁层扩散出来。随着焙烧过程的进行，氧化铁层越来越厚，氧与二氧化硫所受的扩散阻力也越来越大。这样硫化亚铁的焙烧速率不仅受化学反应本身因素的影响，同时也受扩散过程各因素的影响。

硫化亚铁的焙烧过程，温度对反应速率的影响不明显。但增大两相接触表面和提高氧的浓度，对反应速率的影响很大，由此可知，硫化亚铁的焙烧过程是扩散控制。

根据实验测得，二硫化铁的分解速率随温度升高而迅速增大，而改变矿粒大小和气流速度，并不影响 FeS_2 的分解速率，所以二硫化铁的分解是化学动力学控制。

综上所述，影响硫铁矿焙烧速度的因素有：温度、矿料的粒度和氧的浓度等。

温度对硫铁矿焙烧过程起决定作用，提高温度有利于增大二硫化铁的焙烧速率，同时硫化亚铁燃烧的反应速率也有所增大，所以硫铁矿的焙烧是在较高温度下进行的。但是温度不能过高，因为温度过高会造成焙烧物料的熔结，影响正常操作。在沸腾焙烧炉中，一般控制温度在 900℃ 左右。

由于硫铁矿的焙烧是属于气固相不可逆反应，因此，焙烧速率在很大程度上取决于气固两相间接触表面的大小，而接触表面的大小又取决于矿料粒度的大小。矿料粒度愈小，单位质量矿料的气固相接触表面积愈大，氧气愈容易扩散到矿料颗粒内部，而二氧化硫也愈容易从内部向外扩散，从而焙烧速率加快。

氧的浓度对硫铁矿的焙烧速率也有很大影响。增大氧的浓度，可使气固两相间的扩散推动力增大，从而加速反应。但采用富氧空气来焙烧硫铁矿是不经济的，工业上用空气中的氧来焙烧，即能满足要求。

（三）焙烧方法

采用硫铁矿焙烧制取 SO_2 炉气，由于原料成分及操作条件不同，焙烧方法分下列几种。

1. 常规焙烧 常规焙烧又称氧化焙烧，系在氧量过剩的情况下，按反应式（2-5）进行，烧渣呈 Fe_2O_3 形态。

采用这种焙烧方法的沸腾炉装置能力最大已达到每天 600t 以上。其反应过程主要是控制温度及空气量，使沸腾层温度保持在 900℃ 左右，空气过剩量较大，烧出的炉气含 SO_2 11% ～13% 之间，烧渣含硫量在 1% 以下。

2．磁性焙烧　磁性焙烧主要控制炉内呈弱氧化气氛，使焙烧过程按式（2-6）进行，从而使炉渣中的铁主要成为具有磁性的四氧化三铁，进一步通过磁选取得高品位的铁精砂（一般含铁＞55%）。

在 900℃ 的焙烧温度下，空气用量为 105% 以下时，烧渣呈棕黑色，矿中的铁几乎全部变为 Fe_3O_4，炉气中 SO_2 含量为 12% ～14%。

3．硫酸化焙烧　在生产硫酸使用的硫铁矿料中，往往含有钴、铜、镍等有色金属。采用选择性的硫酸化焙烧，使它们成为硫酸盐，同时控制铁不生成硫酸盐而保持氧化物状态。然后用水或稀酸浸取焙烧产物，达到钴、铜、镍等有色金属与铁分开，为湿法冶金创造了有利条件。以硫化钴矿为例，其反应式为：

$$2CoS + 3O_2 = 2CoO + 2SO_2$$
$$2SO_2 + O_2 = 2SO_3$$
$$CoO + SO_3 = CoSO_4$$

铜及镍也进行同样的反应，生成可溶性硫酸盐，铁只在焙烧过程中少量生成硫酸盐。

4．脱砷焙烧　脱砷焙烧是指焙烧含砷硫铁矿时，使矿料中砷全部脱出，不使砷在矿料中固定的一种方法，它既为接触法硫酸生产使用高砷矿原料，又为利用炉渣寻找了出路。

二、硫铁矿的沸腾焙烧

由于对各类含硫原料焙烧过程要求不同，采用的焙烧炉也各不相同。硫铁矿的焙烧炉有多种型式：块矿炉、机械炉、沸腾炉、高气速返渣炉等。我国硫酸工业最初采用块矿炉，其后广泛使用机械炉，目前大多使用沸腾炉，下面着重介绍沸腾焙烧的基本原理及焙烧炉构造。

（一）沸腾焙烧基本原理

硫铁矿沸腾焙烧，是流态化技术在制酸工业中的具体应用。流体通过一定粒度的颗粒床层，按矿粒群与流体间的相对运动，将会出现下列几种情况。

气体流速较低，只是从固体颗粒间的缝隙通过，固体颗粒静止不动，此时叫做固定床，如图2-4（a）所示。

气体流速逐渐增大到一定程度时，固体颗粒层开始膨胀松动，向上流动的气体带动固体颗粒浮动起来，这是流化床开始形成的界线，叫做临界流态化，此时的气体流速称为临界流化速度。气体流速继续增加时，固体颗粒的浮动加剧，达到上下翻腾如同液体沸腾一样，

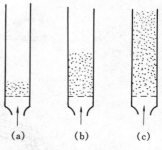

图 2-4　流化床的形成
（a）固定床；（b）流化床；
（c）输送床

固体颗粒已流态化，此时称流化床（又称沸腾床），如图2-4（b）所示。

气体流速再增大时，固体颗粒被气体带出容器，此时称输送床，如图2-4（c）所示，此时的气体流速称为最终流化速度。

综上所述，只有将气体流速保持在临界流化速度和最终流化速度之间，才能进行正常的流态化操作。沸腾焙烧时，由于矿料颗粒被空气剧烈搅动而与空气充分接触，加快了焙烧过程中扩散阶段的速率，从而使焙烧强度大大提高。

（二）沸腾焙烧炉的结构

硫酸厂对于硫铁矿的沸腾焙烧大多采用圆形炉，结构型式因使用原料和操作条件的不同，又分为圆筒型、扩散型、倒锥型炉等。生产上常用的一次扩大型沸腾炉如图2-5所示。

沸腾炉炉体一般为钢壳，内衬耐火材料（炉体结构近年采用耐火混凝土材料的日见增多）。炉内分为两部分，上部为炉膛，包括沸腾层和上部燃烧空间，下部是空气分布室，中间隔着一个分布板，分布板上装有风帽，风帽间铺上一层耐火泥，空气由鼓风机送入空气室经风帽向炉膛均匀喷出。

沸腾炉身下段的加料处，从炉体向外突出，称为加料前室，料不断由此加入，从前室进到炉膛空间。也有不少沸腾炉不设前室，矿料

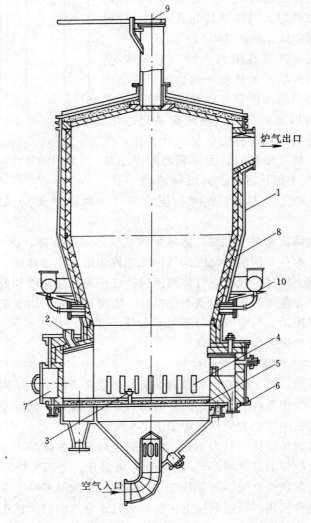

炉气出口

空气入口

图 2-5　沸腾焙烧炉

1—炉壳；2—加料口；3—风帽；4—冷却器；5—空气分布板；6—卸渣口；
7—入门；8—耐热材料；9—放空阀；10—二次空气进口

直接均匀送入炉内。

焙烧过程中，一般都需要从沸腾层移走热量，以免温度过高炉料熔结，通常是用安装在炉壁周围的水箱或用插入沸腾层内的套管冷却器或翅片冷却器冷却。也有很多工厂改用废热锅炉的换热元件移热，用来产生蒸气。

（三）沸腾焙烧的工艺条件

1. 温度　控制沸腾层的温度是保证沸腾炉正常操作的重要条件之一，一般控制沸腾层温度在 $850 \sim 950 ℃$。沸腾炉内气固两相激烈地搅动混合，层内各点的温度相差不大，只要流态化情况良好，就不致出现局部过热现象而使矿料熔结。

影响沸腾层温度的主要因素是投矿量、矿的含硫量、空气输入量以及冷却装置的排热能力。所以要保持炉内温度稳定，必须固定投矿量、矿的含硫量、空气输入量以及冷却水的用量等。

调节炉温的方法有：①调节炉壁水箱或水管冷却水量；②调节投矿量；③调节空气加入量。例如，焙烧含硫量高的矿料，由于反应热大，就可加大冷却水用量。矿料含硫量不变而改变投矿量，是调节温度的一个有效措施，但这样做，炉气中 SO_2 含量和焙烧强度会有相应变化。改变空气加入量也可以调节炉温，但会影响炉气中 SO_2 的含量，也影响沸腾层的操作气速。因此，在正常操作时，主要是调节投矿量和冷却水量。

2. 矿料的粒度和沸腾层气速　矿料的粒度与沸腾层的气速有密切关系，矿料平均粒度愈大，要求气速也愈大。在正常操作中，矿料粒度不能任意变动，粒度变大了，当气速不能提高到与之相适应时，往往会发生沉积，造成不能沸腾的事故；粒度过小，一方面会使原料破碎的动力消耗增加，另一方面会使出口炉气中含尘量增多，从而增加了除尘设备的负荷。沸腾层的气速通常采用 $0.5 \sim 3 m \cdot s^{-1}$，具体气速大小应根据原料粒度，焙烧炉型来决定。总之，气速大小必须与矿料粒度相适应。

3. 炉气中二氧化硫的含量　当空气量一定时，提高炉气中 SO_2 的含量，则 SO_3 的含量相应降低。SO_3 含量低，可以提高净化过程的设备生产能力，对操作是有利的。但 SO_2 含量过高，空气过剩量则减少，烧渣中残硫量增加，一般炉气中 SO_2 体积分数在 10% ～ 14% 之间为适宜。

三、炉气中矿尘的清除

以硫铁矿为原料的焙烧炉气，都含有矿尘。矿尘含量的多少与焙烧原料的性质、粒度大小、焙烧方法及焙烧强度等因素有关。炉气中含有的矿尘，不仅会堵塞设备和管道，而且会沉积履盖在催化剂外表面上影响它的活性，所以必须将其除去。

清除矿尘的方法，通常是根据矿尘粒子大小不同，由大到小逐级地将矿尘进行分离。焙烧炉出口炉气温度较高，生产上往往是除尘和气体降温同时进行，要选用适当方法组成经济有效的除尘流程。采取的设备和方法有集尘器、旋风除尘器、电除尘器、过滤和洗涤等。

1. 旋风除尘 利用离心力除尘的设备，称为旋风除尘器。旋风除尘器是一种结构简单、操作可靠、造价低廉、管理方便的初级除尘设备。一般可使 80% ～90% 的矿尘得到分离，但当矿尘的粒度小到一定程度时，它的分离效率就迅速下降。

因为旋风除尘是利用离心力的作用而将矿尘与炉气分开的，因此，离心力越大，分离效果越好。即除尘效率是随着进口速度的增加而增大的，但气速过大会增大阻力，同时会造成涡流而使除尘效率下降，生产中气速一般控制在 $16～24\text{m}\cdot\text{s}^{-1}$ 较为适宜。

硫酸工业用的旋风除尘器，由于处在负压下操作，因此应注意气密性，防止漏入空气后降低效率。旋风除尘器对 $10\mu m$ 以下的矿尘脱除效率很低，故多用于炉气的初级除尘。

2. 电除尘 硫酸生产中，广泛采用电除尘器清除炉气中的细矿尘。电除尘器的特点是除尘效率高，一般为 95% ～99%，最高可达 99.9%，矿尘含量可降至 $0.2\text{g}\cdot\text{m}^{-3}$（标准状态）以下，能除去粒度在 $0.01～100\mu m$ 的矿尘；设备生产能力的范围较大，同时流体阻力较小。

电除尘器的结构如图 2-6 所示。电除尘器主要由两部分组成：一部分是除尘室，主要有阳极板、电晕线、振打机构、外壳和排灰系统；另一部分是高压供电设备，用它将 220V 或 380V 的交流电变为 50～90kV 的直流电，送到除尘室的电极上。

电除尘器是利用不均匀的高压电场将炉气中的微粒除去的。器中的电晕电极接高压直流电成为负极，沉淀电极接地成为正极，两极间距离约为 125～150mm。电晕电极的直径较小，一般为 1.5～2.5mm 的细丝。在两极间通入 50～90kV 的高压直流电，形成不均匀高压电场，在电晕电极上电场强度特别大使导线上产生电晕放电，处在电晕电极线周围的气体，在高电场强度的作用下，发生电离，带负电的离子充满整个电场的有效空间。带负电的离子在电场的作用下，从电晕电极

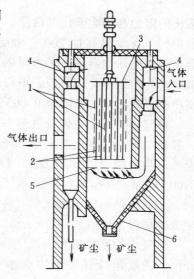

图 2-6　电除尘器

1—沉淀极；2—电晕极；3—悬挂电晕极的架子；4—气体进出口的闸门；
5—气体分布板；6—矿尘贮斗

向沉淀电极移动，与粉尘相遇时，粉尘颗粒将其吸附从而带电，带电的粉尘在电场的作用下移向沉淀电极，在沉淀电极放电，使粉尘成为中性并沉集在沉淀电极上，经振动后坠落在收尘斗中而被消除。

第三节　炉气的净化与干燥

一、炉气的净化

从沸腾焙烧炉出来的炉气，除含有 SO_2、O_2、N_2 和矿尘及少量 SO_3 外，尚可能含有 As_2O_3、SeO_2、HF 及其他一些金属氧化物的蒸气和水蒸气等杂质。其中 SO_2 和 O_2 是制造硫酸的主要组分，其余物质都是有害杂质，必须加以清除。

（一）杂质的危害及净化要求

炉气中的矿尘会堵塞管道、设备和沉积在催化剂表面，从而增大

系统的阻力和影响催化剂活性，应首先予以除去。从沸腾焙烧炉出来的炉气，含尘量高达 $200 \sim 300 \mathrm{g \cdot m^{-3}}$（标准状态），经过旋风除尘器、高效电除尘器除去了大量的矿尘，但仍含 $0.2 \sim 0.5 \mathrm{g \cdot m^{-3}}$（标准状态）的细小矿尘颗粒，不符合制酸工艺的要求。因此，需要进一步净化，使矿尘含量降至 $0.005 \mathrm{g \cdot m^{-3}}$（标准状态）以下。

炉气中三氧化二砷含量的多少与原料矿含砷量及焙烧条件有关。三氧化二砷会使催化剂中毒，降低催化剂活性，成品酸中如含有砷化合物，则不能用于食品工业。经净化后要求炉气中的砷含量应小于 $0.001 \mathrm{g \cdot m^{-3}}$（标准状态）。

二氧化硒同样对催化剂有毒害作用，且会使成品酸带色，应尽量除去并尽可能回收利用。

炉气中的氟化氢和四氟化硅，对含硅的填料和设备有强烈的腐蚀作用。四氟化硅在稀酸中会水解，形成硅凝胶的沉淀（水化了的 SiO_2），可能引起设备堵塞。另外，氟化氢与催化剂作用，会破坏催化剂载体使其粉化。当炉气中的四氟化硅进入转化器时，硅在粒状催化剂上的沉降会降低催化剂的活性。因此，净化后炉气中的氟含量应小于 $0.005 \mathrm{g \cdot m^{-3}}$（标准状态）。

三氧化硫与水蒸气在一定条件下会凝结形成酸雾，腐蚀设备和管道，且对催化剂有毒害作用。在吸收过程中，只有一小部分酸雾被吸收，绝大部分酸雾会随尾气排出，造成三氧化硫的损失，也给环境造成严重污染。因此，净化后水分含量要求小于 $0.1 \mathrm{g \cdot m^{-3}}$（标准状态），酸雾要求小于 $0.035 \mathrm{g \cdot m^{-3}}$（标准状态）。

（二）炉气净化的原理

从沸腾焙烧炉出来的炉气，经旋风除尘和电除尘之后即进行净化，其方法有干法和湿法两类。干法是用固体吸附剂净化炉气，湿法则是用水或硫酸水溶液对炉气进行洗涤，目前工业生产上广泛采用湿法。

1. 砷和硒的清除　炉气中的砷含量决定于原料中的砷含量、焙烧条件和焙烧方法。如采用常规焙烧时，原料中的砷大部分被烧渣所吸附，其余部分（约20%）以 As_2O_3 形态进入炉气中。同样，原料中的硒在焙烧过程中部分以 SeO_2 形态进入炉气。

利用 As_2O_3 和 SeO_2 在气相中的蒸气压随温度下降而迅速降低的特点,当炉气被酸洗或水洗而冷却时,As_2O_3 和 SeO_2 转变为固体而被液体洗去。As_2O_3 和 SeO_2 的饱和蒸气压及炉气残余含量随温度的变化关系如表 2-1 所示。

表 2-1　As_2O_3 和 SeO_2 在不同温度下的蒸气压

温度/℃	50	75	100	125	50	200	250
As_2O_3 饱和蒸气压/Pa	9.07×10^{-5}	1.8×10^{-3}	2.4×10^{-2}	0.213	1.6	45.3	720
炉气中(标准状态)As_2O_3 含量/(g·m^{-3})	1.61×10^{-5}	3.1×10^{-4}	4.2×10^{-3}	3.7×10^{-2}	0.28	7.90	124
SeO_2 饱和蒸气压/Pa	9.07×10^{-4}	1.87×10^{-2}	0.2	1.73	10.8	280	3573
炉气中(标准状态)SeO_2 含量/(g·m^{-3})	4.4×10^{-5}	8.8×10^{-4}	1.0×10^{-3}	8.2×10^{-2}	0.53	13	175

由表可见,在 150℃ 以上时,炉气中的 As_2O_3 基本上呈气态,温度降至 75℃ 时,气相中的 As_2O_3 已降至 0.00031 g·m^{-3}(标准状态),而温度降至 50℃ 时,气相中的 As_2O_3 仅为 1.6×10^{-5} g·m^{-3}(标准状态)。因此,在生产上把炉气冷却到 50℃ 左右,炉气中的 As_2O_3 已基本转变为固态,当炉气用酸或水洗涤时,固体 As_2O_3 一部分被液体带走,大部分仍悬浮于气相中,成为硫酸蒸气冷凝成酸雾的冷凝中心,在清除酸雾时一并除去。

炉气中的 SeO_2 具有与 As_2O_3 类似的性质,在除砷过程中也同时被除去。在一般的净化过程中,约有一半的硒是在电除雾器中除去的,因此可以考虑在洗涤酸污泥中提取还原硒。

实践证明,湿法除砷并不困难,关键问题是 As_2O_3 有剧毒,含砷量很高时,净化设备及管道易堵塞,清理砷垢易发生中毒现象。至于含砷污酸或污酸泥,也要经过严格处理后才能排放。

2.酸雾的形成与清除

(1)酸雾的形成　炉气中除矿料本身带入水分外,当用硫酸溶液或水洗涤炉气时,洗涤液中有相当数量的水蒸发进入气相,使炉气中

的水蒸气含量增加。水蒸气与炉气中的 SO_3 接触时，生成硫酸蒸气，即

$$SO_3(g) + H_2O(g) \rightleftharpoons H_2SO_4(g)$$

反应达平衡时，平衡常数为：

$$K_p = \frac{p_{H_2SO_4}}{p_{SO_3} \cdot p_{H_2O}}$$

式中　p_{SO_3}、p_{H_2O}、$p_{H_2SO_4}$——SO_3 蒸气、水蒸气、H_2SO_4 蒸气的分压。

平衡常数与温度的关系可表示为：

$$\lg K_p = 5.881 - 5000/T + 1.75 \lg T - 5.7 \times 10^{-4} T$$

通过计算可以看出，温度越低，平衡常数越小，气相中硫酸的蒸气分压越大。因此，如果含有三氧化硫及水蒸气的气体混合物温度缓慢地降低，就会首先生成硫酸蒸气。当气相中的硫酸蒸气压大于洗涤酸液面上的饱和蒸气压时，硫酸蒸气就会冷凝成液体。即

$$SO_3 + H_2O(g) \rightarrow H_2SO_4(g) \rightarrow H_2SO_4(l)$$

通常，被洗涤的炉气中硫酸的蒸气分压，与同一温度下所接触的硫酸液面上饱和蒸气压之比称为过饱和度，即

$$S = p/p_饱$$

式中　p——炉气中硫酸的蒸气分压，Pa；

$p_饱$——在同一温度下硫酸的饱和蒸气压，Pa。

在炉气净化过程中，如果气温降低很快，硫酸蒸气的冷凝速度就跟不上温度降低的速度或者周围没有可供冷凝的表面，这时气体中的硫酸蒸气就会出现过饱和现象，当过饱和达到某个临界限度时，即：

$$S \geqslant S_临$$

气态硫酸分子会在极短暂的时间里相互凝聚，形成为数极多极细小的液滴，这就是初生态酸雾。之后硫酸蒸气将继续在初生态酸雾表面上冷凝，使酸雾逐渐长大成为可见的气溶胶，硫酸蒸气的过饱和度亦逐渐下降直至饱和为止，这个过程就是蒸气在空间冷凝的过程。

硫酸蒸气的临界过饱和度 $S_临$，其数值与温度以及气相中的冷凝中心性质有关，一般用实验方法确定，没有悬浮物冷凝中心的临界过

饱和度也可以由计算得到。当气相中原来就存在着悬浮粒子时,它们就会成为酸雾的凝聚中心,降低过饱和度。

实践证明,气体的冷却速度越快,蒸气的过饱和度越高,越容易达到临界值生成酸雾。因此,为防止酸雾的形成,必须控制一定的冷却速度,使整个过程中硫酸蒸的过饱和度低于临界过饱和度。

事实上,在硫酸生产厂,当用酸或水洗涤炉气时,由于炉气温度迅速降低,形成酸雾是不可避免的。

(2) 酸雾的清除 炉气在湿法净化中,当气温骤然降低至50℃左右,硫酸蒸气几乎全部变成酸雾。酸雾直径很小,运动速度较慢,是较难除去的杂质。通常用酸洗涤时,由于气液之间惯性碰撞作用仅有 30%~50% 的酸雾被清除,效率很低,大部分酸雾要用电除雾器或其他高效洗涤设备才能除去。

电除雾器的操作原理与电除尘器相同。由于电晕电极发生电晕放电,使气体中的酸雾颗粒带电而趋向正极,在电极上放电后变成液体附着在电极上,当这种液体聚集达一定量时,无需振打,便依靠自重顺电极流下。

电除雾器除雾实践证明,增大酸雾粒径,增加电除雾器段数和降低气体在电除雾器中的流速,都能提高除雾效率。增大酸雾粒径的有效方法,是使水蒸气在酸雾颗粒表面上冷凝,这时酸雾浓度降低,体积增大。酸雾颗粒增大的程度,可通过酸雾浓度的变化来计算。

通过计算可得,硫酸质量分数从 75% 稀释到 40% 时,酸雾粒径增加至 1.34 倍,若再稀释至 5% 时,则酸雾粒径增加至 2.9 倍。因此,在一般酸洗流程中,往往在两段电除雾器中间设置一个增湿塔,用 5% 硫酸喷淋,由于温度降低,水蒸气在酸雾液滴上冷凝,使酸雾粒径增大,从而提高了第二段电除雾器的效率。

也有采用列管式的气体冷却器,以降低气体温度,使气体中的水蒸气在酸雾的表面冷凝,从而增大粒径。

如果降低炉气出口气体中三氧化硫的含量,便可降低酸雾的含量,因此,炉气中三氧化硫的含量不能过高,必须加以控制。

综上所述，从沸腾焙烧炉出来的炉气经除尘、酸洗或水洗、电除雾后，炉气中的矿尘、氟、砷、硒、酸雾等已基本除净，而其中的水蒸气还需经过干燥来除去。

（三）炉气净化的工艺条件及流程

从硫酸生产的发展过程看，湿法净化流程的变革是与焙烧技术的变革相联系的，它经历了由酸洗到水洗又转向酸洗的过程。20 世纪 50 年代以前酸洗流程是适应尘少、SO_3 多的机械炉炉气，到沸腾炉出现后，因为炉气中含尘多、含 SO_3 少，改为水洗。在国外，因水洗有大量污水排放造成危害，20 世纪 60 年代以来发展了新型的封闭净化稀酸洗流程，水洗流程已全部淘汰。

1. 酸洗流程 酸流程的类型很多，如标准酸洗流程（即"三塔两电"酸洗流程），"两塔两电"稀酸洗流程，热浓酸洗流程等。在此仅介绍工业生产上使用较多的热浓酸洗流程。

热浓酸先流程如图 2-7 所示。此流程采用酸温为 $50 \sim 60℃$，质量分数为 93％ 的硫酸洗涤炉气。由于用热浓酸缓慢冷却洗涤炉气，炉气中 SO_3 进行表面冷凝成酸，可以较少地生成酸雾。因此，要求进入洗涤塔的炉气温度必须高于三氧化硫露点温度，一般控制在 300℃ 以上。出塔气温一般控制在 120℃ 以上，出塔酸温为 $150 \sim 170℃$。

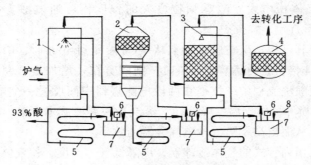

图 2-7 热浓酸洗流程

1—热酸塔；2—泡沫塔；3—干燥器；4—捕沫器；5—冷却器；

6—立式泵；7—循环槽；8—98％酸进口

此流程简单，可省去电除雾器。其优点是可以净化三氧化硫含量较高的炉气，无需处理副产稀酸，同时无污水排放，对环境污染小。缺点是对含砷、氟高的原料气适应性较差。

2．水洗流程　水洗流程在中小型硫酸厂应用广泛，目前约占全国总生产能力的三分之二。文-泡-文水洗流程由文氏管、泡沫塔、文氏管组成，如图 2-8 所示。炉气先经 U 形管除尘器，因气体流动方向改变而除去一部分矿尘，再进入旋风分离器进一步除尘。旋风分离出来的炉气进第一文氏管，炉气通过文氏管喉管时气流速度高达$50\sim100\mathrm{m\cdot s^{-1}}$，与喷入的高速水流接触，水被雾化而起除尘作用。从第一文氏管出来的气体再进入泡沫塔，在泡沫塔内炉气与水在泡沫层中进行气液良好接触而达到除尘目的。炉气中夹带的液滴和生成的酸雾，通过第二文氏管除去。炉气最后经第二旋风分离器进一步除沫后关转化工序，泡沫塔下部和第二旋风分离器下部排出的洗涤水经脱吸塔脱气后排放，脱吸塔出来的气体送回第二文氏管。

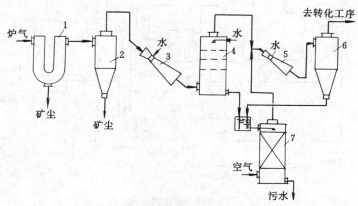

图 2-8　文-泡-文水洗流程

1—U 形管除尘器；2—旋风分离器（干旋）；3—第一文氏管；

4—泡沫塔；5—第二文氏管；6—旋风分离器；7—脱吸塔

此流程具有设备小、操作方便等优点，对含砷和氟高的炉气具有一定的适应能力，也是水洗净化流程中投资最少的一种，在小型硫酸厂使用较多。其缺点是阻力大。

水洗流程还有许多种类型，如"文-泡-电"水洗流程（用电除雾器替代第二文氏管，提高除雾效果），"三文一器"水洗耳恭听流程等。

与酸洗流程相比，水洗流程设备少、投资省、净化效果较好，适用于砷、氟和矿尘含量高的炉气净化。缺点是排放大量酸性污水，污水中含砷、硒、氟和硫酸等有害物质，如不经妥善处理会造成严重的公害。此外，炉气中的三氧化硫全部损失，二氧化硫不能全部回收，故硫的利用率低。

3．新型鲁奇净化流程　在焙烧采用沸腾炉后，炉气含尘量高、含 SO_3 低，为适应炉气这一特点，德国鲁奇公司设计了一种净化流程，即鲁奇净化流程。此流程是以"立式文丘里-空塔-星形冷凝器-电除雾器"组成的净化系统，流程如图 2-9 所示。

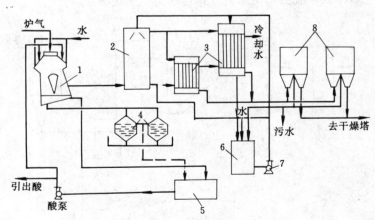

图 2-9　鲁奇净化流程

1—立式文丘里；2—空塔；3—星形冷凝器；4—沉降槽；
5—酸槽；6—酸罐；7—酸泵；8—电除雾器

从电除尘器出来的炉气，先后进入立式文丘里和空塔，分别用40%和5%的稀硫酸洗涤。文丘里入口处气体温度为330℃，洗涤塔出口气体温度为60℃，文丘里出来的稀硫酸于沉淀槽中进行沉降，沉降后的稀酸供系统循环使用。洗涤塔出口的炉气，并列进入两台星形冷凝器，炉气走管程，冷却水走壳程，顶都以 5% 稀酸喷淋与炉气并流进入管程以不断冲刷管壁面防止积尘，提高传热效率。冷凝器出口的炉气温度小于 40℃，经电除雾器后炉气中的酸雾量约为 0.025g·m^{-3}（标准状态）。

新型鲁奇净化流程的特点是设备小、净化效率高，炉气的显热排除方法是先经蒸发降温后在冷凝器中将热量移走，排出系统的污酸量大大减少。由于充分利用炉气中的余热，使稀酸得以蒸发而浓缩，促使循环酸浓度增大，有利于排放酸的综合利用。

（四）炉气净化的主要设备

1. **文氏洗涤器**　文氏洗涤器由文氏管与旋风除尘器组合而成。文氏洗涤器除尘、降温效果显著，构造简单，应用范围广。

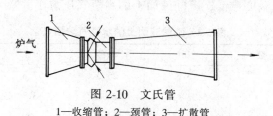

图 2-10　文氏管
1—收缩管；2—颈管；3—扩散管

文氏管由收缩管、颈管和扩散管三部分组成，如图 2-10 所示。在颈管处或在颈管以前，沿管壁开有几十个小孔，由此将水喷入颈管，水在颈管内被高速炉气气流撞击而雾化成极微小的雾沫，炉气中的尘粒或雾滴与雾沫凝成较大的液滴，液滴与气体进入旋风分离器而被分离。在除尘粒的过程中，同时有除雾降温作用。

2. **泡沫塔**　泡沫塔在硫酸生产中应用较广，除了常用作第二级洗涤设备外，还用于干燥和吸收等工序。泡沫塔的结构分淋降式和溢流式两种。淋降式泡沫塔内装有筛板，气液接触时形成的泡沫层较薄，阻力较小，结构简单，适宜于处理含尘量较高但气量稳定的炉气，如气量波动则影响净化效果。溢流式泡沫塔结构较为复杂，但操作比较稳定。也可以在泡沫塔内上部设置溢流式筛板用于降温，下部设置淋降式筛板用于除尘，效果更好些。

二、炉气的干燥

采用湿法净化，炉气经洗涤降温和除雾后，虽然除去了矿尘、砷、硒和酸雾等有害杂质，但炉气被水蒸气饱和，且炉气温度愈高，饱和的水蒸气量愈多。当水蒸气被带入转化器内，水蒸气就会与三氧化硫形成酸雾而损害催化剂。酸雾一经形成，就很难被吸收掉，于是大量的硫酸就会随尾气排放而损失掉。因此，炉气在进入转化工序之前，必须经过干燥处理，使炉气中水分含量小于 $0.1\mathrm{g\cdot m^{-3}}$。

(一) 炉气的干燥原理

浓硫酸具有强烈的吸水性，故常用来作干燥剂。在同一温度下，硫酸的浓度愈高，其液面上水蒸气的平衡分压愈小。当炉气中的水蒸气分压大于硫酸液面上的水蒸气压时，炉气即被干燥。不同浓度和温度的硫酸，其液面上的水蒸气压，如表 2-2 所示。由表可见，硫酸的浓度愈高、温度愈低，硫酸液面上的水蒸气压愈小。

表 2-2　硫酸液面上的水蒸气分压/Pa

硫酸质量分数/%	20℃	40℃	60℃	80℃
85	5.33	25.3	97.3	324
90	5.33×10^{-1}	2.93	13.3	52.0
94	3.20×10^{-2}	2.13×10^{-1}	1.20	5.33
96	5.33×10^{-3}	4.00×10^{-2}	2.53×10^{-1}	1.27
98.3	—	4.00×10^{-3}	2.67×10^{-2}	1.60×10^{-1}
100			1.33×10^{-3}	1.07×10^{-1}

(二) 工艺条件的选择

1. 喷淋酸的含量　提高干燥酸的含量可以降低硫酸液面上的平衡蒸气压。因此，从蒸汽分压愈小而吸水性能愈强考虑，喷淋酸含量愈高愈好。而且，喷淋酸含量高时，吸收推动力增大，故吸收速度加快。但是，喷淋酸含量高，硫酸蒸气平衡分压相应增高，就容易生成酸雾。其次，硫酸含量愈高，硫酸中所溶解的二氧化硫愈多，结果随循环酸一起带出的二氧化硫损失也愈大。

另外，干燥酸的含量提高以后，其结晶温度随之提高，如硫酸含量选用不当则会造成酸的冻结（如 98% H_2SO_4 结晶温度为 $-0.7℃$）。

综上所述，从提高炉气的干燥程度和吸收速率，减少 SO_2 损失和酸雾的形成，以及适应严寒季节低气温下的操作等方面考虑，喷淋酸的质量分数以 93%～95% 为适宜，一般选择 93% 的硫酸。

2. 喷淋酸的温度　从降低喷淋酸液面上水蒸气分压，提高干燥程度并减少过程的酸雾生成量等方面考虑，希望喷淋酸的温度尽可能低些。但这样却使 SO_2 在酸中的溶解度增大和循环酸冷却系统的负荷增大。实际生产中，喷淋酸的入塔温度取决于冷却水的温度，一般选在 30～40℃，在夏季不超过 45℃。

3. 气体温度　进入干燥塔的气体温度低，气体带入塔内的水分就少，干燥效率就高。入塔气温过高，不仅增加干燥塔负荷，而且使产品的浓度降低。因此，进入干燥塔的气体温度愈低愈好，但进塔气温受冷却水温度的限制。实际生产中，一般控制气温在 30℃ 左右，夏季不超过 37℃。

4. 喷淋密度　在干燥过程中，喷淋酸吸收气体中的水分，放出大量的稀释热，酸温随之升高。根据计算，由于吸收水分而使酸含量降低 0.5% 时，相应的酸温升高约 10℃。若喷淋酸量过少，会使酸的含量降低和温升幅度太大，从而降低干燥效率，加剧酸雾形成。生产上一般选择喷淋密度为 $12～15m^3 \cdot m^{-2} \cdot h^{-1}$，过大会增加流体阻力和动力消耗。

第四节　二氧化硫的催化氧化

一、二氧化硫催化氧化的理论基础

（一）二氧化硫氧化反应的化学平衡

二氧化硫的氧化反应是在催化剂的存在下进行的，它是一个可逆、放热、体积缩小的反应：

$$SO_2 + \frac{1}{2}O_2 \Longrightarrow SO_2 \quad \Delta H_{298}^{\ominus} < 0 \qquad (2-7)$$

不同温度下的热效应，如表 2-3 所示。

表 2-3　二氧化硫氧化反应的热效应/ (kJ·mol^{-1})

温度/℃	$-\Delta H$	温度/℃	$-\Delta H$	温度/℃	$-\Delta H$
25	96.250	250	96.120	450	94.852
50	96.321	300	95.813	500	94.437
100	96.491	350	95.585	550	93.989
150	96.281	400	95.250	600	93.512
200	96.292				

当氧化反应达到平衡时，平衡常数可以表示为：

$$K_p = \frac{p_{SO_3}}{p_{SO_2} \cdot p_{O_2}^{0.5}} \tag{2-8}$$

式中　p_{SO_2}, p_{O_2}, p_{SO_3}——平衡状态下各组分的分压。

温度在 400～700℃时，K_p 也可用下列简化式计算：

$$\lg K_p = 4905.5/T - 4.6455 \tag{2-9}$$

不同温度下的平衡常数值，如表 2-4 所示。

表 2-4　二氧化硫转化反应的平衡常数

温度/℃	K_p	温度/℃	K_p	温度/℃	K_p
400	442.9	475	81.25	575	13.70
410	345.5	500	49.78	600	9.375
425	241.4	525	31.48	625	6.57
450	137.4	550	20.49	650	4.68

由式（2-9）和表 2-4 可知，平衡常数 K_p 随温度的升高而减小。平衡常数越大，二氧化硫的平衡转化率越高，二氧化硫的平衡转化率可表示为：

$$x_T = p_{SO_3}/(p_{SO_2} + p_{SO_3}) \tag{2-10}$$

平衡转化率越高，则实际可能达到的转化率也越高。通过推导，得出二氧化硫的平衡转化率计算式为：

$$x_T = \frac{K_p}{K_p + \sqrt{\dfrac{100 - 0.5ax_T}{p(b - 0.5ax_T)}}} \tag{2-11}$$

式中　　a——原始气体混合物中 SO_2 的体积分数；

　　　　b——原始气体混合物中 O_2 的体积分数；

　　　　p——混合气体的总压力。

对于混合气体的任何起始组成，在任何温度和压力下，都可利用公式（2-11）来计算二氧化硫的平衡转化率。由于计算式中两端都含有 X_T，故计算时要用试差法。

由式（2-11）可以看出，影响二氧化硫平衡转化率的因素有温度、压力和气体的起始组成。当炉气的起始组成为：SO_2 7.5%，O_2 10.5%，N_2 82% 时，不同温度、压力下的平衡转化率 X_T 如表 2-5 所示。

表 2-5　平衡转化率与温度、压力的关系

温度/℃	压力(绝)/MPa					
	0.1	0.5	1.0	2.5	5.0	10.0
400	99.20	99.60	99.70	99.87	99.88	99.90
450	97.50	98.20	99.20	99.50	99.60	99.70
500	93.50	96.50	97.80	98.60	99.00	99.30
550	85.60	92.90	94.90	96.70	97.70	98.30
600	73.70	85.80	89.50	93.30	95.00	96.40

二氧化硫的转化反应为放热反应，因而降低温度，可以提高二氧化硫的平衡转化率。二氧化硫的转化为体积缩小的反应，因此，压力增加，平衡转化率提高。在相同温度和压力下，焙烧同样的含硫原料，由于空气过剩量不同，从而起始气体组成不同，则平衡转化率也不同。

（二）二氧化硫催化氧化催化剂

二氧化硫和氧的反应，在没有催化剂存在时，反应速率极为缓慢，因此必须采用催化剂来加快反应速率。金属钒和一些金属氧化物均能用作二氧化硫氧化催化剂，其中，以钒催化剂在工业上的应用最为广泛。

钒催化剂具有活性高、热稳定性好、机械强度高、抗毒性良好、价格便宜等优点。钒催化剂是以五氧化二钒作为主要活性组分，以碱

金属（主要是钾）的硫酸盐类作为助催化剂，以硅胶、硅藻土、硫酸铝等作载体的多组分催化剂。钒催化剂的化学组成为 V_2O_5 5%～9%，K_2O 9%～13%，Na_2O 1%～5%，SO_3 10%～20%，SiO_2 50%～70%，并含有少量的 Fe_2O_3、Al_2O_3、CaO、MgO 及水分等。产品一般呈圆柱形，直径 4～10mm，长 6～15mm，也有做成环形、片状和球形的。

表 2-6 列有国产 S1 系列钒催化剂的主要物理化学性质。国产 S101 型钒催化剂与国外一些钒催化剂的活性比较如表 2-7 所示。钒催化剂的发展趋势是研制低温、节能、宽温区、高活性催化剂。在品种、规格方面趋向多样化，以满足不同条件下使用的要求。

表 2-6　国产钒催化剂的主要性能

项　目	型　号						
	S101	S102	S105	S106	S107	S101-2	S107-2
外　形	圆柱形	环形	圆柱形	环形	圆柱形	球形	球形
颗粒尺寸/mm	$\phi 5 \times$ (10～15)	$\phi 5/\phi 2 \times$ (10～15)	$\phi 5 \times$ (10～15)		$\phi 5 \times$ (10～15)	$\phi 4 \sim \phi 8$	$\phi 4 \sim \phi 8$
堆密度/(kg/L)	0.50～0.60	0.45～0.55	0.50～0.60	0.50～0.60	0.50～0.60	0.40～0.50	
孔隙率/%	0.50～0.60	0.50～0.60	0.50～0.60	0.50～0.60	0.50～0.60		
机械强度	$>15kg/cm^2$	$>2kg/$颗	$>15kg/cm^2$		$>15kg/cm^2$	$>7kg/$颗	$>4kg/$颗
起燃温度/℃	390～400	390～400	365～375		365～375	390～400	365～375
主要组分含量/%							
V_2O_5	7～8	7～8	7～8.5	7～8.5	5.5～6.5	7～8	5.5～6.5
K_2SO_4	17～20	17～20	17～25	17～20	14～16	17～20	14～16
Na_2SO_4			6～10		5～6		5～6

表 2-7　S101 型钒催化剂与国外钒催化剂活性比较

型　号	不同温度时的转化率/%		
	430℃	450℃	500℃
S101 型	61.2	76.3	84.5
前苏联 BAB	59.0	67.3	84.5
美国孟山都	61.6	73.6	81.6

注：测定条件为空速 $36000h^{-1}$，二氧化硫含量 10%。

（三）二氧化硫催化氧化动力学

二氧化硫在钒催化剂上氧化是一个比较复杂的过程，其机理尚无定论。一般认为，氧的吸附过程是整个氧化过程的控制步骤。

1. 二氧化硫氧化的动力学方程式　对于使用钒催化剂的二氧化硫催化氧化动力学方程已经进行了许多研究，在每一种催化剂上，二氧化硫的催化氧化过程各有其特性。根据反应机理可推导出不同的动力学方程式。

我国对 S101 和 S102 型钒催化剂，在温度 500℃ 左右时，实验研究获得的动力学方程经简化后为：

$$r = kC_{O_2}^{0.5}(C_{SO_2} - C_{SO_2}^*)^{0.5} \tag{2-12}$$

式中　C_{SO_2}、C_{O_2}——气体混合物中 SO_2 及 O_2 的浓度；

$\quad\quad C_{SO_2}^*$——平衡时 SO_2 的浓度；

$\quad\quad k$——反应速率常数；

$\quad\quad r$——反应速率。

动力学方程也可用混合气体的原始组成及转化率的关系来表示，经整理后得：

$$r = \frac{273p}{273+t} \cdot k'\left[\frac{(x_T-x)(b-0.5ax)}{a}\right]^{0.5} \tag{2-13}$$

由式（2-13）可知，反应速率与 k'、x、x_T 以及 a、b 等因素有关。在气体组成不变时，k' 和 x_T 又与温度有关。应用动力学方程，可以分析影响反应速率的各个因素，从而确定最适宜的工艺条件。

2. 影响反应速度的因素　不同温度下二氧化硫在钒催化剂上的反应速率常数如表 2-8 示。

表 2-8　SO_2 在钒催化剂上的反应速率常数

温度/℃	k'	温度/℃	k'	温度/℃	k'
390	0.25	440	0.87	525	4.6
400	0.34	450	1.05	550	7.0
410	0.43	460	1.32	575	10.5
420	0.55	475	1.75	600	15.2
430	0.69	500	2.90		

注：k' 的单位为 $s^{-1} \cdot MPa^{-1}$。

由表 2-8 可以看出，钒催化剂的反应速率常数 k' 随温度的上升而增大。在较低的温度范围内，k' 值增加较快，温度愈高，k' 值增加愈慢。

二氧化硫的催化氧化是气固相催化反应。前面得出的动力学方程，只考虑了在催化剂表面上进行反应的有关因素，没有考虑扩散的影响。

外扩散主要由气流速度所决定。在工业生产上，二氧化硫气体通过催化剂床层的气流速度是相当大的，所以外扩散过程的影响可以忽略。

内扩散主要由催化剂孔隙的结构所决定。在实际生产中，二氧化硫催化氧化的反应温度较高，钒催化剂颗粒较大，内扩散的影响不能忽视。

二、二氧化硫催化氧化的适宜条件

（一）最适宜温度

二氧化硫的催化氧化是可逆放热反应，从热力学观点看，平衡转化率随温度的升高而降低，但从动力学观点看，反应速率常数随温度的升高而增大。对于可逆放热反应，当气体的初始组成、压力、催化剂的性质都一定时，在任何一个转化率下，瞬时反应速率随温度的升高首先是增大；达到某一极大值后，随温度的继续升高而逐渐降低。反应速率达到最大值时的温度，称为最适宜温度。最适宜温度不是恒定的，而是随气体起始组成和转化率而变的。

最适宜温度可根据图解法求得，也可通过对动力学方程进行数学解析，用求极值的方法求得。

对于 S 型钒催化剂，最适宜温度可按下式计算：

$$T_m = \frac{4905}{\lg\left[\dfrac{x}{(1-x)\sqrt{\dfrac{b-0.5ax}{100-0.5ax}}}\right] + 4.937} \tag{2-14}$$

若已知混合气中二氧化硫和氧的含量，就可以利用式（2-14）求得最适宜温度，而利用式（2-8）就可求出平衡常数 K_p，查表 2-4 即得平衡温度。将计算出的最适宜温度和平衡温度绘在 $t\text{-}x$ 图上，即得最适宜温度曲线 CD 和平衡温度曲线 AB，如图 2-11 所示。

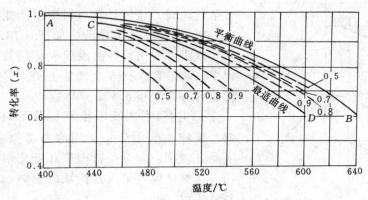

图 2-11　温度与转化率的关系

（二）最适宜二氧化硫起始含量

二氧化硫起始含量的高低，与转化工序设备的生产能力，催化剂的用量及硫酸生产总费用等都有关系。

1. 二氧化硫含量对催化剂用量的影响　在用空气焙烧含硫原料时，随着 SO_2 含量增加，O_2 含量相应地下降，这将使反应速率下降，从而达到一定转化率所需的催化剂用量将增加。从这个角度讲，SO_2 含量应尽量低一些好，如图 2-12 所示。

2. 二氧化硫起始含量对生产能力的影响　二氧化硫起始含量低，催化剂用量减少，但却使生产 1t 硫酸所需处理的气体体积增加。而气体体积的增加

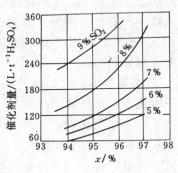

图 2-12　催化剂用量与
气体含量间的关系

受到鼓风机能力的限制，这将导致转化器的生产能力下降。因此，确定 SO_2 含量，应该从给定的转化器截面上流体阻力一定时，以及最

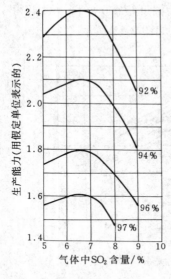

图 2-13 转化器生产能力
与进气含量的关系

终转化率较高的情况下，达到最大的生产能力来确定。

当用空气焙烧硫铁矿得到不同原始含量气体时，通过计算可得到生产能力 G 与 a 的定量关系曲线，如图 2-13 所示。由图可看出，各曲线代表不同的转化率，其最高点代表生产能力最大，对应的 SO_2 含量在 $6.8\% \sim 8\%$。

3. SO_2 含量对硫酸生产总费用的影响　影响硫酸生产总费用的因素很多，主要有两项，即设备折旧费和催化剂费用。二氧化硫含量对这两项的影响如图 2-14 所示。

图中曲线 1 表明，随着 SO_2 含量的增加，设备生产能力增加，相应设备折旧费减少。曲线 2 表明，随着 SO_2 含量的增加，达到一定最终转化率所需要的催化剂费用增加。曲线 3 表示系统生产总费用与 SO_2 含量的关系。由图可见，SO_2 起始含量 a 值在 7.2% 时总费用最小，但 SO_2 含量在 1% 的范围内变动，对总费用并无明显影响。

必须指出，图 2-14 中的数据，是在焙烧普通硫铁矿，采用一转一吸流程，最终转化率为 97.5% 的情况下取得的。当原料改变或具体生产条件变化时，其结果也相应地改变。例如，以硫黄为原料，SO_2 适宜含量为 8.5% 左右；以硫铁矿为原料的两转两吸流程，SO_2 适宜含量可提高到 $9.0\% \sim 10\%$，最终转化率仍能达到 99.5%。可见，进入转化器的二氧化硫最适宜温度，必须根据流程和原料的具体情况进行经济效果比较后，才能选定。

（三）最适宜的最终转化率

最终转化率是接触法硫酸生产的重要指标之一。提高最终转化率可以减少废气中 SO_2 的含量，减轻环境污染，同时也可提高硫的利用率，降低生产成本，但却导致催化剂用量和流体阻力的增加。所以最终转化率也有最适宜值问题。

最适宜的最终转化率与所采用的工艺流程、设备和操作条件有关。一转一吸流程，在尾气不回收的情况下，最终转化率与生产成本的关系，如图2-15所示。

由图可见，当最终转化率为97.5%～98%时，硫酸生产的相对成本最低。

必须指出，最适宜的最终转化率并不是固定的，确定最终转化率必须考虑各方面的因素。如设有SO_2回收装置，最终转化率可以取得低些。如采用两次转化两次吸收流程，SO_2的起始体积分数可提高至9%～10%，最终转化率可达99.5%以上，而催化剂用量可基本保持不变。

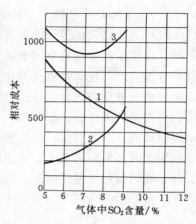

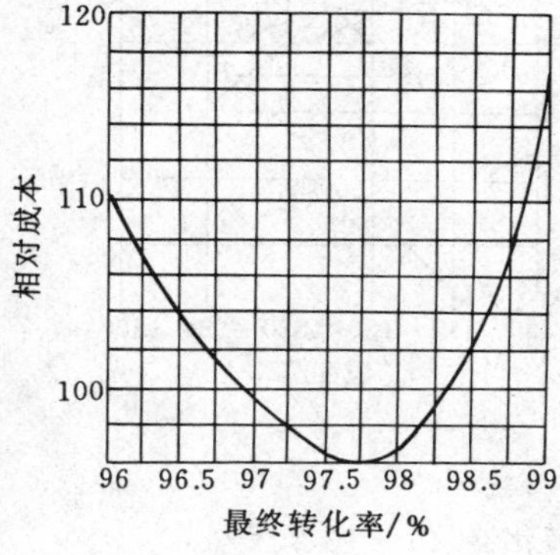

图 2-14　SO_2 含量对生产成本的影响
1—设备折旧费与二氧化硫原始含量的关系；2—最终转化率为97.5%时，催化剂用量与二氧化硫原始含量的关系；3—系统生产总费用与二氧化硫起始含量的关系

三、二氧化硫催化氧化的工艺流程

工业生产上总是要求用最低的消耗，获得最大的经济效益，为此必须使 SO_2 催化氧化过程实现最佳化。为了使转化器中的 SO_2 催化氧化过程尽可能地按最佳温度曲线进行，随着转化率的提高，必须从反应系统中除去多余的热量，使温度相应地降低。目前的工业生产上普遍采用多段间接换热式和多段冷激式转化器。

图 2-15　最终转化率对成本的影响

（一）转化器的类型

SO$_2$ 的催化氧化过程是在转化器中进行的。二氧化硫催化氧化转化器，通常采用多段换热的形式，其特点是气体的反应过程和降温过程分开进行。即气体在催化剂床层进行绝热反应，气体温度升高到一定时，离开催化剂床层，经冷却到一定温度后，再进入下一段催化床层，仍在绝热条件下进行反应。为了达到较高的最终转化率，必须采用多段反应，段数愈多，最终转化率愈高，在其他条件一定时，催化剂利用率高。但段数过多，管道阀门也增多，系统阻力增加，操作更复杂。我国目前普遍采用的是四段式固定床转化器。

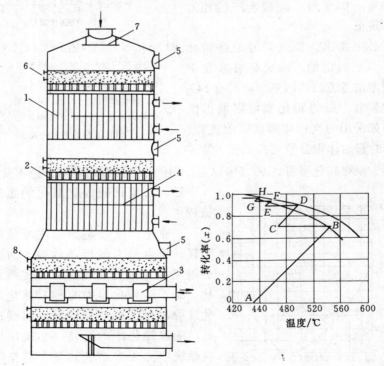

图 2-16　四段间接换热式转化器及 *t-x* 图

1—热交换器；2—箅子板；3—螺旋转热器；4—换热器挡板；5—人孔；

6—催化剂；7—气体分布板；8—热电偶

1. 多段间接换热式转化器　四段间接换热式转化器如图 2-16 所示。在转化器第一、二段与第二、三段催化床层之间设有换热列管，炉气在管外通过，与管内的转化气进行换热。第三、四段之间的换热器因换热量少，换热器为特殊的螺旋板式。

图 2-16 所示的 t-x 图中，AB、CD、EF、GH 分别为各段的绝热操作线，各线斜率相同。BC、DE、FG 为段间冷却线。因为在换热器中只进行气体的换热过程，并无化学反应发生，所以只有温度的改变而转化率不变，故 BC、DE、FG 三线平行于横轴。

2. 多段冷激式转化器　气体的氧化反应是在绝热情况下进行的，而换热是采用冷气体与热的反应气直接混合，以降低反应后气体的温度。根据所用冷激气体的不同，这种转化器又可分为炉气冷激式转化器和空气冷激式转化器。

（1）炉气冷激式转化器　炉气冷激式转化器是在各段间补充冷炉气，以降低上一段反应后的气体温度。由于加入了冷炉气，反应后气体中的 SO_2 含量增高，使 SO_2 的转化率降低，要得到较高的最终转化率，则所需的催化剂用量要大大增加。因此，多段冷激式转化器，通常只在一、二段之间采用冷激，其余各段仍采用间接换热。

图 2-17 所示为第一、二段间用炉气冷激的四段中间换热式转化

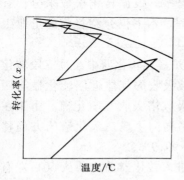

图 2-17　第一、第二段之间进行冷激的四段中间换热式转化过程的 t-x 图

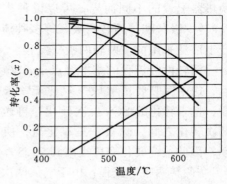

图 2-18　空气冷激式 t-x 图

过程的 $t\text{-}x$ 图。这种换热形式的转化器优点是可以节省换热面积，调节温度方便，但催化剂用量比多段间接换热式略多一些。

（2）空气冷激式转化器　空气冷激式转化器是在各段间加入干燥的冷空气，以降低反应后的气体温度，因而有利于提高转化率。为了避免转化后气体混合物的处理量过大，进入转化器的气体混合物中 SO_2 的原始含量应高些。

图 2-18 为四段空气冷激过程的 $t\text{-}x$ 图，由于加入的冷空气使气体中 SO_2 的起始含量下降，氧的起始含量增加，与之相应的平衡曲线及最适宜温度曲线均上移一定距离，绝热操作线的斜率也改变了。另一方面，段间加入冷空气后，混合气体温度会降低，但气体混合物中的 SO_2 和 SO_3 含量的比值没有发生变化，因此冷却线仍为水平线。

全部采用空气冷激的多段转化只适合于硫黄制酸装置，因焙烧硫黄所得的炉气无需经过净化，炉气温度较高而不必预热，同时炉气中 SO_2 起始含量也比较高。焙烧硫铁矿制酸装置则只能采用部分空气冷激式转化过程。

（二）工艺流程

二氧化硫转化的工艺流程因制酸原料、转化工艺、转化器型式、换热器配置的不同而异，可以说种类繁多。根据转化次数来分，有"一转一吸"和"两转两吸"等多种流程。本书仅介绍目前的工业生产上广泛采用的"两转两吸"流程。

两转两吸流程的基本特点是，SO_2 炉气在转化器中经过三段转化后，送中间吸收塔吸收三氧化硫，未被吸收的气体返回转化器第四段，将未转化的 SO_2 再次转化，再送吸收塔吸收三氧化硫。由于在两次转化之间，除去了三氧化硫，使平衡向生成三氧化硫的方向移动，因此最终转化率可提高到 99.5%～99.9%。

"两转两吸"流程，由于气体两次进入转化器前均须从 60℃ 左右加热到起始活性温度，因而增加了换热面积。此流程若在保持平衡操作的条件下，既满足各段热平衡的要求，又使所需的换热面积较小，必须对换热面进行合理配置。

Ⅲ Ⅱ-Ⅳ Ⅰ型两次转化示意流程如图 2-19 所示。

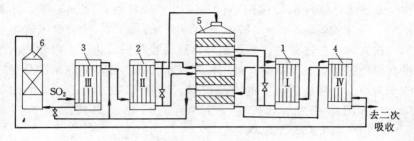

图 2-19　Ⅲ Ⅱ-Ⅳ Ⅰ型两次转化流程

1—第一换热器；2—第二换热器；3—第三换热器；

4—第四换热器；5—转化器；6—第一吸收塔

一次转化前的炉气经过Ⅲ、Ⅱ段催化剂床层后的换热器升温，二次转化前的冷气体经Ⅳ、Ⅰ段催化剂床层后的换热器升温。

"两转两吸"流程，具有下述优点。

（1）最终转化率可达 99.5%～99.9%，因此，尾气中 SO₂ 含量很低，减少了尾气污染。

（2）进转化器的炉气 SO₂ 起始含量高，可达 9.5%～10%，与一次转化相比，同样设备可增产 30%～40%。

（3）催化剂的利用系数高。以焙烧硫铁矿为例，一次转化的催化剂用量为 $200～220 L\cdot t^{-1}\cdot d^{-1}$，而两次转化可降低到 $170～190 L\cdot t^{-1}\cdot d^{-1}$。

（4）"两转两吸"流程虽然投资比一次转化高 10% 左右，但与"一转一吸"再加上尾气回收的流程相比，实际投资可降 5% 左右，生产成本降低 3%。

第五节　三氧化硫的吸收

一、三氧化硫吸收的基本原理

气体中的 SO₂ 经催化氧化成三氧化硫以后，即送到吸收系统用发烟硫酸或浓硫酸吸收，形成不同规格的产品硫酸。吸收过程可用下式表示：

$$nSO_3 + H_2O \Longrightarrow H_2SO_4 + (n-1)SO_3 \quad \Delta H < 0 \qquad (2\text{-}15)$$

随三氧化硫和水的比例不同，可以生成各种浓度的硫酸。如果 $n > 1$，生成发烟硫酸；$n = 1$，生成无水硫酸；$n < 1$，生成含水硫酸。

在实际生产过程中，是用循环硫酸来吸收三氧化硫。吸收酸的浓度在循环过程中不断增高，需用稀酸或水稀释，并不断取出部分循环酸作为产品。接触法生产的商品硫酸，通常有 92.5%～93% 的浓硫酸、98% 的浓硫酸、含游离 $SO_3$20% 的标准发烟硫酸及含游离 $SO_3$65% 的高浓度发烟硫酸。

二、吸收工艺条件

在吸收过程中，转化气中的 SO_3 要求尽可能完全被吸收，以提高硫的利用率，并减少污染。为此，对吸收过程所用的喷淋酸浓度、温度等方面，必须要有适宜的选择。

(一) 吸收酸的浓度

用浓硫酸吸收 SO_3 时，其质量分数最好为 98.3%。硫酸的质量分数低于或高于 98.3%，都会使吸收率降低。

当硫酸质量分数低于 98.3% 时，硫酸液面上有水蒸气和硫酸蒸气存在，或者仅有水蒸气存在。当转化气中的 SO_3 与这种浓度的酸接触时，会同时产生两个过程，一个是硫酸溶液吸收 SO_3，另一个是气体中 SO_3 与水蒸气相互作用生成硫酸蒸气。一方面由于硫酸蒸气的生成，使气相中硫酸蒸气的分压大于硫酸液面上硫酸蒸气的平衡压力，因而硫酸蒸气被酸液吸收。另一方面水蒸气不断与 SO_3 作用，气相中的水蒸气便不断减少，硫酸溶液中的水分则不断蒸发。如果水的蒸发速度大于硫酸蒸气的吸收速度，则气相中硫酸蒸气含量便会增大，而且可能大大超过平衡浓度而产生硫酸蒸气的过饱和现象。如过饱和度超过临界值，硫酸蒸气即凝结成酸雾，酸雾不易被硫酸吸收。吸收酸的浓度越低，硫酸液面上的水蒸气分压越高，生成的酸雾也越多，吸收越不完全，吸收率降低。

当酸的质量分数超过 98.3% 时，硫酸液面上硫酸蒸气和 SO_3 蒸气压增大，且硫酸浓度越高，液面上的 SO_3 蒸气越多，吸收推动力减小，以致吸收率降低。

在各种温度下，吸收率与吸收酸浓度的关系如图 2-20 所示。由图可见，吸收酸的质量分数为 98.3% 时，吸收 SO_3 最完全，吸收率最高。

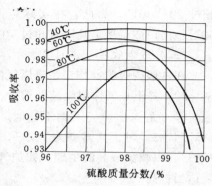

图 2-20　吸收率与硫酸质量分数和温度的关系

发烟硫酸吸收 SO_3 是一个物理吸收过程。由于发烟硫酸液面上的 SO_3 蒸气压较大，所以在发烟硫酸吸收塔中 SO_3 的吸收率不高。为了制得 20%（游离 SO_3）标准发烟硫酸，在吸收塔用 18.5%～20%（游离 SO_3）发烟硫酸来吸收。未被吸收的 SO_3 气体，必须再经过 98% H_2SO_4 的吸收塔进一步吸收，最后总吸收率可达 99.9%。

（二）吸收酸的温度

吸收酸温度对 SO_3 吸收率的影响是明显的。在其他条件相同的情况下，吸收酸温度升高，由于酸液自身的蒸发加剧，使液面上总的蒸气压明显增加，从而降低吸收率。从图 2-21 可以看出，温度愈低，吸收率愈高，故降低温度是有利的。从图 2-20 可以看出，当吸收酸的温度在 60℃ 左右时，吸收率已超过 99%，再降低酸温，对提高吸收率意义不大。此外，喷淋酸温度过低，增加了酸冷却器面积，不利于回收低温位热，而且 98.3% 硫酸

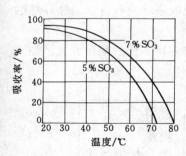

图 2-21　发烟硫酸吸收率与三氧化硫含量的关系

的结晶温度在 3～5℃ 左右，温度太低容易冻结。

在吸收 SO_3 的过程中，要放出较多的热量，使吸收酸的温度升高。为了减小吸收过程中的温度变化，生产中采用增大液气比的办法来解决。吸收酸质量分数的变化为 0.3%～0.5%，温度变化一般不

超过 20～30℃，为此，在实际生产过程中，吸收酸温度不宜高于 50℃，出口酸温度最高不宜超过 70℃。

（三）进吸收塔气体的温度

在一般的吸收操作中，进塔气体温度较低有利于吸收。但在吸收 SO_3 时，并不是气体温度越低越好。因为转化气温度过低，更容易生成酸雾，尤其是炉气干燥不佳时。当炉气中水分含量为 $0.1g \cdot m^{-3}$（标准状态）时，其露点为 112℃，故一般控制入塔气体温度不低于 120℃，以减少酸雾的生成。如炉气干燥程度较差时，则气体温度还应适当提高。

近年来，由于广泛采用两转两吸工艺以及回收低温位热能的需要，吸收工序有提高第一吸收塔进口气温和酸温的趋势，即"高温吸收"工艺。这种工艺对于维护转化系统的热平衡、减少换热面积、节约并回收能量等方面是有利的。

三、吸收流程配置

浓硫酸吸收 SO_3 气体，一般在塔设备中进行。吸收 SO_3 是放热过程，随着吸收过程的进行，吸收酸的温度随之升高，为使循环酸温度保持一定，必须设置冷却设备。每个吸收塔除应有自己的循环酸贮槽外，还应有输送酸的泵和冷却器。

塔、槽、泵和冷却器四个设备通常有三种不同的配置方式，如图 2-22 所示。

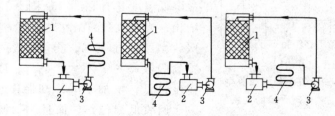

图 2-22　塔、槽、泵、冷却器流程配置方式
1—吸收塔；2—酸贮槽；3—泵；4—冷却器

第一种方式，冷却器配置在酸泵后面。这样可允许管内有较大的流速，对传热有利，循环酸温度较低，但管内酸的压力较大，容易泄

漏。酸泵输送热酸时，腐蚀较为严重。

第二种方式，冷却器配置在循环酸贮槽前面。这样冷却器管内流速较慢，传热较差，但比较安全。酸从吸收塔流至贮槽，要克服流经冷却器的阻力，因此吸收塔必须安装在较高位置。

第三种方式，冷却器配置在泵前。酸在冷却管内流动一方面靠位差，另一方面靠泵的抽吸，管内受压较小，而酸的流速较快，比较安全，且传热也较好。

四、典型吸收流程

生产标准发烟硫酸和浓硫酸（98.3%）的典型工艺流程，如图2-23所示。

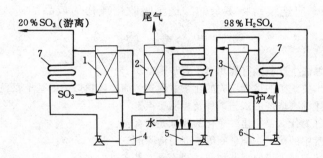

图 2-23　生产发烟硫酸和浓硫酸的吸收流程

1—发烟硫酸吸收塔；2—98.3%硫酸吸收塔；3—干燥塔；4—发烟硫酸贮槽；

5—98.3%硫酸贮槽；6—干燥酸贮槽；7—喷淋式冷却器

转化气经 SO_3 冷却器冷却到120℃左右，先经过发烟硫酸吸收塔1，再经过98.3%浓硫酸吸收塔2，气体经吸收后通过尾气烟囱放空，或者送入尾气回收工序。吸收塔1用18.5%～20%（游离 SO_3）的发烟硫酸喷淋，吸收 SO_3 后其浓度和温度均有升高。吸收塔1流出的发烟硫酸，在贮槽4中与来自贮槽5的98.3%硫酸混合，以保持发烟硫酸的浓度。混合后的发烟硫酸，经过冷却器7冷却后，取出一部分作为标准发烟硫酸成品，大部分送入吸收塔1循环使用。吸收塔2用98.3%硫酸喷淋，塔底排出酸的浓度上升至约98.8%。吸收塔2流出的酸在贮槽5中与来自干燥塔的93%硫酸混合，以保持98.3%

硫酸的浓度，经冷却后的 98.3％硫酸一部分送往发烟硫酸贮槽 4 以稀释发烟硫酸，另一部分送往干燥酸贮槽 6 以保持干燥酸的浓度，大部分送入吸收塔 2 循环使用，同时可抽出部分作为成品酸。

含水分的净化气从干燥塔 3 底部进入，与塔顶喷淋下来的 93％浓硫酸逆流接触，气相中水分被硫酸吸收。干燥后的气体再经塔顶高速型纤维捕沫层，将夹带的酸沫分离掉，送去转化工序。喷淋酸吸收水分同时温度升高，由塔底出来后进入贮槽，再经酸泵至冷却器，循环使用。喷淋酸吸收气体中的水分后，浓度稍有降低，为了保持一定的酸浓度，必须从 SO_3 吸收塔连续送来 98.3％硫酸加入酸贮槽 6，与干燥塔流出的酸混合。喷淋酸由于吸收水分和增加 98.3％硫酸后，酸量增多，应连续地将多余的酸送至吸收塔或作为成品酸送入酸库。

思 考 题

1. 接触法生产硫酸有哪几个主要步骤？
2. 写出硫铁矿的焙烧反应的化学方程式，简述沸腾焙烧的基本原理。
3. 简述沸腾焙烧的工艺条件及控制要点。
4. 炉气为什么要净化？净化的要求是什么？
5. 炉气中的矿尘、砷、硒等是如何清除的？
6. 试述炉气干燥原理及如何选择干燥工艺条件？
7. 酸雾是怎样形成的？如何除去？
8. 简述二氧化硫氧化反应的特点并讨论温度、压力等因素对其化学平衡的影响。
9. 二氧化硫催化氧化的工艺条件如何选择？
10. 影响二氧化硫氧化反应速率的因素有哪些？是如何影响的？
11. 试述"两转两吸"流程的特点。
12. 影响三氧化硫吸收的因素有哪些？是如何影响的？
13. 吸收工艺流程配置方式有哪几种？试述它们各自的特点。

第三章 尿 素

第一节 概 述

一、尿素的性质

（一）物理性质

尿素的化学名称为碳酰二胺，分子式为$CO(NH_2)_2$，相对分子质量为60.06，含氮量为46.65%。因为在人类及哺乳动物的尿液中含有这种物质，故称为尿素。

纯尿素为无色、无味、无臭的针状或棱柱状结晶，工业上尿素产品因含杂质，故为白色或浅黄色。

尿素在0.1MPa时熔点为132.7℃，尿素饱和溶液的密度（20℃）为1146kg·m^{-3}，晶状固体尿素的密度为1335kg·m^{-3}，而粒状固体尿素的密度为1400kg·m^{-3}，在20℃下的比热容为1.334J·g^{-1}·℃$^{-1}$，结晶热为224J·g^{-1}，临界温度102.3℃。

尿素易吸湿，其吸湿性次于硝酸铵而大于硫酸铵，故包装、贮运要注意防潮。尿素易溶于水和液氨中，且溶解度随温度升高而增加。

（二）化学性质

1. **尿素的缩合反应** 在常压下，加热干燥固体尿素至高于其熔点温度时，两分子尿素缩合成难溶于水的缩二脲并放出氨气：

$$2CO(NH_2)_2 \Longrightarrow NH_2CONHCONH_2 + NH_3$$

过量氨增加，可抑制缩二脲的生成。当温度超过170℃时，三分子尿素缩合生成缩三脲或三聚氰酸：

$$3CO(NH_2)_2 \Longrightarrow NH_2CONHCONH_2CONH_2 + 2NH_3$$
$$3CO(NH_2)_2 \Longrightarrow (HCNO)_3 + 3NH_3$$

2. **尿素的水解作用** 在60℃以下，尿素不发生水解作用。随着温度的升高，水解速率加快，水解程度也增大。如80℃时，1h可以水解 0.5%；而 110℃时，1h 可以水解 3%。

尿素水解过程可视为如下步骤：

（1）首先尿素水解成氨基甲酸铵（简称甲铵）

$$CO(NH_2)_2 + H_2O \Longrightarrow NH_2COONH_4$$

（2）甲铵部分水解成碳酸铵

$$NH_2COONH_4 + H_2O \Longrightarrow (NH_4)_2CO_3$$

（3）碳酸铵分解为氨、二氧化碳和水

$$(NH_4)_2CO_3 \Longrightarrow 2NH_3 + CO_2 + H_2O$$

尿素水解反应的速率与温度和加热时间有关，在有氨存在时，水解速率可大大降低。尿素水解的结果，会减少尿素生产过程的产量，故应防止尿素水解反应的进行。

3.尿素的加成反应　尿素在强酸溶液中呈弱碱性，能与酸作用生成盐；在强碱溶液中，尿素又呈酸性，其又能与碱作用。尿素能与一些金属盐类作用生成配合物，也能与直链有机化合物（如烃、醇、醛类等）作用。

二、尿素的用途

尿素的用途非常广泛，它不仅可以用作肥料，而且还可以用作饲料及工业原料等。

1.用作肥料　作为肥料，尿素是固体氮肥中含氮量最高的。其含氮量为硝酸铵的 1.3 倍，硫酸铵的 2.2 倍，碳酸氢铵的 2.6 倍。尿素是一种良好的中性速效肥料，不含酸根，适用于各种土壤和各种农作物，且长久施用不会使土质板结。尿素在施用过程中，不会在土壤中留下任何有害物质，而且分解释放出的二氧化碳，还促使植物进行光合作用。

粒状尿素的吸湿性和结块性都比其他氮肥小，并具有良好的稳定性。因此，在运输、贮存和施用过程中氮的损失都较少，但是，尿素中的缩二脲具有抑制种子发芽和生长的作用，施用时必须注意。

2.用作饲料　尿素可作为牛、羊等反刍动物的辅助饲料，能使肉、奶增产。但作为饲料用的尿素规格和用法有特殊要求，不能乱用，而且饲喂前必须经过试验。

3．用作工业原料　在工业上，尿素可作为高聚物合成材料，工业尿素总消耗量约有一半用来制成脲醛树脂，用于生产塑料、漆料和胶合剂等。此外，医药、纤维素、炸药、制革、选矿、颜料、石油脱蜡等的生产中也要用尿素。

三、尿素的生产方法简介

1773 年，鲁爱尔蒸发人尿时发现了尿素。1828 年，维勒在实验室里由氨及氰酸合成得尿素。此后，出现了以氨基甲酸铵、碳酸铵等作为原料的五十余种合成尿素方法。但都因原料难得或有毒性或因反应条件难以控制而在工业上均未得到实现。

目前，世界上广泛采用由氨和二氧化碳直接合成尿素。1922 年首先在德国的法本公司奥堡工厂用该法进行工业生产，20 世纪 30 年代中期有了连续生产的不循环法，50 年代初期发展了半循环法，60 年代初期尿素生产技术以水溶液全循环法为主，70 年代初期起气提法生产尿素占优势。

因受化学平衡的限制，氨和二氧化碳通过合成塔一次反应只能部分转化为尿素，转化率一般为 50% ～ 70%。合成反应液中一些未转化物必须回收处理，所以合成尿素包括下列四个生产过程：①氨与二氧化碳原料的供应及净化；②氨与二氧化碳合成尿素；③未反应物质的分离回收；④尿素溶液的加工。

现阶段，工业生产上广泛采用的尿素生产方法有两种，即水溶液全循环法和气提法。

1．水溶液全循环法　水溶液全循环法是利用水吸收未反应的氨和二氧化碳以形成甲铵液，再用循环泵打回合成塔。由于未反应的氨和二氧化碳呈水溶液状态进行循环，故动力消耗较少，流程较简单，投资较低。水溶液全循环法应用广泛，是目前生产尿素比较完善的方法。

2．气提法　气提法是利用气体介质在与合成等温等压条件下将未生成尿素的物质分解并回收的方法。根据不同的气体介质又可分为二氧化碳气提法、氨气提法、变换气气提法（又称联尿法）等。气提法热量回收完全、能耗低、低压氨和二氧化碳处理量较小，技术指标先进，系尿素生产的发展方向。

四、尿素生产对原料的要求

合成尿素的主要原料是液氨和气体二氧化碳，它们分别是合成氨厂的主副产品，所以尿素工厂和合成氨工厂常设在一起联合生产。

合成尿素一般要求液氨质量分数大于 99.5%，油质量分数小于 10×10^{-6}，水和惰性物质质量分数应小于 0.5%，并不含有固体杂质如催化剂粉、铁屑等。

合成尿素生产要求二氧化碳纯度大于 98.5%（以干基体积计），硫化物含量小于 $15 \mathrm{mg \cdot m^{-3}}$。$CO_2$ 气送到尿素生产系统时，应为该温度下的水蒸气所饱和，并具有一定压力。

第二节　氨与二氧化碳合成尿素

液氨和气体 CO_2 直接合成尿素的总反应为：

$$2NH_3(l) + CO_2(g) \Longrightarrow CO(NH_2)_2(l) + H_2O(l) \qquad \Delta H < 0$$

实际上反应分两步进行：

$$2NH_3(l) + CO_2(g) \Longrightarrow NH_2COONH_4(l) \qquad \Delta H < 0$$

$$NH_2COONH_4(l) \Longrightarrow CO(NH_2)_2(l) + H_2O(l) \quad \Delta H < 0$$

在一定条件下，第一步反应速率很快，几乎是瞬间完成，而且是一个可逆的强放热反应。第二步反应是一个可逆的微吸热反应，反应速率很慢，需要较长时间才能达到平衡，所以它是合成尿素过程中的控制反应。甲铵脱水生成尿素的反应，只能在液相中（熔融状态下）进行。因此，我们首先必须了解甲铵的性质，这对于合理地选择合成尿素的工艺条件是很重要的。

一、甲铵的性质和它的生成

（一）甲铵的性质

甲铵是带有浓氨味的无色晶体，具有强烈的吸湿性，易溶于水及液氨中，而且很不稳定，在常压下会分解成氨和二氧化碳。

1.甲铵的离解压力　甲铵的离解压力是指在一定的温度条件下，固体或液体甲铵表面上的氨和二氧化碳蒸气混合物的平衡压力。甲铵的离解压力随温度的升高而急剧增加，其关系式如下：

$$\lg p_s = -\frac{2748}{T} + 7.2753$$

式中　　p_s——甲铵在温度 T 时的离解压力，MPa；

　　　　T——甲铵的热力学温度，K。

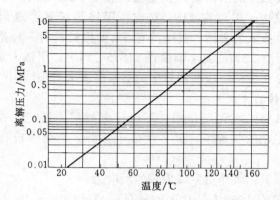

图 3-1　甲铵离解压力与温度的关系

　　实验测得，甲铵在不同温度下的离解压力数值，如图 3-1 所示。由图可见，当温度约为 59℃ 时，甲铵的离解压力为 0.1MPa，这个温度就是甲铵在常压下的分解温度，说明常压下甲铵在 59℃ 以上是不稳定的。又如，当温度约为 105℃ 时，甲铵的离解压力为 1MPa，说明在压力为 1MPa 时，甲铵在 105℃ 以上是不稳定的。

　　在尿素生产过程中，甲铵离解压力值很重要。在尿素合成阶段，要求甲铵脱水生成尿素，不希望甲铵分解，所以在这个过程中，操作压力要大于甲铵离解压力。而在未反应物的分离和回收阶段，则希望甲铵分解，所以控制操作压力要小于甲铵离解压力。

　　2. 甲铵的熔融温度　甲铵的熔融温度各说不一，其原因是加热固体甲铵的速度不同。另外在加热过程中有少量的尿素和水生成，降低了甲铵的熔融温度，因而影响测定结果的准确性。此外，加入碳酸氢铵及其他物质时，也会降低甲铵的熔点。

　　目前，一般认为纯净甲铵的熔融温度为 154℃，当甲铵中尿素的含量为 10% 时，甲铵的熔融温度降到 142℃。

3．甲铵的溶解性　甲铵同其他铵盐一样，易溶于水，溶解度随温度的升高而增加。但当温度低于 60℃ 时，甲铵就有可能转化为其他碳酸盐，这一特性是选择合成塔氨水升温操作条件的理论依据。

甲铵在液氨中的溶解情况，当温度在 0～118℃ 时，甲铵只是极微量溶于液氨中。温度在 118.5℃ 时，甲铵与液氨形成两种共轭溶液：一种是以液氨为主体，其中溶有 3% 的甲铵；另一种是以甲铵为主体，其中溶有 26% 的氨。温度在 118.5℃ 以上，甲铵大量溶于液氨中。尿素的存在会使甲铵在液氨中的溶解度大大增加。

（二）甲铵的生成

干燥的氨与二氧化碳作用，不论比例如何，只能生成甲铵。但是，在有水存在的情况下，除了生成甲铵外，还会生成铵的各种碳酸盐。

液氨与二氧化碳作用生成甲铵的反应为：

$$2NH_3(l) + CO_2(g) \Longrightarrow NH_2COONH_4(l) \quad \Delta H_{298}^{\ominus} = -119.2kJ \cdot mol^{-1}$$

这是一个快速、强烈放热的可逆反应，如果具有足够的冷却条件，不断地把反应热取走，并保持反应进行过程的温度低到足以使甲铵冷凝成为液体，这个反应容易向右进行。

在常温、常压下生成甲铵的速率相当缓慢，而且甲铵极不稳定。但甲铵的生成速率几乎与压力的平方成正比，在一定范围内，提高温度也能加快甲铵的生成速率。在压力为 10.3MPa 和温度为 150℃ 时，生成甲铵的速率极快，几乎是瞬间完成。因此，在合成尿素的工业生产过程中，采用高压及与该压力相适应的温度，从而加快甲铵的生成速率。

二、合成尿素的理论基础

在一定条件下，甲铵的生成速率是很快的，而甲铵脱水生成尿素的速率则很慢。所以，在合成尿素的生产中，反应时间的长短和尿素合成率的高低，直接与甲铵的脱水速率和尿素合成反应的平衡有关。

（一）合成尿素的化学平衡

合成尿素的总反应式为：

$$2NH_3(l) + CO_2(g) \Longrightarrow CO(NH_2)_2(l) + H_2O(l) \quad \Delta H < 0$$

在尿素合成反应中，由于转化率不够高，未转化的氨和二氧化碳必须从液相中释放出来，并回收返回合成系统以循环使用。

在尿素合成塔中，因物料停留时间较长（约 1h），物系是接近平衡状态的。反应最终产物分为气液两相，气相中含有 NH_3、CO_2 和 H_2O 以及不参与尿素合成反应的惰性气体（如 H_2、N_2、O_2、CO 等）；液相中主要是由甲铵、尿素、水以及游离氨和二氧化碳等构成的均匀熔融液。

工业生产中，常以二氧化碳转化成尿素的转化率表示尿素反应进行的程度。由于现有的各种生产方法都是采用过量氨与二氧化碳反应，因此通常将二氧化碳转化成尿素的程度定义为尿素的转化率，即：

$$尿素转化率(x) = \frac{转化成尿素的\ CO_2\ 摩尔数}{原料中的\ CO_2\ 摩尔数} \times 100\%$$

在一定条件下，当反应达到化学平衡时的转化率称为平衡转化率，这也是在该条件下反应所能达到的极限程度。

尿素平衡转化率的准确数据，对工艺计算很重要。但因反应物系较复杂，偏离理想溶液又很大，难以由平衡方程式和平衡常数准确地计算平衡转化率，在工艺计算中常采用简化的计算方法或经验公式，有时采用实测值。

意大利弗里扎克根据在间歇操作的合成反应器中测出的数据，于 1948 年发表了计算平衡转化率的算图，如图 3-2 所示。

图中右上方的插图为无外加水和过量氨时，合成尿素的平衡转化率和温度的关系。横坐标表示反应温度，纵坐标表示二氧化碳转化为尿素的平衡转化率。从插图可以看出，二氧化碳转化率随温度的升高而增加，成一直线关系。

图 3-2 是在实际生产中有过量氨和外加水存在的情况下，二氧化碳转化为尿素的平衡转化率与温度的关系曲线。横坐标为氨碳比 a（氨碳比是指原始反应物料中氨与二氧化碳的摩尔比，即 $a = n_{NH_3}/n_{CO_2}$），在 0 点以上的纵坐标为水碳比 b（水碳比是指原始反应物料中

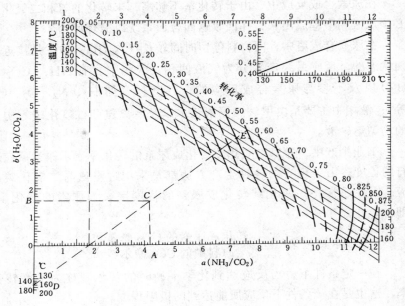

图 3-2 弗里扎克平衡转化率算图

水和二氧化碳的摩尔比,即 $b = n_{H_2O}/n_{CO_2}$),在 0 点以下的纵坐标表示反应温度。图的中间是一系列的温度线和转化率线。

如果已知原料中的氨碳比 a、水碳比 b 以及反应温度,首先在横坐标上和 0 点以上的纵坐标上找出对应的 a 和 b,并分别对横坐标和纵坐标作垂线,垂线相交之点即为加料状态点。然后在 0 点以下的纵坐标上找出对应温度点,连接反应温度点和加料状态点,并将连线延长,使之与图中对应的等温线相交。交点所对应的转化率即为该条件下二氧化碳转化成尿素的平衡转化率。

例如,已知原料中的 $a = 4.2$,$b = 1.55$,反应温度为 180℃,按照上述方法,从图中找出该条件下的二氧化碳转化率为 50%。

需要说明的是,随着氨碳比偏离 2:1,误差逐渐增大,因此由算图算得的平衡转化率一般偏低 10% 以上。但因工业尿素合成塔实际转化率为平衡转化率的 90% 或更低些,故一般工厂常用它来进行工

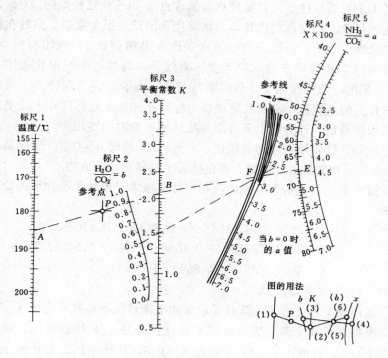

图 3-3   马罗维克平衡转化率算图

业尿素合成塔的计算。

美国马罗维克（Mavrovic）根据近代大型尿素装置的实际数据，得出了尿素平衡转化率算图，如图 3-3 所示。用马罗维克的方法算出的尿素平衡转化率比较接近现在高效工业尿素合成塔的运行情况，比弗里扎克的准确些。但必须指出，这两种方法所依据的平衡方程既忽视了气液两相的并存，也忽略了甲铵的存在及其浓度变化的影响。因而带来误差，故他们的算图只能作近似的计算。

图 3-3 中有五根标尺，一组参考曲线 b 和一个参考点 P，五根标尺线分别表示温度（℃）、水碳比 b、平衡常数 K、平衡转化率 x 及氨碳比 a。

要确定一个系统的平衡转化率 x 时，首先根据系统反应温度在标尺 1 上找到温度点，将温度点与参考点 p 相连并延长到标尺 3，相交在标尺 3 上的交点的读数即为该温度下的反应平衡常数。然后在标尺 2 及标尺 5 上，根据进料中的水碳比 b 及氨碳比 a，找出对应点，连接标尺 2 和标尺 5 的对应点为一直线，并与参考曲线中代表同一 a、b 值的一条曲线相交。最后将参考曲线上的交点与标尺 3 上所得的（K）值点连接，并延长连接线与标尺 4 相交。此标尺 4 上的交点所对应的数值，即为给定条件下系统达到平衡时的转化率。

例如，已知原料中的氨碳比 $a = 3.6$，水碳比 $b = 0.5$，反应温度为 185℃，用算图 3-3 得到二氧化碳的平衡转化率为 67%。

近年来，日本研究者提出液相中计算尿素平衡转化率的半经验公式为：

$$x = [0.2616a - 0.01945a^2 + 0.382ab - 0.1160b - 0.02732a(t/100) - 0.103b(t/100) + 1.640(t/100) - 0.1394(t/100)^3 - 1.869] \times 100\%$$

式中　t——平衡温度，℃。

运用以上几种方法计算合成尿素的平衡转化率均有一定出入。例如，根据水溶液全循环法合成尿素的操作条件：压力 20MPa，反应温度 190℃，氨碳比 $a = 4$，水碳比 $b = 0.8$，计算出的二氧化碳平衡转化率为：

从图 3-2 查得　　　　　$x = 60.6\%$

从图 3-3 查得　　　　　$x = 68.4\%$

按经验公式计算为　　　$x = 69.0\%$

总之，尿素合成反应的化学平衡很重要，但迄今为止，已经发表的平衡转化率数据出入颇大，在使用时必须注意。

实际生产中，尿素的合成率一般都是用二氧化碳的转化率 x_{CO_2} 来表示。

$$x_{CO_2} = \frac{\text{转化成尿素的 } CO_2 \text{ 摩尔数}}{\text{原料中的 } CO_2 \text{ 摩尔数}} \times 100\%$$

实际生产中反应并未达到化学平衡，所以用平衡达成率来表示达到化学平衡的程度，即

$$\text{平衡达成率} = \frac{\text{实际 } x_{CO_2}}{\text{化学平衡时 } x_{CO_2}} \times 100\%$$

（二）合成尿素的反应速率

尿素合成过程是一个复杂的气液两相过程，在液相中进行着化学反应。一般认为甲铵的生成是瞬间反应，而甲铵脱水转化成为尿素的反应则是缓慢的。甲铵脱水反应速率如图 3-4 所示。由图可看出，反应开始时，甲铵脱水的速率缓慢。随着尿素和水的生成，反应速率逐渐增快，其原因是当尿素和水生成时，降低了甲铵的熔点起到自催化作用。但随着甲铵的转化而生成的水量不断增加，反应物的浓度逐渐减少，生成物的浓度逐渐增加，逆反应速率越来越大，最后反应达到平衡。

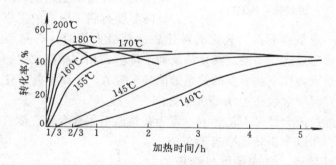

图 3-4　甲铵脱水反应速率与温度的关系

由图 3-4 还可看出，甲铵脱水生成尿素的反应速率随着反应温度的升高而增大。若保持相同反应时间，转化温度越高，转化率也越高。反应时间太长，转化率则急剧下降，这是因为尿素在长时间高温下缩合或水解的缘故。

甲铵脱水速度还与氨的过剩量有关，如图 3-5 所示。由图可看出，在有过剩氨存在的情况下，反应速率加快，即使加热甲铵温度高于 200℃时，转化率也不会随脱水时间的增加而降低。

三、合成尿素工艺条件的选择

合成尿素工艺条件的选择，不仅要满足液相反应和自热平衡，而

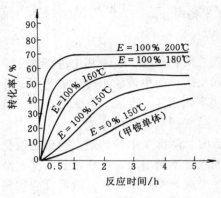

图 3-5　甲铵脱水速率与
过剩氨量的关系

且要求在较短的反应时间内达到较高的转化率。根据甲铵及尿素的性质和甲铵脱水生成尿素的化学平衡及反应速率可知，影响尿素合成的主要因素有温度、原料的配比、压力及反应时间等。

（一）温度的选择

液相甲铵脱水生成尿素是一个微吸热、反应速率较慢的反应，故提高温度，甲铵脱水生成尿素的平衡转化率增大，甲铵脱水的反应速率也加快。因此，提高温度有利于尿素的生成。

在一定条件下，二氧化碳转化率达到最大值时，有其最适宜温度，如果超过这一温度，转化率反而下降。在相同氨碳比时，不同水碳比与最大转化率和温度的关系如图 3-6 所示。最高平衡转化率对应的最适宜温度大致在 190～200℃ 之间。

温度过高会带来不良影响。因为在高温下尿素水解、缩合等副反应加剧，所以平衡转化率反而下降，产品质量降低。合成系统平衡压力增大而操作压力相应提高，压缩功耗增大。合成溶液对设备的腐蚀加剧，因而对设备材料要求更高。

综上所述，在实际生产过程中，对操作温度的选择，不能仅从最大反应速率、最高转化率及最低生产成本方面考虑，还必须考虑产品质量、设备材料、能量的消耗及技术经济的合理性等，而设备材料的耐腐蚀能力应作为主要因素来考虑。

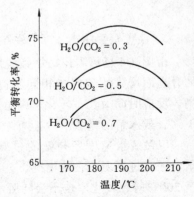

图 3-6　尿素平衡转化率与温度
的关系（$NH_3/CO_2 = 4$）

对水溶液全循环法，操作温度一般控制在 180~190℃。全循环二氧化碳气提法采用 316L 不锈钢衬里，故操作温度在 190℃ 以下。全循环改良 C 法采用耐腐蚀的钛钢作衬里，温度可控制在 200℃ 左右。

（二）氨碳比的选择

合成尿素，都是在氨过量的情况下进行的。根据化学平衡原理，增加反应物浓度（即提高氨碳比），平衡向生成尿素的方向移动。因此氨碳比愈高，二氧化碳转化率也愈高。例如，压力为 20MPa，190℃，$b = 0.6$ 时，氨碳比与二氧化碳转化率的关系为：

a	2	3	4
$x_{CO_2}/\%$	40	54	67.5

此外，提高氨碳比，还可以维持合成塔正常的自然平衡，从而简化合成设备结构，并有利于控制合成塔的操作温度。提高氨碳比，还能防止缩二脲的生成，保证产品质量，同时减轻甲铵液对设备的腐蚀。

但是，氨碳比过高也是不恰当的，它会使氨的转化率降低，造成大量的氨在系统中循环，增加回收过程设备的负荷，同时压缩氨的动力消耗增大，蒸氨和回收过剩氨所需的蒸汽和冷却水的消耗量也增大。

在工业生产中，常以下述两个指标来选择和衡量最适宜的氨碳比，一是蒸汽消耗量最小，二是合成塔的生产能力最大，综合研究得出，最适宜氨碳比为 4 左右。

在水溶液全循环法合成尿素生产中，一般选用氨碳比在 3.5~4.5 之间。全循环二氧化碳气提法，因另设置了一个高压甲铵冷凝器来移去热量和副产蒸汽，所以没有超温问题存在，而从气提的角度出发，合成塔入口的氨碳比控制在 2.8 左右。

（三）水碳比的选择

在尿素生产中，合成塔中的水来自两个方面，一是甲铵脱水生成尿素产生的，这部分水在生产过程中是不可避免的；二是未反应的氨和二氧化碳以甲铵水溶液的形式返回合成塔中带入的水，这部分水量的多少，取决于合成转化率和循环吸收的操作条件。

水碳比的增加，对尿素合成反应危害较大。从甲铵的生成来看，带入水分必然降低所生成甲铵的浓度。从甲铵的脱水反应来看，由于水分增加，促进了甲铵脱水的逆反应，从而降低了二氧化碳的转化率。水碳比的增加，降低了液氨浓度，会使合成塔设备腐蚀加剧。生产上由于水量控制不当，甚至会破坏整个合成系统的水平衡，引起合成与分解系统操作条件恶性循环。因此，水碳比作为一个生产指标，应加以严格控制。对于水溶液全循环法，当 $a = 4$ 时，控制水碳比在 $0.6 \sim 0.7$ 之间。而二氧化碳气提法控制水碳比在 0.35 左右。

（四）操作压力的选择

合成尿素的总反应是一个体积缩小的反应，因而从平衡角度讲提高压力对合成尿素是有利的。

操作压力提高，有利于气体更多地溶入液相，故气相体积缩小，液相数量和密度增大（即填充度增大），因而也有利于甲铵脱水生成尿素。因操作压力提高，合成转化率增大，故使得循环的氨和二氧化碳减少，这样就可以节省蒸汽和冷却水。

但是，操作压力也不能过高。因为操作压力与尿素合成率的关系并非直线关系，如果压力很高时，再提高压力，尿素合成率变化不大。压力若太高，压缩原料氨和二氧化碳时的动力消耗增加，使尿素的生产成本提高。另外，在高压下甲铵对设备的腐蚀加剧，会造成选择耐腐蚀材料的困难。

选择合成操作压力，除考虑经济的合理性外，还必须考虑工艺技术条件的可能性。在工业生产上，水溶液全循环法操作压力一般控制在 $18 \sim 20MPa$。全循环二氧化碳气提法操作压力控制在 $13 \sim 14MPa$，而全循环改良 C 法操作压力则控制在 $23 \sim 25MPa$。

（五）反应时间的选择

因甲铵的生成反应速率极快，所以合成尿素的反应时间主要是指甲铵脱水生成尿素的反应时间。从图3-5可以看出，甲铵转化成尿素的转化率随反应时间的增加而增加，且开始增加较快，之后则较慢。为了使甲铵脱水反应进行得比较完全，就必须使料液在合成塔内有足够的停留时间。但是，反应时间过长，生产能力下降，这是很不经济的。因此，反应时间要选择恰当，既要保证较高的转化率，又要保证较大的设备生产能力。在工业生产上，一般控制反应时间在 50～60min。

四、合成尿素的工艺流程及主要设备

（一）水溶液全循环法流程

水溶液全循环法的工艺流程如图 3-7 所示。由合成氨厂来的液氨（含 NH_3 约 99.8%），经液氨升压泵 1 将压力升至 2.5MPa，通过液氨过滤器 2 除去杂质，送入液氨缓冲槽 3，与一段循环系统来的液氨混合，混合后压力约 1.7MPa。液氨进入高压氨泵 4，加压至 20MPa。高压液氨经预热器 5，温度升至 45～55℃，然后进入预反应器 8。

由脱碳工序来的 CO_2 原料气，含 CO_2 98% 以上。为了防止合成系统的设备腐蚀，向 CO_2 气中加入约为二氧化碳进气总量 0.5%（体积分数）的氧气。混有氧的 CO_2 气体进入一个带有水封的气液分离

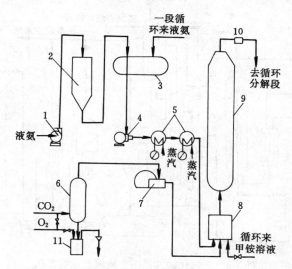

图 3-7　水溶液全循环法合成尿素的工艺流程简图

1—液氨升压泵；2—液氨过滤器；3—液氨缓冲槽；4—高压氨泵；5—液氨预热器；

6—气液分离器；7—二氧化碳压缩机；8—第一反应器（预反应器）；

9—第二反应器（合成塔）；10—自动减压阀；11—水封

器 6，将气体中的水滴除去，以减少物料带入的水分，同时保护压缩机。气体经 CO_2 压缩机 7，压力升至 20MPa，温度为 125℃，然后进入预反应器 8 与液氨和一段循环来的甲铵溶液进行反应，约有 90% 左右的 CO_2 生成甲铵。含有甲铵、过量氨、二氧化碳和水的熔融液进入合成塔 9，未反应完的 CO_2 在塔内继续反应生成甲铵，同时甲铵脱水生成尿素，物料在塔内停留约 1h，CO_2 转化率达 62% 左右。含有尿素、过量氨、未转化的甲铵、水及少量游离 CO_2 的尿素熔融物从塔顶出来，温度约 190℃，经自动减压阀 10 降压至 1.7MPa，进入循环回收工序。

（二）全循环二氧化碳气提法流程

二氧化碳气提法的工艺流程如图 3-8 所示。合成氨厂来的二氧化

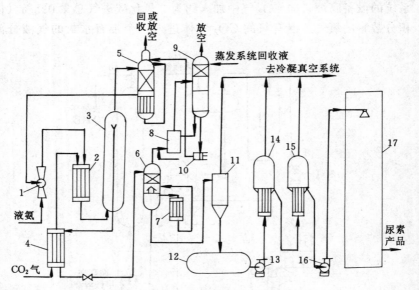

图 3-8　二氧化碳气提法合成尿素示意流程

1—高压喷射泵；2—高压甲铵冷凝器；3—尿素合成塔；4—二氧化碳气提塔；5—高压洗涤器；6—精馏塔；7—循环加热器；8—低压甲铵冷凝器；9—吸收塔；10—低压甲铵泵；11—闪蒸槽；12—尿液贮槽；13—尿液泵；14—一段蒸发器；15—二段蒸发器；16—熔融尿素泵；17—造粒塔

碳气进入合成系统之前，加入空气使其含有一定量的氧，经液滴分离器将气体中的水分除去后，加压到 13.5MPa。加压后的二氧化碳进入气提塔 4 的底部与尿素合成塔 3 来的尿素熔融液在管内逆流接触，管外用中压蒸汽间接加热进行气提。从气提塔出来的气体的约含 CO_2 60%、NH_3 40%，进入高压甲铵冷凝器 2。

合成氨厂来的液氨（氨含量大于 99.5%），其压力为 2.5MPa，温度为 40℃。将液氨加压到 16~18MPa 后进入高压喷射器喷射，与高压洗涤器 5 来的浓甲铵液在高压喷射器内混合。然后进入高压甲铵冷凝器 2 与气提塔来的氨、二氧化碳气体在管内反应生成甲铵熔融物，管外副产 0.45MPa 的蒸汽。在高压甲铵冷凝器内，物料氨碳比约为 2.8，水碳比约为 0.34，反应物出口温度约为 170℃。气相及液相全都进入尿素合成塔 3 底部，在塔内甲铵脱水生成尿素，二氧化碳转化率约 53%，物料在塔内停留约 1h 后，通过塔内的溢流管从塔底部流出。

（三）主要设备

合成塔是合成尿素生产中的关键设备之一，由于合成尿素是在高温、高压下进行的，而且溶液又具有强烈的腐蚀性，所以，合成塔应符合高压容器的要求，并应具有良好的耐腐蚀性能。

现在我国采用的合成塔基本上分两种类型。一是套筒式尿素合成塔，仅套筒与反应物料接触，而塔壁则用液氨保护。这种塔因腐蚀性的热熔融液没有接触外壳，故其结构对腐蚀问题解决较好。但其根本问题是塔内容积利用率低（一般为 80%左右），不锈钢耗用量高，因而较少采用。另一种是衬里式尿素合成塔，不锈钢直接衬在塔壁上。水溶液全循环法不锈钢衬里合成塔的结构如图 3-9 所示。

这种合成塔在高压筒内壁上衬有耐腐蚀的 AISI316L 不锈钢或者高铬锰不锈钢，其厚度约 5mm。在塔内离塔底 2m 和 4m 处设有两块多孔筛板，其作用是促使反应物料充分混合和减少熔融物的返混。因此塔底部只有一个入口，故一般还要设置一个预反应器，使氨、二氧化碳和甲铵溶液在预反应器混合反应后，再进入合成塔以进行甲铵脱水生成尿素的反应。

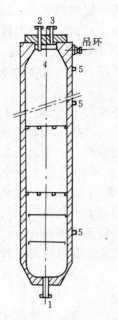

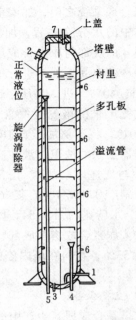

图 3-9 衬里式尿素合成塔
1—进口；2—出口；3—温度计孔；
4—人孔；5—塔壁温度计孔

图 3-10 CO₂ 气提法尿素合成塔
1—气体进口；2—气体出口；3—液体进口；
4—送高压喷射泵的甲铵液出口；5—至气
提塔的尿液出口；6—塔壁温度指示
孔；7—液位传送器孔

二氧化碳气提法尿素合成塔，其结构如图 3-10 所示。年产 520kt
尿素的合成塔，内衬 8mm 厚的不锈钢板，塔内装有约 10 块多孔筛
板和溢流管等。这种塔容积利用率高达 95%，不锈钢用量较少，操
作方便。由于优点突出，故为国内外工厂所广泛应用。

塔板的作用在于防止物料返混，两块筛板之间的物料混合很剧
烈，因此每段内料的浓度和温度几乎相等，因而提高了转化率和增加
了生产强度。

第三节　未反应物的分离与回收

前已述及，在尿素合成过程中，进入合成塔的原料不可能全部转

化成尿素，一般二氧化碳的转化率都不超过 70%，氨的转化率更低。因此，从合成塔出来的尿素熔融物中，除尿素以外，还含有相当数量的未转化成尿素的甲铵、氨、二氧化碳和水等。

为了使未转化的氨和二氧化碳重新送回去加工成为尿素，就必须使它们与反应产物尿素和水分离开来。分离方法都是基于甲铵的不稳定性及氨和二氧化碳的易挥发性，第一步是将未转化的甲铵分解为氨和二氧化碳，第二步是使溶解在溶液中的氨和二氧化碳从溶液中解吸出来。

目前，工业生产上所采用的分离方法主要有两种，即减压加热法和气提法。分解出来的氨和二氧化碳经冷凝吸收后，一部分氨和二氧化碳作用后以甲铵水溶液的形态返回合成塔，部分氨以液氨的形态返回合成塔。

无论选用何种方法，对分解与吸收的总要求是：使未转化物料尽可能完全回收并尽量减少水分含量；尽可能避免有害的副反应发生。

一、减压加热分离法

（一）分离原理

在一定条件下，甲铵可以分解成氨和二氧化碳，反应式为：

$$NH_2COONH_4 \rightleftharpoons 2NH_3 + CO_2 \quad \Delta H > 0$$

从反应式可以看出，甲铵分解过程是一个可逆的体积增大的吸热反应。因此，降低压力和升高温度对于甲铵的分解平衡有利。

游离氨和二氧化碳的溶解度随温度的升高和压力的降低而减小，因此，降低压力和升高温度对于氨和二氧化碳的解吸也是有利的。所以工业上可以采用减压加热的办法来回收未反应的氨和二氧化碳。为了保证未反应物的分离和回收尽可能完全，一般均采用两段减压加热分离、两段冷凝回收的方法。

采用两段减压加热分离时，第一步将尿素熔融物减压到 1.7MPa 左右，并加热到约 160℃，使之第一次分解，称为中压分解。第二步再减压到了 0.3MPa 和加热到约 147℃，使之第二次分解，称为低压分解。

在水溶液全循环法中，经过两次降压分解后，甲铵的分解率已达

97%以上，过量氨的蒸出率可达98%以上。残余部分再进入蒸发系统减压蒸发，使残余的氨和二氧化碳全部分解。

生产上通常用甲铵分解率和总氨蒸出率来衡量中压分解或低压分解的程度。已分解成气体的二氧化碳量与合成熔融液中未转化成尿素的二氧化碳量之比称为甲铵分解率。即：

$$\eta_{甲铵} = \frac{n_1(CO_2) - n_2(CO_2)}{n_1(CO_2)} \times 100\%$$

式中　$\eta_{甲铵}$——甲铵分解率，%；

$n_1(CO_2)$——进分解塔熔融尿液中 CO_2 摩尔数；

$n_2(CO_2)$——出分解塔熔融尿液中 CO_2 摩尔数。

从液相中蒸出氨的数量与合成反应熔融液中未转化成尿素的氨量之比称为总氨蒸出率，即：

$$\eta_{总氨} = \frac{n_1(NH_3) - n_2(NH_3)}{n_1(NH_3)}$$

式中　$n_1(NH_3)$——进分解塔熔融尿液中 NH_3 的摩尔数；

$n_2(NH_3)$——出分解塔熔融尿液中 NH_3 的摩尔数；

$\eta_{总氨}$——总氨蒸出率。

（二）回收原理

从熔融尿液中由甲铵分解出来的氨和二氧化碳，必须通过吸收设备将 NH_3 和 CO_2 冷凝吸收，然后将回收的浓甲铵液和液氨分别用泵送回合成塔中继续使用。

把氨和二氧化碳回收为稀甲铵液和浓甲铵液的过程，是一个伴有化学反应的吸收过程，反应式为：

$$NH_3 + H_2O \rightleftharpoons NH_3 \cdot H_2O \qquad \Delta H < 0$$
$$2NH_3 + CO_2 \rightleftharpoons NH_2COONH_4 \qquad \Delta H < 0$$

反应为体积缩小的可逆放热反应，提高压力和降低温度对反应有利。

吸收是分解的逆过程，由于分解过程是多段的顺流操作，所以吸收过程采用多段的逆流操作。先在低压吸收塔中用含氨、二氧化碳较少的稀氨水与含氨、二氧化碳较少的气体接触吸收成稀甲铵液，然后在中压吸收塔中再用稀甲铵液去吸收含氨、二氧化碳浓度较高的气体，制得浓甲铵液返回合成塔。两次未被吸收的氨用水冷却后，冷凝成液氨返回合成塔。逆流操作的优点是返回合成系统水量少，吸收率高，吸收设备的生产能力较大。

（三）循环回收工艺条件的选择

1. 温度的选择

（1）分解温度的选择　升高温度，对甲铵的分解和过量氨及二氧化碳的解吸都是有利的。

温度对甲铵分解率和总氨蒸出率的影响如图 3-11 所示。由图可以看出，在压力一定时，甲铵分解率和总氨蒸出率均随温度升高而增大。当温度为 160℃ 左右时，甲铵分解率与总氨蒸出率几乎相等，反应接近平衡。当温度高于 160℃ 以上，

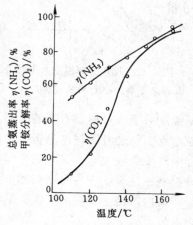

图 3-11　中压分离温度对甲铵分解率和总氨蒸出率的影响

（压力 1.7MPa）

甲铵分解率和总氨蒸出率在该压力下提高非常缓慢，同时，尿素的水解及缩合等副反应却随温度的升高而加快。

此外，温度升高，气相中的水分含量增多，而气相含水量的增加，势必使回收液中的水量增多，从而使循环进入合成塔的甲铵液浓度降低，对系统的水平衡不利，而且会使尿素的合成率降低。分解温度高，分解出来的气体温度就高，这对于气体的回收是不利的。同时，分解温度过高，甲铵对设备的腐蚀加剧，加热蒸汽和回收时用的冷却水耗量均要增加。

综上所述，分解温度不能太高，在水溶液全循环法合成尿素生产中，中压分解温度一般控制在 160℃ 左右。

低压分解温度对甲铵分解率和总氨蒸出率的影响如图 3-12 所示。由图可见，随温度的升高，甲铵分解率和总氨蒸出率也相应增加，即

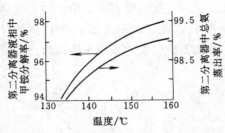

图 3-12　低压分离温度对甲铵分解
率和总氨蒸出率的关系（压力 0.3MPa）

提高温度有利于低压分解。经中压分解后，尿素熔融液中的尿素和水分含量已大大增加，氨含量也相应减少，如果低压分解温度太高，则必然使尿素的缩合反应和水解反应加剧。因而低压分解温度不能选择太高，一般控制在 147℃ 左右。

（2）吸收温度的选择　降低温度对吸收过程是有利的，但温度不能太低，如果操作温度低于溶液熔点，便会有甲铵结晶析出，影响回收过程的顺利进行。在回收过程中既要吸收完全，又要防止甲铵结晶。因此，吸收操作温度必须严格控制，使吸收塔内每个截面上的温度均应在溶液熔点温度以上，即保持塔内溶液为甲铵的不饱和溶液，以防止甲铵结晶，堵塞管道，造成事故。

在实际生产过程中，中压吸收塔底部温度一般控制在 90～95℃，高负荷时温度控制在下限。低压循环压力为 0.3MPa，故低压吸收的操作温度选为 40℃。

2. 压力的选择　循环系统压力的选择应从中压分解、吸收以及气氨冷凝等三方面的条件进行综合考虑。

从甲铵的分解和氨、二氧化碳从溶液中的解吸来看，降低压力是有利的。压力对甲铵分解率和总氨蒸出率之间的关系如图 3-13 所示。由图可以看出，甲铵分解率和总氨蒸出率均随压力的降低而急剧增大，因而降低压力对分解反应和解吸过程都是有利的。

在确定中压分解的压力时，必须同时考虑中压吸收的条件。很显然，若中压分解与中压吸收处于同一个压力等级，对简化工艺流程和方便操作是有利的。但是，中压分解与中压吸收在压力选择上又是互相矛盾的。对分解过程来说，压力越低，分解越完全。而对吸收过程来说，压力越高，吸收效果越好。因此，必须权衡利弊，二者兼顾。

在水溶液全循环法生产尿素过程中，中压分解出来的气体经过稀

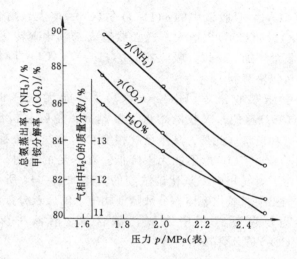

图 3-13 压力对甲铵分解率、总氨蒸出率和气相含水量的影响

甲铵液吸收氨和二氧化碳之后，须在氨冷凝器中将气氨冷凝成液氨，得到的液氨和浓甲铵液返回合成系统循环使用。因此，中压分解的压力就要根据氨冷凝器中冷却水所能达到的冷凝温度来确定。要使气氨冷凝，操作压力至少要大于操作温度下氨冷凝器管内液氨的饱和蒸气压。一般冷却水温度定为 30℃，冷凝器管内外温度差约 10℃，即气氨约在 40℃下冷凝，此时对应的饱和蒸气压为 1.585MPa，故中压分解压力一般选用 1.7MPa。

低压分解出来的气体送往低压吸收部分，用稀氨水吸收成稀甲铵液。因而低压分解压力主要决定于吸收塔中溶液表面上的平衡压力，即操作压力必须大于此平衡压力。而平衡压力又与溶液的浓度和温度有关，通常稀甲铵液面上的平衡压力为 0.25MPa，故低压分解的压力控制在 0.3MPa 左右。

3. 中压吸收溶液 $n(H_2O)/n(CO_2)$ 的选择   中压吸收液 $n(H_2O)/n(CO_2)$ 的选择，主要应从合成转化率、熔点温度以及平衡气相中的二氧化碳含量等三方面加以考虑。

中压吸收液 $n(H_2O)/n(CO_2)$ 的大小决定了进入合成塔循环液的

$n(H_2O)/n(CO_2)$。吸收液中的 $n(H_2O)/n(CO_2)$ 增大，则进入合成塔中的 $n(H_2O)/n(CO_2)$ 也增大，这必然造成二氧化碳转化率下降，未反应物回收量增加。所以，吸收液的 $n(H_2O)/n(CO_2)$ 降低，对提高二氧化碳转化率有利。

但是，中压吸收液 $n(H_2O)/n(CO_2)$ 不能无限降低，因为 $n(H_2O)/n(CO_2)$ 越低，吸收液熔点温度越高，越容易析出甲铵结晶，堵塞管道和设备。此外，从平衡气相中 CO_2 含量的关系上考虑，吸收液 $n(H_2O)/n(CO_2)$ 也不能无限降低。在一定的压力、温度下，液相水含量与平衡气相中二氧化碳浓度的关系如图 3-14 所示。由图可以看出，气相中二氧化碳体积分数随液相中水的质量分数增加而下降。可见，为了降低气相中二氧化碳含量，溶液中保持一定 $n(H_2O)/n(CO_2)$ 是必要的。

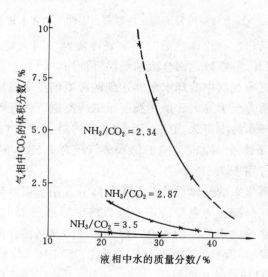

图 3-14 饱和溶液液相中 H_2O 含量对气相中 CO_2 含量的影响

生产中，一般选择中压吸收液的 $n(H_2O)/n(CO_2)$ 在 1.8 左右。

（四）循环回收的工艺流程及主要设备

水溶液全循环法生产尿素，其循环回收的工艺流程如图 3-15 所示。

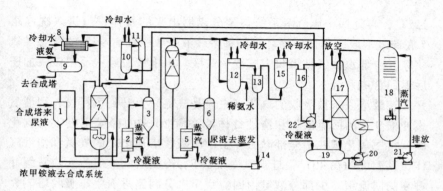

图 3-15　水溶液全循环法分离与回收工艺流程图

1—预分离器；2—中压分解加热器；3—中压分解分离器；4—精馏塔；5—低压分解
加热器；6—低压分解分离器；7—洗涤塔；8—氨冷凝器；9—液氨缓冲槽；10—惰
性气体洗涤塔；11—气液分离器；12—第一甲铵冷凝器；13—第一甲铵冷凝器
液位槽；14—甲铵泵；15—第二甲铵冷凝器；16—第二甲铵冷凝器液位槽；
17—吸收塔；18—解吸塔；19—冷凝液收集槽；20—吸收塔给料泵；
21—解吸塔给料泵；22—第二甲铵冷凝器液位槽泵

　　从尿素合成塔出来的尿素熔融液（其中含尿素、甲铵、水、过量氨及游离 CO_2）经自动减压阀减压到 1.7MPa 后，进入预分离器 1。在预分离器内进行气液分离，出预分离器的液体温度约 120℃，进入中压分解加热器 2 管内，管外用蒸汽加热，将尿液温度升至 160℃，使溶液中的甲铵分解，过量氨解吸，然后进入中压分解分离器 3 内进行气液分离。溶液再经自动减压阀降压至 0.3MPa，使甲铵再分解，过量氨再次解吸，尿液温度降至 120℃。进入精馏塔 4 的顶部喷淋，与低压分解分离器 6 来的气体逆流接触。由于低压分解分离器来的气体温度较高，使尿液温度上升至 134℃ 左右，又有部分甲铵分解和过量氨解吸。出精馏塔的尿液进入低压分解加热器 5 的管内，管外用蒸汽加热至 147℃ 左右，尿液中的甲铵、过量氨再次分解解吸后，进入低压分解分离器 6 内进行气液分离。分离出来的尿液主要含尿素和水，进入蒸发系统进行蒸发、提浓，之后造粒成为产品。

　　由中压分解分离器出来的气体，送往一段蒸发器的下部加热器，温度降低后，部分气体冷凝，未被冷凝的气体温度下降至 120～

125℃，再返回中压分解系统与预分离器出来的气体一道进入洗涤塔7底部鼓泡段，用低压循环来的稀甲铵液吸收，约有95%的气态二氧化碳和全部水蒸气被吸收生成浓甲铵液。浓甲铵液经中压甲铵泵加压后返回合成系统。

在鼓泡段未被吸收的气体（主要是气氨）上升到填料段，用液氨缓冲槽9来的回流液氨和惰性气体洗涤塔10来的稀氨水吸收二氧化碳，将二氧化碳几乎全部除去。由中压吸收塔顶出来的气氨和惰性气体，其温度约在45℃，进入氨冷凝器8，冷凝后的液氨流入液氨缓冲槽9的回流室。少部分液氨由回流室出来分两路进入中压吸收塔。大部分回流液氨与合成氨厂来的新鲜液氨混合后去尿素合成系统。

氨冷凝器中未冷凝的气氨和惰性气体去惰性气体洗涤塔10，用水冷却，并用第二甲铵冷凝器液位槽16来的稀氨水吸收。稀氨水在惰性气体冷凝器中增浓后，气液一并进入气液分离器11，液体去洗涤塔作吸收剂，气体则进入吸收塔17，进一步回收 NH_3 后，惰性气体由塔顶放空。循环增浓的稀氨水由解吸塔给料泵21打入解吸塔18解吸，塔下部用蒸汽加热，使氨水分解，解吸液排放。解吸出来的气氨与精馏塔4顶部气体合并进入第一甲铵冷凝器12，用水冷却后，气液进入第一甲铵冷凝器液位槽13，稀甲铵液由甲铵泵14送往中压吸收塔。未冷凝气体进入第二甲铵冷凝器15，用水冷却后，气液进入液位槽16，稀氨水由泵打入惰性气体洗涤塔10作吸收剂。未冷凝气体与惰性气体冷凝器出来的气体一并进入吸收塔17，吸收残余 NH_3 后，惰性气体排放。

分离与回收系统设备较多，在此仅简介中压吸收塔和精馏塔。

中压吸收塔即洗涤塔，为立式塔设备，分上下两段。下部为鼓泡段，其中有气体分布器和换热器管束。上部是洗涤段，一般采用填料，也可采用浮阀塔板。

精馏塔为立式圆筒形填料塔，壳体由不锈钢制成，内部装有不锈钢填料层，塔的顶部设有不锈钢丝网除沫层，以防止气体带液。

二、二氧化碳气提法

用减压加热法分解合成熔融物中的未反应物时，由于分解压力较低，因而在回收氨和二氧化碳时，冷凝生成甲铵的温度也较低。这样，反应过程中放出的热量不便利用，而且还要耗用大量的冷却水予以移去。此外，因回收氨和二氧化碳的压力较低，甲铵液返回合成系统要靠甲铵泵输送，而甲铵泵填料的选择、缸头的腐蚀、疲劳开裂等都是较难解决的问题。针对以上缺点，近年来较多采用二氧化碳气提法。

（一）基本原理

气提过程是一个高压下操作、带有化学反应的解吸过程。在高压下的物系是非理想体系，由于缺少气液平衡数据，很难进行确切的、定量的分析，但我们可以借助一般的化学平衡和亨利定律，对气提过程作一般说明。

在气提过程中，合成反应液中的甲铵按下式分解为 NH_3 和 CO_2：

$$NH_4COONH_2(l) \Longleftrightarrow 2NH_3(g) + CO_2(g) \quad \Delta H > 0$$

这是一个可逆、体积增大的吸热反应。二氧化碳气提法就是在保持分解压力与合成塔压力相等的情况下，在提高温度的同时，向尿液中通入大量的二氧化碳气，以降低气相中氨的分压，促使甲铵分解的一种方法。

根据反应式，纯态甲铵分解的平衡常数为：

$$K_t = (2/3 \cdot p_s)^2 \cdot (1/3 \cdot p_s) = 4/27 \cdot p_s^3$$

式中　p_s——纯甲铵的离解压力；

　　　K_t——温度为 t℃时的平衡常数。

假如氨和二氧化碳之比不是 2:1，温度为 t℃时，其总压为 p，则各组分的分压为：

$$p_{NH_3} = p \cdot X_{NH_3}$$

$$p_{CO_2} = p \cdot X_{CO_2}$$

式中　X_{NH_3}——混合气中氨的摩尔分数；

　　　X_{CO_2}——混合气中二氧化碳的摩尔分数。

温度为 t℃时的平衡常数则为：

$$K_t = (p \cdot X_{NH_3})^2 \cdot (p \cdot X_{CO_2}) = p^3 \cdot X_{NH_3}^2 \cdot X_{CO_2}$$

温度相同，甲铵分解平衡常数应相等。即：

$$\frac{4}{27} p_s^3 = p^3 \cdot X_{NH_3}^2 \cdot X_{CO_2}$$

经整理后得：

$$p = \frac{0.53}{\sqrt[3]{X_{NH_3} \cdot X_{CO_2}}} \cdot p_s$$

由甲铵性质可知，纯甲铵在某一固定温度下的离解压力 p_s 是个常数。上式中的 p 即为甲铵的平衡压力，亦可理解为非纯甲铵的离解压力。

由上式可以看出，当用纯 CO_2 气提时，（即 $X_{CO_2} \to 1$），相反 X_{NH_3} 的数值趋近于 0，$\sqrt[3]{X_{NH_3}^2 \cdot X_{CO_2}}$ 也趋近于 0，则 p 趋近于无限大（即甲铵的离解压力趋于无限大），甲铵在任何操作压力下都小于它的离解压力，因此，从理论上讲，在任何压力和温度范围内，用气提的方法都可以把合成溶液中未转化成尿素的甲铵分解完全。当用氨气提时，$X_{NH_3} \to 1$，$X_{CO_2} \to 0$，与上述分析结果一样。

在二氧化碳气提法中，由合成塔来的合成反应液在气提塔中沿管内壁呈膜状下流，底部通入足够量的纯二氧化碳气体在管内逆流接触，管外用蒸汽加热。在加热和气提双重作用下，促使合成反应液中的甲铵分解，并使氨从液相中逸出。随着气体在管内上升，气相中的 $n(H_2O)/n(CO_2)$ 比虽然不断增加，但仍低于与入塔合成反应液呈平衡的气相的 $n(H_2O)/n(CO_2)$ 比。所以，气液相尚未达到平衡，合成反应液中的氨是可以逐出的。

CO_2 之所以能溶解在液相中，主要是由于与氨作用生成甲铵的缘故。现在，随着液相中氨浓度减少，CO_2 溶解度也就随之减小，因而尿液中的 CO_2 一定能逸出，故气提剂 CO_2 先溶解后驱出。这就是用 CO_2 气提，不仅能逐出溶液中的氨，而且也能逐出溶液中的 CO_2 之故。

(二) 气提循环工艺条件的选择

1. 压力　从气提的要求来看，压力低一些，有利于甲铵的分解和过量氨的解吸，减轻低压循环分解的负荷，同时提高了气提效率。但是，二氧化碳气提操作压力是采用与合成等压的条件下进行的，因为这样有利于热量的回收，降低冷却水和能量消耗。工业生产上，一般选择操作压力在 13MPa 左右。

2. 温度　因为甲铵的分解反应，过量 NH_3 及游离二氧化碳的解吸都是大量吸热的过程。所以，在设备材料允许的情况下，应尽量提高气提操作温度，以利于气提过程的进行。但是，温度太高则腐蚀严重，同时加剧副反应的发生，这将影响尿素的产量和质量。工业生产上，气提塔操作温度一般选为 190℃ 左右。通常用 2.1MPa 的蒸汽加热，以维持塔内温度。

3. 料液组成　气提塔操作压力一般选为 13MPa，塔内操作温度约 190℃。通过相图分析，可找出进入气提塔的适宜溶液组成为 NH_3 28%~29%，CO_2 16%~17%，$CO(NH_2)_2 \cdot H_2O$ 54%~56% 时较为适宜。经气提后的液相组成为 CO_2 8.3%~8.8%，NH_3 6.7%~7.2%，$CO(NH_2)_2 \cdot H_2O$ 84%~85%；气提塔出口气体组成约为 NH_3 40%，CO_2 60%。

4. 液气比　气提塔的液气比是指进入气提塔的尿素熔融物与二氧化碳的质量比，它是由尿素合成反应本身的加料组成确定的，不可以任意改变。从理论上计算，气提塔中的液气比为 3.87，生产上通常控制在 4 左右。

液气比的控制是很重要的。当塔内液气比太高时，气提效率显著下降；液气比太低，易形成干管，造成气提管缺氧而严重腐蚀。在生产上，除了控制气提塔总的液气比外，还要严格要求气提塔中的液气均匀分布。

5. 停留时间　尿素熔融液在气提塔内停留时间太短，达不到气提的要求，甲铵和过量氨来不及分解；但停留时间过长，气提塔生产强度降低，同时副反应加剧，影响产品产量和质量。一般，气提塔内尿液停留时间以 1min 为宜。

（三）工艺流程

二氧化碳气提、循环、回收过程的工艺流程如图 3-16 所示。

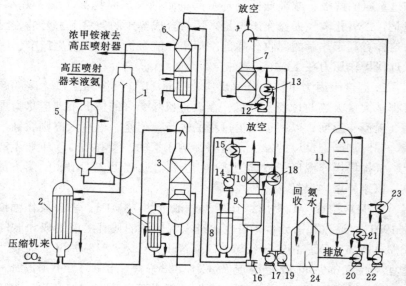

图 3-16　二氧化碳气提、循环、回收过程的工艺流程
1—尿素合成塔；2—高压热交换器（气提塔）；3—精馏塔；4—循环加热器；5—高压
甲铵冷凝器；6—高压洗涤器；7—吸收塔；8—低压甲铵冷凝器；9—低压甲铵冷凝
器液位槽；10—吸收器；11—解吸塔；12—吸收塔循环泵；13—循环冷凝器；
14—低压冷凝循环泵；15—低压冷凝器循环冷却器；16—高压甲铵泵；
17—吸收器循环泵；18—吸收器循环冷却器；19—闪蒸槽冷凝液泵；
20—解吸塔给料泵；21—解吸塔热交换器；22—吸收塔给料升
压泵；23—顶部加料冷却器；24—氨水槽

从尿素合成塔出来的尿素熔融液流入气提塔 2 的顶部，与底部进入的 CO_2 在气提管内逆流接触，管外用 2.1MPa 的蒸汽加热。在此条件下，将尿素熔融液中大部甲铵分解、过量氨及二氧化碳解吸。气提后尿液由塔底引出，经自动减压阀降压后，甲铵和过量氨进一步分解气化，之后气液混合物进入精馏塔 3。尿液从精馏塔填料层底部送入循环加热器 4，被加热至 135℃时返回精馏塔下部分离段，在此气液分离，分离后的尿液含甲铵和过量氨极少，主要是尿素和水，由精馏塔底部引出，经减压阀降为常压后进入蒸发系统的闪蒸槽。

气提塔顶部出来的气体（含 NH_3 40%，CO_2 60%），进入高压甲铵冷凝器 5 管内，与高压喷射器来的原料液氨和回收甲铵相遇，大部分生成甲铵液，其反应热用管外蒸汽冷凝液移走，副产低压蒸汽。反应后的物料分两路进入尿素合成塔底部，在此未反应物继续反应，并甲铵脱水生成尿素。尿素合成塔顶部引出的未反应气，主要含 NH_3、CO_2 及少量 H_2O、N_2、O_2 等，进入高压洗涤器上部的防爆空间，再引入下部的浸没式冷却器管内，使管内充满甲铵液，未冷凝的气体在此鼓泡通过，其中 NH_3 和 CO_2 大部分被冷凝吸收。含有少量 NH_3、CO_2 及惰性气体的气体再进入填料段，由高压甲铵泵 16 打来的甲铵液经由洗涤塔顶部中央循环管，进填料段与上升气体逆流接触，气体中的 NH_3 和 CO_2 再次被吸收。吸收 NH_3 和 CO_2 的浓甲铵液温度约为 160℃，由填料段下部引出吸入高压喷射器循环使用。未被吸收的气体由高压洗涤器顶部引出经自动减压阀降压后进入吸收塔 7 下部。气体经两个填料床与液体逆流接触后，几乎将 NH_3 和 CO_2 全部吸收，惰性气体由塔顶放空。

精馏塔下部分离段出来的气体经气囱与喷淋液在填料段逆流接触，进行传质和传热。尿液中易挥发组分 NH_3 和 CO_2 从液相扩散到气相，气体中难挥发组分水向液相扩散，在精馏塔底得到了尿素和水含量多、NH_3 和 CO_2 含量少的尿液。而气相得到易挥发组分 NH_3 和 CO_2 多的气体，由精馏塔顶引出与解吸塔 11 顶部出来的气体一并进入低压甲铵冷凝器 8，同低压甲铵冷凝器液位槽 9 的部分溶液在管间相遇，冷凝并吸收。然后气液一起进入液位槽 9 进行气液分离，被分离的气体进入吸收器 10 的鲍尔环填料层，吸收剂是由吸收塔来的部分循环液和吸收器本身的部分循环液，气液在吸收器填料层逆流相遇，将气体中的 NH_3 和 CO_2 除去。未吸收的惰性气体由塔顶放空，吸收后的部分甲铵液由塔底排出，经高压甲铵泵 16 打入高压洗涤器作吸收剂。

蒸发系统回来的稀氨水进入氨水槽 24，大部分经解吸塔给料泵 20，打入解吸塔 11 顶部。解吸塔系浮阀塔，塔下用 0.4MPa 的蒸汽加热，使氨水分解，分解气由塔顶引出，去低压甲铵冷凝器，分解后的废水由塔底排出。

三、氨气提法与联尿法简介

（一）氨气提法

采用氨作为气提剂通入合成塔出口溶液之中，使未转化成尿素的物质分离与回收的方法叫氨气提法。最初的氨气提是在气提塔底部引入气氨，而现行的氨气提是在合成塔中加入过剩氨，并在气提塔中受热分解为气氨作气提剂，气提分离未转化成尿素的物质，故它系自身气提，又称热气提。

氨气提法具有合成氨碳比较高，CO_2 转化率较高（达 64% ～ 67%），生产中腐蚀较轻（因而减少了防腐氧气量，可以避免气体爆炸性问题），产品缩二脲含量较低，生产操作稳定，设备少、流程短等优点。

（二）联尿法

联尿法是合成氨与合成尿素联合生产的方法，实际上它也属于气提法，即采用合成氨生产过程中的原料气作为气提剂，目前普通采用的是中压变换气气提联尿法。

变换气气提联尿法具有充分利用变换气的显热进行气提，甲铵分解率高，热利用良好。气提后尿液直接进入闪蒸，取消了低压分解过程，简化了尿素生产流程。对合成氨生产来说，它省去了脱碳及再生系统，因而合成氨生产流程也大大缩短，能耗降低。

第四节　尿素溶液的加工

尿素熔融物经分解、分离及闪蒸后，得到质量分数为 75% 左右的尿素溶液，其中氨和二氧化碳含量的总和小于 1.0%，其余为水。此溶液将继续送去加工，最终得固体尿素。采用结晶法生产尿素，尿液只需蒸浓到质量分数为 80% 即可，而造粒法生产尿素，尿液必须被浓缩至 99.7%。

一、尿素溶液的蒸发

（一）CO$(NH_2)_2$-H_2O 体系的相图

图 3-17 所示为 CO$(NH_2)_2$-H_2O 二元体系相图，图中系统状态点

a 相当于温度为 95℃，质量分数为 75% 的尿素溶液的组成点。尿素溶液的蒸发过程通常在等温下进行，随着蒸发过程的进行，溶液中的 H_2O（g）排出，从而得到较浓的溶液。

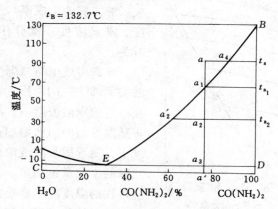

图 3-17　$CO(NH_2)_2$-H_2O 二元体系相图

从图 3-17 可看出，等温蒸发时，系统状态点 *a* 沿直线 at_a 向 t_a 点移动，随着水分不断排出，尿素浓度逐渐提高，状态点至 t_a 时，全部变成尿素。为了加快蒸发过程的进行，缩短蒸发时间，应适当提高蒸发温度。但温度太高，会使副反应加剧，因此，必须选取适宜的蒸发条件。

（二）尿液加工过程中副反应及防止

当尿液温度接近或高于 132.7℃（正常熔点）时，就会发生副反应。其中主要是尿素的水解和缩二脲的生成。

1. 尿素的水解反应　尿素水解的结果是尿素产率下降，消耗定额增加，必须防止。尿素的水解与温度、停留时间和尿液浓度等有关。在温度低于 80℃ 时，尿素的水解很慢；超过 80℃ 时，水解速率加快；145℃ 以上有剧增的趋势；在沸腾的尿液中水解更加剧烈。在一定的温度和浓度下，尿素水解率随停留时间的延长而增大。另外，尿液的浓度对尿素水解也有影响，浓度越低，水解反应越快。从上面的分析可知，要防止尿素水解，蒸发过程应在尽可能低的温度下进

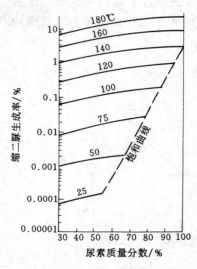

图 3-18　尿液中缩二脲的生成
率与温度和尿液浓度的关系

行，并在很短的时间内完成。

2. 尿素的缩合反应　在尿素生产过程中，缩合反应以生成缩二脲为主。缩二脲的生成率与反应过程的温度、尿素浓度、氨分压和停留时间有关。

尿素溶液中缩二脲生成率与温度的关系如图 3-18 所示。由图可见，在一定的尿液浓度下，缩二脲的生成率随温度的增加而增加；而在一定温度下，随着尿素溶液浓度的增高，缩二脲的生成量也加多。由此可见，反应过程的温度应尽量维持低些。

随着停留时间的延长，缩二脲生成量增多。在 150℃ 时，尿液停留时间每增加 10min，缩二脲的生成率约增加 0.05%。而在 155℃ 时，尿液的停留时间每增加 10min，缩二脲的生成率约增加 0.15%。故在设备或管道中应尽可能缩短停留时间，这是保证产品质量的有效措施之一。

前面已述，当氨分压增加，即溶液中氨浓度增大，尿素的缩合反应会逆向进行，缩二脲的生成率就会降低。

从以上分析可知，温度高、停留时间长、氨分压低是生成缩二脲的有利条件。

在尿液蒸发过程中，溶液处于沸腾状态，温度高，而蒸发后尿液浓度提高，且由于二次蒸气的不断排出，蒸发室内氨的分压很低，所以最适于缩二脲的生成。因此，蒸发过程应在尽可能低的温度和尽可能短的时间内完成。

（三）蒸发工艺条件的选择

蒸发工艺条件的选择，除了应满足沸腾蒸发的一般要求外，更要尽量减少副反应的发生，以保证尿素的产量和质量。

图 3-19 是 $CO(NH_2)_2$-H_2O 二元体系的相图。图中除结晶线外，还有温度、蒸气压和密度线。从图中可以看出，尿素溶液的沸点与其浓度和蒸发操作压力有关。如尿液质量分数为 85% 时，蒸发操作压力 0.1MPa，相对应的沸点为 130℃，蒸发压力降到 0.05MPa 时，相应沸点降为 112℃。由此可见，采用减压蒸发可以降低尿素溶液的沸点，防止副反应的发生。但压力的选择必须考虑尿素不致结晶为宜，否则将堵塞蒸发设备的加热管道，影响操作。

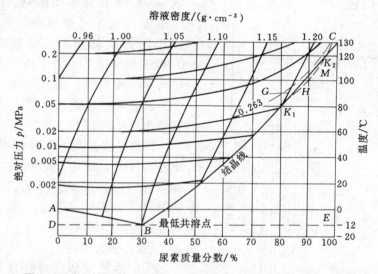

图 3-19　$CO(NH_2)_2$-H_2O 体系的组成-温度-密度-溶液蒸气压图

由图 3-19 可见，当蒸发操作压力大于 0.0263MPa 时，沸点压力线位于结晶线之上，不与结晶线相交，说明在这样的压力下蒸发尿素溶液时，不会有结晶析出。但在此压力下，一段蒸发将尿液从 75% 浓缩至 99.7%，虽无结晶析出，但势必将温度提得太高，结果加剧副反应发生。因此，必须将蒸发操作压力降至 0.0263MPa 以下。

当蒸发操作压力小于 0.0263MPa 时，沸点压力线和结晶线相交，出现两个交点，这两点称为第一沸点和第二沸点。在这两点的温度范围内，尿素溶液在该压力下不稳定，会自动地分离成固体尿素和水蒸气，若将该混合物中的水蒸气排出体系，就可以得到高浓度的熔融尿液。

实际生产过程中，蒸发过程常分为两段进行。一段蒸发操作既要制得高浓度的尿液，又要防止结晶的析出，适宜操作压力应稍大于0.0263MPa，温度选为130℃，尿液质量分数从75%增至95%，缩二脲只增加0.1%～0.15%。

二段蒸发是为了制得质量分数为99.7%的尿素熔融物，即要求蒸发掉几乎全部水分。此时，操作压力越低越好，常控制在0.0053MPa以下。为了使尿素熔融而保持流动性，蒸发温度应高于尿素的熔点温度132.7℃，故控制操作温度在137～140℃。

尿液蒸发过程，除选择温度、压力条件外，还应使过程在尽可能短的时间内完成。目前，广泛使用的高效膜式蒸发器，能使物料停留时间很短。

（四）蒸发器

为了使尿液蒸发过程在尽快的时间内完成，目前广泛使用的是高效升膜式长管蒸发器，其结构如图3-20所示。蒸发器由下部的加热器及上部的分离器两部分构成，加热器内设有挡板，以提高传热效率。

这种蒸发器的特点是加热管细长，操作液面维持很低（有的仅为管高的¼～⅕），尿液由底部

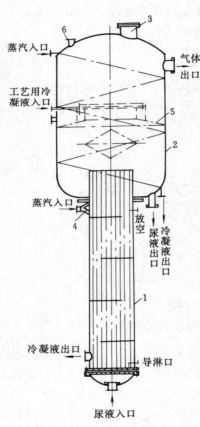

图 3-20　一段蒸发器
1—蒸发加热器；2—蒸发分
离器；3—人孔；4—挡板；5—挡
液罩；6—压力显视器

进入加热管内，管外用蒸汽加热，管内产生的蒸汽与所夹带的尿液混合物于顶部进入分离器，浓缩后的尿液由分离器下部引出，蒸发的气体由上部出口管引出。在蒸发过程中，由于气体膨胀，在管子中央形成气柱，而管壁则形成一层液膜，且被高速蒸汽向上抽吸，水滴即被带出。当温差足够大时，从管顶送出的是运行极快的、其中悬浮有小液滴的蒸汽，由于流速极快，所以物料在此停留时间很短。

二、尿素的造粒

根据尿素的性质可知，尿素具有吸湿性和结块性，因而影响了尿素的贮存、运输和使用。为防止尿素的吸湿和结块，通常将熔融尿素进行造粒。而得到粒状尿素。粒状尿素进行密封包装后，可大大减少吸湿和结块的可能性。尿素的造粒在造粒塔中进行，整个过程可分为四个阶段：① 将熔融尿素喷成液滴；② 液滴冷却到凝固温度；③ 液滴凝固；④ 固体颗粒从凝固温度冷却到要求温度。

粒状尿素质量与造粒塔高度、熔融尿素的温度和浓度等因素有关。确定造粒塔的高度主要考虑颗粒的形成和冷却两个过程的要求。入塔熔融尿素的质量分数不得小于 99%，否则将使产品水分增加。生产上控制从塔底出来的尿素颗粒温度约 70℃，水分含量不大于 0.5%。

三、尿素溶液加工的工艺流程

图 3-21 为水溶液全循环法粒状尿素的加工工艺流程。低压分解后来的尿液，经自动减压阀减为常压，进入闪蒸槽 1，闪蒸槽内压力为 0.06MPa，它的出口气管与一段蒸发分离器 6 出口管联接在一起，其真空度由蒸汽喷射泵 17 产生。由于减压，部分水分和氨、二氧化碳气化吸热，使尿液温度下降到 105～110℃。出闪蒸槽尿液质量分数约 74% 左右进入尿液缓冲槽 2，槽内有蒸汽加热保温管线。然后，尿液由尿液泵 3 打入尿液过滤器 4 除去杂质，送入一段蒸发加热器 5。在一段蒸发加热器内，用蒸汽管外加热，使尿液升温至 130℃ 左右。由于减压加热，部分水分气化后进入一段蒸发分离器 6，一般蒸发分离器内压力约为 0.0263～0.0333MPa，该压力由蒸汽喷射泵 17 产生，气液分离后，尿液质量分数约为 95%～96% 进入二段蒸发加

热器 7，用蒸汽加热至 140℃左右，其压力维持在 0.0033MPa。由于减压加热，残余水分气化后进入二段蒸发分离器 8 进行气液分离。二段蒸发加热器的真空度靠蒸汽喷射泵 18，20，22 产生。二段蒸发分离器出来的尿液质量分数为 99.7%，进入熔融尿素泵 9，打入造粒塔。造粒喷头 10 将熔融尿素喷洒成液滴，液滴靠重力下降与塔底进入的空气逆流相遇冷却至 50~60℃，固化成粒。颗粒由刮料机 12 刮入皮带运输机 13，送出塔外。

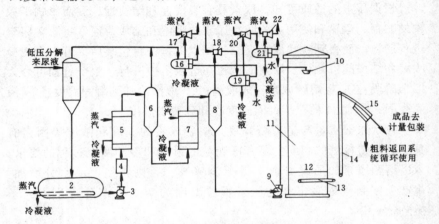

图 3-21　水溶液全循环法粒状尿素加工工艺流程

1—闪蒸槽；2—尿液缓冲槽；3—尿液泵；4—尿液过滤器；5——段蒸发加热器；6——段蒸发分离器；7—二段蒸发加热器；8—二段蒸发分离器；9—熔融尿素泵；10—造粒喷头；11—造粒塔；12—刮料机；13—皮带运输机；14—斗式提升机；15—电振筛；16——段蒸发冷凝器；17——段蒸发冷凝器喷射泵；18—二段蒸发升压泵；19—二段蒸发冷凝器；20—二段蒸发冷凝器喷射泵；21—中间冷凝器；22—中间冷凝器喷射泵

　　闪蒸槽和一段蒸发分离器出来的气体，进一段蒸发冷凝器 16，用二段蒸发冷凝器来的冷却水冷却，未冷凝气去喷射泵 17 排空，冷凝液去收集槽。二段蒸发分离器出来的气体经升压泵 18，入二段蒸发冷凝器 19，部分冷凝，未冷凝气去二段蒸发冷凝器喷射泵 20，打入中间冷凝器 21，用水冷却，未冷凝气体由中间冷凝器喷射泵 22 排空。二段蒸发冷凝器和中间冷凝器的冷凝液，去循环分解系统。

思 考 题

1. 简述尿素生产方法及水溶液全循环法尿素生产的主要过程。

2. 尿素合成的基本原理是什么？生产操作控制主要在哪一个阶段？

3. 中间产物甲铵对尿素生产有何指导意义？

4. 影响尿素合成反应有哪些因素？如何选择尿素合成的工艺条件？

5. 加快甲铵脱水速率有哪些方法？

6. 简述水溶液全循环法尿素合成的工艺流程。

7. 在尿素合成过程中，为什么采用过剩氨？

8. 试述减压加热法分离与回收的基本原理。

9. 二氧化碳气提的原理是什么？如何选择气提工艺条件？

10. 二氧化碳气提法有何特点？

11. 尿素溶液加工过程中有哪些副反应？如何防止？

12. 如何选择尿素溶液蒸发的工艺条件？

第四章 烧 碱

电解食盐水溶液生产烧碱和氯气、氢气的方法，简称氯碱法，该工业部门又称氯碱工业。它属于基本化学工业，在国民经济中占有重要地位。

工业上生产烧碱的方法主要有三种，即隔膜法、水银法和离子交换膜法，其所用原料均为食盐，反应原理均属电化学过程。因水银法电耗高、环境污染严重，目前已被淘汰，在此仅介绍隔膜法与离子交换膜法的基本原理与工艺过程。

第一节 电解法制烧碱

一、电解过程的理论基础

（一）理论分解电压

要使某一电解质进行电解，必须使电极间的电压达到一定数值，使电解过程能够进行所需要的最小电压，称为理论分解电压。理论分解电压是阳离子的理论放电电位和阴离子的理论放电电位之差，即

$$E_{理} = E_{(+)} - E_{(-)} \tag{4-1}$$

计算理论分解电压时，首先要分别计算阴极和阳极的理论放电电位，电极的放电电位可根据能斯特方程式来计算

$$E = E^{\ominus} + \frac{RT}{nF} \ln C \tag{4-2}$$

式中 E——放电电位，V；

$E^{\ominus}$——标准电极电位（298K），V；

R——通用气体常数，$8.314 \mathrm{J \cdot K^{-1} \cdot mol^{-1}}$；

T——热力学温度，K；

n——离子价数；

F——法拉第常数，96500C；

C——离子浓度。

为了使问题简化，在能斯特方程式中代入离子浓度（而不是活度），这样的计算结果不会有大的误差。

（二）过电压

过电压（又称超电压）是离子在电极上的实际放电电位与理论放电电位的差值。金属离子在电极上放电时的过电压并不大，可以忽略不计。但如果在电极上放出气体物质时，过电压则较大。过电压的存在要多消耗一部分电能，这是不利的一面。但可以利用过电压的性质选择适当的电解条件，使电解过程适合人们的需要。如在阳极放电时，氧比氯的过电压要高，所以阳极上的氯离子首先放电并放出氯气。过电压的大小主要取决于电极材料和电流密度，降低电流密度、增大电极表面积、使用海绵状或粗糙表面的电极、提高电解质温度等，均可使过电压降低。

（三）实际分解电压和电压效率

在电解生产过程中，由于电解液浓度不均匀和阳极表面的钝化、导线和接点以及电解液和隔膜等因素，也需消耗外加电压，故在实际生产中分解电压大于理论分解电压。实际分解电压也称为槽电压，数学表达式为：

$$E_槽 = E_理 + E_超 + \Delta E_液 + \sum \Delta E_降$$

式中　$\Delta E_液$——电解液中的电压降；

$\sum \Delta E_降$——电极、接点、电线等的电压降之和。

实际分解电压可通过实测的方法得到，隔膜法电解的实际分解电压一般在 $3.5 \sim 4.5V$。

理论分解电压与实际分解电压之比，叫做电压效率。

$$电压效率 = \frac{理论分解电压}{实际分解电压} \times 100\% = \frac{E_理}{E_槽} \times 100\% \tag{4-3}$$

由上式可见，实际分解电压降低可提高电压效率，达到降低单位产品电耗的目的。隔膜电解槽的电压效率在 60% 左右。

（四）电流效率和电能效率

决定电解生产过程是否经济，最重要的条件是生成每单位产品的

152

电能消耗，与电能消耗直接相关的是电流效率。在实际生产过程中，由于有一部分电能消耗于电极上，以及产生的副反应和漏电现象，所以电能不可能100%被利用，因此实际产量总比理论产量低，实际产量与理论产量之比称为电流效率。

$$电流效率 = \frac{实际产量}{理论产量} \times 100\% \tag{4-4}$$

根据法拉第定律，每获得一克当量[●]的任何物质都需要96500C（或$26.8A \cdot h$）的电量。故电解时理论上应当析出的物质量为：

$$G = \frac{N}{26 \cdot 8} \times I \times t$$

式中　$\dfrac{N}{26.8}$——电化当量，$g \cdot (A \cdot h)^{-1}$；

　　　I——电流强度，A；

　　　t——时间，h。

电解食盐水溶液时，根据Cl_2计算出来的电流效率称为阳极效率，根据NaOH计算出来的电流效率称为阴极效率。电流效率是电解生产中很重要的技术经济指标，因为电流效率高意味着电量损失小，同时也说明相同的电量可获得较高的产量。在现代氯碱工厂中，电流效率一般为95%～97%。

在电解过程中，理论所需电能值（$W_理$）与实际消耗电能值（$W_实$）的比值称为电能效率。

$$电能效率 = \frac{W_理}{W_实} \times 100\% \tag{4-5}$$

因为电能（W）是电量和电压的乘积，所以电能效率是电流效率和电压效率的乘积，可用下式表示：

$$电能效率 = 电流效率 \times 电压效率$$

由上式可见，欲达到降低电能消耗的目的，必须设法提高电流效率和电压效率。

●　根据国际标准和国家标准，"克当量"这个术语不再使用，但在此为法拉第定律所规定，故仍沿用之。

（五）电极反应

食盐水溶液中主要存在四种离子，即 Na^+、Cl^-、OH^- 和 H^+。当直流电通过食盐水溶液时，阴离子向阳极移动，阳离子向阴极移动，放电电位最低的离子首先在电极上放电。

钠的标准电极电位为 $-2.17V$，氢的放电电位对中性溶液为 $-0.415V$。因此，当阴极电位超过 $-0.415V$ 时，氢离子即开始放电。所以，在阴极上只能有氢离子放电，钠离子是不可能放电的。在阴极进行的主要电极反应为：

$$2H^+ + 2e \Longrightarrow H_2 \uparrow$$

中性水溶液中，当阳极电位为 $+0.82V$ 时，氧在理论上可以放电，但氧在阳极放电时过电压很高，即使在海绵状铂电极上电流密度不高时，过电压也能达到 $1V$。因此，氧放电的阳极电位约为 $+1.8V$。氯的理论电极电位为 $+1.36V$，因而在阳极上氯离子比氧容易放电。在阳极进行的主要电极反应为：

$$2Cl^- - 2e \Longrightarrow Cl_2 \uparrow$$

这样，当电解食盐水溶液时，在阳极上放出 Cl_2，在阴极上放出 H_2，与此同时，钠离子与氢氧根离子在阴极区生成 $NaOH$。

电解食盐水溶液总反应式为：

$$2NaCl + 2H_2O \Longrightarrow 2NaOH + Cl_2 \uparrow + H_2 \uparrow \tag{4-6}$$

除此之外，随着电解反应的进行，在电极上还有一些副反应发生。在阳极上产生的 Cl_2 可部分溶解在水中并与水作用生成次氯酸和盐酸：

$$Cl_2 + H_2O \Longrightarrow HCl + HClO \tag{4-7}$$

电解槽中虽然放置了隔膜，但由于渗透扩散作用仍有少部分 $NaOH$ 从阴极室进入阳极室，在阳极室与次氯酸反应生成次氯酸钠

$$NaOH + HClO \longrightarrow NaClO + H_2O \tag{4-8}$$

次氯酸钠又可离解为 Na^+ 和 ClO^-，ClO^- 在含有相当量的 $NaCl$ 及 $NaClO$ 的溶液中比 Cl^- 的放电电位低，若 ClO^- 在阳极上放电时生成氯酸、盐酸和氧气。

$$12ClO^- + 6H_2O - 12e \longrightarrow 4HClO_3 + 8HCl + 3O_2 \uparrow \qquad (4-9)$$

生成的 $HClO_3$ 与 HCl 又进一步与 $NaOH$ 作用生成氯酸钠和氯化钠等。

此外，还会发生如下副反应：

$$4OH^- - 4e \Longrightarrow 2[O] + 2H_2O \Longrightarrow O_2 + 2H_2O \qquad (4-10)$$

$$NaClO + 2[H] \longrightarrow NaCl + H_2O \qquad (4-11)$$

$$NaClO_3 + 6[H] \longrightarrow NaCl + 3H_2O \qquad (4-12)$$

副反应的发生不仅消耗了产品，生成了次氯酸盐、氯酸盐和氧气等，还降低了电流效率，浪费了电能。所以，在氯碱工业中为了减少副反应，保证获得高纯度产品，提高电流效率，降低单位产品的电能消耗，必须采取各种措施，防止 $NaOH$ 与阳极产物 Cl_2 发生反应，此外还应防止 H_2 与 Cl_2 的混合，H_2 与 Cl_2 混合会构成爆炸性混合物，造成爆炸事故。为此，在实际生产中，分别采用隔膜法和离子交换膜法电解，以达到上述目的。

二、隔膜法电解

（一）过程概述

隔膜法电解是目前电解法生产烧碱最主要的方法之一。当直流电通过氯化钠水溶液时，在阳极上产生氯气，阴极上产生氢气，同时在阴极区生成 $NaOH$。为使阳极产物和阴极产物隔开，在阳极和阴极之间设置了隔膜。隔膜是一种多孔性隔层，它不妨碍离子的迁移和电流通过，但可以阻止阴极和阳极产物间的机械混合。

立式隔膜电解槽示意图如图 4-1 所示。阳极室和阴极室用石绵纤维制成的隔膜隔开，隔膜吸附在铁阴极上，铁阴极系由铁丝编织成的网状物或由多孔板制成，阳极则为石墨。精制盐水连续地从电解槽上方加入阳极室，阳极室中盐水的液面维持一定的高度，溶液透过紧贴在阴极上的隔膜微孔，流经阴极到阴极室。在阳极上产生氯气，经阳极室上方导出。阴极上产生的氢气经阴极室上方导出，在阴极附近生成的含有氢氧化钠的电解液从电解槽底部连续流出。由于从隔膜电解槽来的电解液中 $NaOH$ 含量较低，且还含有大量 $NaCl$，不符合使用要求。所以还要经过蒸发操作，电解液中含有的 $NaCl$ 在蒸发过程

中结晶析出后被化成盐水，称为结
晶盐水，生产上循环使用。

从电解槽出来的氯气温度较高
并且含有大量的水分，一般不能直
接使用，经过冷却干燥之后方可制
成氯产品，如液氯、盐酸等。

从电解槽出来的氢气也要经过
冷却、洗涤，然后送到各使用部门，
气候寒冷的地方还需经过干燥处理。

（二）电极及隔膜材料

1. 阳极材料　由于电解槽的阳
极与湿氯气、新生态的氧、盐酸及
次氯酸等直接接触，这些物质的化
学性质很活泼，腐蚀性很强。因此
要求阳极材料具有较强的耐化学腐

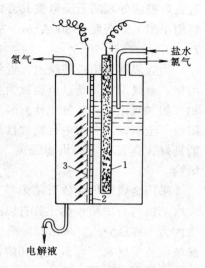

图 4-1　立式隔膜电解槽示意图
1—石墨阳极；2—隔膜；3—铁阴极

蚀性、对氯的过电压低、导电性能良好、机械强度高而且易于加工、
电极材料来源广泛和使用寿命长等特点。人造石墨则具有较多的优
点，广泛地被用作阳极材料。20 世纪 60 年代后期，研究出现了使用
寿命长、能耗低的金属阳极材料，现已广泛应用于工业生产中。

人造石墨是由石油焦、沥青焦、无烟煤、沥青等制成的，它的主
要成分是碳素。电解时由于副反应的缘故，在阳极上析出新生态的
氧，因此当氧与石墨作用便生成二氧化碳，所以，石墨受化学腐蚀而
逐渐损耗。同时由于电解槽内物料的摩擦以及石墨强度的变弱，也存
在着机械磨损，使石墨粒子剥落。随着石墨的损耗，石墨阳极间距离
加大，造成电流通过时电压损失增加，导致了电耗的增加。因此，石
墨阳极在使用过程中必须定期更换。

石墨电极的质量由石墨的孔隙率（即石墨中孔隙所占的体积与整
个石墨体积的百分比）决定。孔隙率越高，电极损耗越快，所以降低
电极的孔隙率会延长电极的使用寿命。在工业生产中，通常用亚麻
油、桐油、四氯化碳等浸渍石墨电极，以减少石墨电极的孔隙率。经

过良好浸渍处理的石墨电极其寿命比未经处理的可延长一倍。隔膜电解槽中当电流密度在 $800A\cdot m^{-2}$ 左右时，石墨电极的使用寿命一般在 $7\sim8$ 个月左右。

为克服石墨阳极的缺点，近年来国内外氯碱工业研究采用了金属阳极。金属阳极就是以金属钛为基体，在基体上涂一层其他金属氧化物（如二氧化钌和二氧化钛）的活化层，使之构成钛基钌——钛金属阳极。金属钛具有耐电化腐蚀性能，表面易形成钝化膜，本身导电性能良好，具有一定的机械强度，便于加工。金属阳极一般采用网形结构。

采用金属阳极代替石墨阳极是氯碱工业上的一项重要技术革新，金属阳极与石墨阳极相比具有以下的优点：对氯气的过电压低，电流密度为 $10000A\cdot m^{-2}$ 时比石墨阳极低 $120\sim140mV$。金属阳极隔膜电解槽电流密度高、容量大，相应提高了单槽的生产能力。耐氯与碱的侵蚀，使用寿命长，可达 $4\sim6$ 年以上。同时因两极间距离不变，槽电压稳定、氯气纯度高、碱液浓度高。可节约碱液浓缩用蒸汽，降低生产成本且碱液无色透明质量好。隔膜使用寿命较长，减少了维修工作量和维修费用。由于电解槽不采用沥青和铅制作石墨阳极，故可避免沥青和铅对环境的污染。阳极电流效率比石墨阳极高 $1\%\sim2\%$，节约电能 $15\%\sim20\%$。

2. 阴极材料　在电解槽的阴极上析出氢气，并与烧碱接触，故对阴极材料的主要要求是：耐氯化钠、氢氧化钠等的腐蚀，导电性能良好，氢在电极上的过电压低，具有良好的机械强度并易于加工等。

隔膜电解槽使用的阴极材料可有铁、铜、镍。由于铁的导电性能良好，能耐电解液的腐蚀，而且氢气在铁上的过电压比镍、铜等都低。铁又易于制成各种形状，经济实用，因此，工业上一般用铁作为阴极材料。

立式隔膜电解槽的阴极，为了便于吸附隔膜及易于使氢气和电解液流出，一般采用铁丝编成网状。

3. 隔膜材料　隔膜是隔膜电解槽中的关键部分，它和电流效率、电能消耗、石墨消耗等都密切相关。因此，选用隔膜材料和保证其质量十分重要。

隔膜材料应具有较强的化学稳定性，既耐酸又耐碱的腐蚀，并且要有相当的强度，长期使用不易损坏，保持多孔性和良好的渗透性，使溶液能保持一定的流量均匀地渗过隔膜，但又要防止阴极液与阳极液机械混合。另外，隔膜材料还应具有较小的电阻，以降低隔膜电压损失。工业生产中常用石棉作隔膜材料。

隔膜长期使用后，由于盐水中悬浮杂质和化学杂质在隔膜上的沉积及剥落的石墨阳极微粒沉积，都会堵塞隔膜的孔隙，使隔膜渗透性能降低，导致阴极液流量下降。但通入电解槽的电流并未变，因此电解液的含碱浓度便会增加，槽电压升高，电流效率降低。因此，隔膜要定期更换，石棉隔膜使用寿命一般可达 4～6 个月左右。

随着金属阳极的使用，为解决石棉寿命短的问题，在制备石棉浆时，加入某些添加剂或对石棉进行某些处理，以增加其机械强度，改善溶胀性（石棉受电解液浸蚀而膨胀，机械强度相应降低），增强耐磨蚀性。例如，在石棉浆中加入热塑性聚合物聚四氟乙烯或聚多氟偏二氯乙烯纤维形成改良隔膜，使用寿命可达 1～2 年。

为了满足产品中食盐含量低的要求，又研制出了离子交换膜。这是一种选择性透析膜，氯化钠不能通过，因此产品中几乎不含氯化钠。

三、离子膜法电解

离子交换膜法（简称离子膜法）采用的隔膜是一种能耐氯碱腐蚀的阳离子交换膜，膜的内部具有较复杂的化学结构，膜内存在固定离子和可交换的对离子两部分。在电解食盐水溶液所使用的阳离子交换膜的膜体中，活性基团是由带负电荷的固定离子（如，SO_3^-、COO^-）和一个带正电荷的对离子（如，H^+、Na^+）组成，它们之间以离子键结合在一起，其化学结构用下式表示：

$$Rf-SO_3^- \longrightarrow H^+(Na^+)$$

固定离子　　　对离子

活性基团

活性基团中的对离子（Na^+）与水溶液中的 Na^+ 进行交换并透

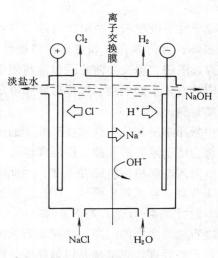

图 4-2　离子膜法电解原因

过膜，而活性基团中的固定离子（SO₃⁻）则具有排斥 Cl⁻ 和 OH⁻ 的能力，使它们不能透过离子膜，从而获得高纯度的氢氧化钠溶液。离子膜法电解过程如图 4-2 所示，饱和精盐水加入阳极室，通电时 Na^+ 通过阳离子交换膜迁移至阴极室，在此与 OH⁻ 形成 NaOH，Cl⁻ 则在阳极表面放电产生 Cl_2 逸出，消耗掉的 NaCl 导至盐水浓度降低，所以阳极室有淡盐水导出；在阴极室，H^+ 放电产生 H_2 逸出，而 OH⁻ 留在溶液中与从阳极室迁移来的 Na^+ 形成 NaOH 溶液，为此需向阴极室补充去离子水。同时通过调节加入阴极室的去离子水量，可得到一定浓度的烧碱溶液。

电解过程中，造成 Na^+ 迁移数降低的主要原因是 OH⁻ 透过离子交换膜，这是因为电解时电场的作用促进了 OH⁻ 的电迁移，这将造成 OH⁻ 的损失，亦即电流效率的降低，这一情况将随阴极溶液中 NaOH 浓度的增加而变得更加明显。所以在生产中应选择适宜的阴极溶液中 NaOH 浓度，力求做到既考虑获得高的电流效率又兼顾蒸发浓缩烧碱溶液耗用的蒸汽量。

离子交换膜是离子膜制碱的核心，它必须具备以下条件：高化学稳定性和热稳定性，具有较低的膜电阻以降低槽电压，具有优良的渗透选择性，稳定的操作性能，能在较大的电流波动范围和生产条件的变化下正常工作，较高的机械强度，不易变形。

目前应用于食盐水溶液电解的阳离子交换膜，根据其离子交换基团的不同，可分为全氟磺酸膜（Rf-SO₃H）和全氟羧酸膜（Rf-COOH）。另外还发展了集两者优点的复合膜，即全氟（羧酸/磺酸）复合膜（Rf-COOH/Rf-SO₃H）。全氟离子膜的性能如表 4-1 所示。

表 4-1 全氟离子膜的性能

性 能	离子交换基团		
	Rf-SO₃H	Rf-COOH	Rf-SO₃H
交换基团的酸度(pK_a)	<1	<2~3	2~3/<1
亲水性	大	小	小/大
含水率/%	高	低	低/高
电流效率(8mol·L⁻¹NaOH)/%	75	96	96
电阻	小	大	小
化学稳定性	优良	良好	良好
操作条件(pH 值)	>1	>3	>3
阴极液的 pH 值	>1	>3	>1
用 HCl 中和 OH⁻	可用	不能用	可用
Cl₂ 中 O₂ 含量/%	<0.5	>2	<0.5
阳极寿命	长	短	长
电流密度	高	低	高
需电槽数	多	多	少

第二节　电解工艺流程

电解法制烧碱的工艺流程包括盐水的精制，精盐水的电解，氯气、氢气的处理及碱液蒸发等。

一、隔膜法电解工艺流程

（一）盐水的精制

原盐溶解后所得的粗盐水含有 Ca^{2+}、Mg^{2+} 及 SO_4^{2-} 等杂质，不能直接用于电解，需要加以精制。一般采用化学精制法，即加入精制剂使杂质成为溶解度很小的沉淀而除去。为了除去盐水中的 Ca^{2+}、Mg^{2+} 采取加入纯碱和烧碱的办法，为了控制 SO_4^{2-} 的含量采取加入 $BaCl_2$ 的方法。反应式如下：

$$Ca^{2+} + Na_2CO_3 \!=\!\!=\!\!= CaCO_3\!\downarrow + 2Na^+$$

$$Mg^{2+} + 2NaOH \!=\!\!=\!\!= Mg(OH)_2\!\downarrow + 2Na^+$$

$$SO_4^{2-} + BaCl_2 \!=\!\!=\!\!= BaSO_4\!\downarrow + 2Cl^-$$

精制时纯碱和烧碱的加入量须稍超过理论需要量。氯化钡加入量不能过多，因为过剩的氯化钡和氢氧化钠反应生成氢氧化钡沉淀，造成隔膜堵塞降低电流效率。经过澄清、过滤等方法除去沉淀，同时除去机械杂质达到精制的目的。

（二）精盐水的电解

隔膜法电解工艺流程如图 4-3 所示。首先将原盐化盐后加入 Na_2CO_3、$NaOH$、$BaCl_2$ 除去 Ca^{2+}、Mg^{2+}、SO_4^{2-} 等杂质，再于澄清槽中加入苛化淀粉以加速沉淀，砂滤后加入盐酸中和，使 $pH = 2.5\sim3.5$，预热后送去电解。

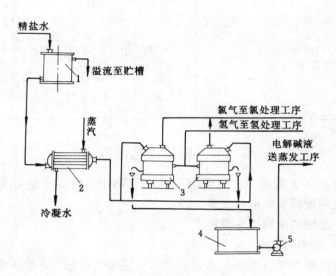

图 4-3　隔膜法电解工艺流程

1—盐水高位槽；2—盐水预热器；3—电解槽；4—电解液集中槽；5—碱液泵

由盐水工序送来的精盐水进入盐水高位槽 1，槽内盐水液位保持恒定，以便进入电解槽盐水流量稳定。高位槽的盐水在进入电解槽之前先经盐水预热器 2 预热到约 70℃，盐水进入电解槽后保持槽温约为 95℃。电解过程阳极生成的氯气从电解槽顶流出导入氯气总管送到氯气处理工序。阴极生成的氢气导入氢气总管送到氢处理工序。生成的电解碱液由阴极室底部经溢流管导入总管，汇集送电解液集中槽 4，经碱液泵 5 送碱液蒸发。

（三）电解过程的主要影响因素

1. 盐水质量　盐水的质量包括两部分，一是指精制盐水中杂质的含量，二是指精制盐水中氯化钠的含量。

食盐中含有 Ca^{2+}、Mg^{2+}、SO_4^{2-} 等化学杂质及机械杂质，化盐用水及助沉淀剂中也会有铵盐，这些杂质在化盐时会被带入盐水中。若用含有大量杂质的盐水进行电解会破坏电解槽的操作，对电解槽隔膜的使用寿命、能耗及安全生产等均有不良影响。另外，精制盐水中氯化钠含量的高低对电解也有很大影响，主要表现在两个方面。第一，盐水中氯化钠含量高可以降低 Cl^- 在阳极上的放电电位，抑制 OH^- 放电，这样可以减少电能的消耗，还可减弱氧气对石墨阳极的腐蚀，对于金属阳极可以减少氯内含氧。第二，氯气在盐水中的溶解度随着盐水浓度的升高而降低，所以提高盐水的浓度可以减少氯气在阳极液中的副反应，从而达到提高电流效率降低电耗的目的。

因此，在生产中一般都将盐水制成饱和溶液。

2. 电解槽的温度　电解槽的温度一般控制在 85～95℃。适当提高电解槽的温度可使氯气在阳极液中的溶解度减小，从而减少副反应。槽温提高还可使氯气、氢气带出的水分增多使电解碱液浓度升高，有利于降低蒸发工序的蒸汽消耗。

但电解槽的温度又不宜控制过高。因为槽温过高，槽内溶液呈沸腾状态后，大量水蒸气随氢气氯气带走。这样不仅增加能耗，且会造成电解液中氯化钠浓度增大，以至结晶析出堵塞隔膜导致运行恶化。另外，槽温过高电解槽内充气量增加，会引起槽电压升高。

3. 电解液中氢氧化钠浓度图 4-4 表示了电流效率与电解液中氢氧化钠浓度的关系。从图中可以看出，当电解液中氢氧化钠浓度大于 $150g \cdot L^{-1}$ 时，电流效率急剧下降。这是因为当电解液内 NaOH 达到一定浓度时，阳极液

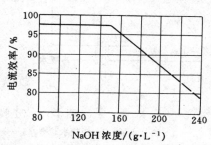

图 4-4　电流效率与电解碱液中 NaOH 浓度的关系

通过隔膜孔隙的流速就会大大降低，以致不能阻止 OH⁻ 往阳极室渗透，这样在阳极室内的副反应加剧，从而导致电流效率急剧下降。生产中电解正常运行时，一般控制电解液中氢氧化钠浓度在 $130\sim145$ g·L⁻¹之间。

4．电流波动　电解槽运行时要求供电稳定，以保证正常的电解液浓度。因为隔膜有一定的溶胀性和压缩性，在电流波动时隔膜时而压紧时而溶涨，吸附在隔膜表面的杂质会随着电流的波动向隔膜内部迁移，从而加快隔膜的堵塞，恶化隔膜性能。

二、离子膜法电解工艺流程

（一）主要过程

离子膜法电解工艺可分为一次盐水精制、二次盐水过滤、二次盐水精制和精盐水电解等工序。

离子膜法电解工艺流程如图 4-5 所示。离子膜法对盐水质量要求

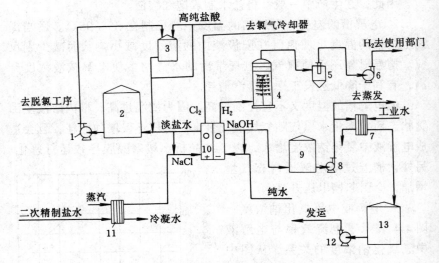

图 4-5　离子膜法电解工艺流程

1—淡盐水泵；2—淡盐水贮槽；3—分解槽；4—氯气洗涤塔；5—水雾分离器；
6—氯气鼓风机；7—碱冷却器；8—碱泵；9—碱液受槽；10—离子膜电解槽；
11—盐水预热器；12—碱泵；13—碱液贮槽

较高，因此，除需进行一次精制外，还要再经微孔烧结碳素管式过滤器进行过滤，再经离子交换树脂塔进行二次精制，使盐水中钙、镁含量降到 0.002% 以下。然后将二次精制盐水电解，于阳极室生成氯气，阳极室盐水中的 Na^+ 通过离子膜进入阴极室与阴极室的 OH^- 生成氢氧化钠。H^+ 直接在阴极上放电生成氢气。电解过程中向阳极室加入适量的高纯度盐酸以中和返迁的 OH^-，阴极室中应加入所需纯水，在阴极室生成高纯烧碱溶液。阳极室产生的氯气和流出的淡盐水经分离器分离后，湿氯气进入氯气总管送氯气处理工序，淡盐水则送往"溶解与一次精制"工序。电解槽阴极室产生的氢气和 32% 左右的高纯碱液，同样也经分离器分离后，氢气进入氢气总管送氢气处理工序。高纯碱液可直接作为碱液产品或送蒸发工序浓缩。

（二）电解过程的主要影响因素

1. 盐水质量　在离子膜法制碱技术中，进入电解槽的盐水质量是关键，它对离子膜的寿命、槽电压和电流效率均有重要的影响。因为，离子交换膜具有选择和透过溶液中阳离子的特性，因此除 Na^+ 外，Ca^{2+}、Mg^{2+} 等也同样能透过。Ca^{2+}、Mg^{2+} 等离子在透过交换膜时，会同少量的从阴极室迁移来的 OH^- 生成沉淀物，堵塞离子膜使膜电阻增加，引起电解槽电压上升，降低了电流效率。

2. 阴极液中氢氧化钠浓度的影响　当阴极液中氢氧化钠浓度上升时，膜的含水率降低，膜内固定离子随之上升，膜的交换容量变大，因此电流效率就上升。但是，随着氢氧化钠浓度继续升高，由于 OH^- 的反渗透作用，膜中 OH^- 离子浓度也增大，当氢氧化钠质量分数超过 35%～36% 后，膜中 OH^- 离子浓度增大的影响就起决定作用，反渗到阳极侧，使电流效率明显下降。阴极液中氢氧化钠浓度与电流效率的关系存在一个极大值，如图 4-6 所示。另随着氢氧化钠浓度升高，槽电压也高，因此长期稳定地控制阴极液中氢氧化钠浓度是非常重要的。实际生产中阴极液氢氧化钠浓度是采用加入纯水的量来控制的。

3. 阳极液中氯化钠浓度的影响，若阳极液中氯化钠浓度太低，阴极室的 OH^- 易反渗透，导致电流效率下降；另外阳极液中 Cl^- 也

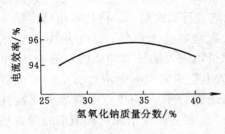

图 4-6　氢氧化钠质量分数
对电流效率的影响

容易通过扩散迁移到阴极室，导致碱液中含盐量增加。同时，如离子膜长期在低盐浓度下运行，还会使膜膨胀，严重起泡、分离直到永久性的损坏。但阳极液中盐浓度也不易太高，否则会引起槽电压升高。通常在生产中宜将阳极液中氯化钠浓度控制在 (210 ± 10) g·L^{-1}。

4．阳极液的 pH 值　由于阴极液中 OH$^-$ 的反渗透，OH$^-$ 与阳极液中溶解氯发生副反应的缘故导致电流下降，同时也使氯中含氧升高。因此，在生产中常采用向阳极室内加盐酸调整阳极液 pH 值的方法，来提高电流效率，降低阳极液中 NaClO$_3$ 的含量及氯中含氧量。

如果膜的性能好，OH$^-$ 几乎不反渗，则不必向阳极液中加盐酸。阳极液 pH 值一般控制在 2～5 之间，当 pH＜2 时，溶液中 H$^+$ 会将离子膜阴极一侧羧酸层中的 Na$^+$ 取代，造成 Na$^+$ 迁移能力下降而破坏膜的导电性，膜的电压降很快上升并造成膜永久性的破坏。

5．温度　离子膜在一定的电流密度下，有一个取得最高电流效率的温度范围，如表 4-2 所示。

表 4-2　电流密度与温度的关系

电流密度/(A·dm^{-2})	10	20	30
温度范围/℃	65～70	75～80	85～90

在此范围内，温度升高会使阴极一侧的膜孔隙增大，从而提高 Na$^+$ 的迁移率，亦即提高电流效率，当电流密度下降时，为了取得高的电流效率，电解槽的温度也必须相应降低。

第三节　碱液蒸发及氯加工

一、碱液蒸发

电解液的蒸发是烧碱生产系统的一个重要环节，它的主要任务有如下几个方面。

1. 浓缩　将隔膜法电解液中的氢氧化钠含量从 11%～12% 浓缩到 50% 左右。

2. 分盐　把电解液中未分解的 NaCl 和 NaOH 分开。通过蒸发，碱液中的水分大量蒸出，随着碱浓度的提高，氯化钠在烧碱溶液中的溶解度急剧下降，并结晶析出分离出来。

3. 回收盐　将分离碱液以后的固体盐溶解成接近饱和的盐水，送化盐工序利用。

目前氯碱工厂的蒸发工序均以蒸汽为热源，流程按碱液和蒸汽的走向可以为分两大类，即顺流蒸发流程和逆流蒸发流程。按蒸汽利用的次数顺流又可分为双效、三效、三效两段等，逆流有三效、四效等。

对于蒸发过程来讲，加热蒸汽的消耗和设备生产能力的大小是蒸发工序的主要经济技术指标。提高蒸发器的生产能力主要靠增大加热面积、提高传热系数、提高加热蒸汽压力和提高溶液上方的真空度。节省蒸汽消耗的主要途径是增加效数，即二次蒸汽的利用次数。

电解液的蒸发一般采用三效两段顺流蒸发流程，如图 4-7 所示。所谓两段蒸发是第一段为三效蒸发，把隔膜电解液蒸浓到含NaOH25%～30%，第二段进一步蒸浓到 50% 左右。

从隔膜法电解工段来的电解液流入计量槽 1 后，用加料泵 2 打入碱液预热器 3 和 4。预热到 115℃ 后碱液进入一效蒸发器 5，蒸到一定浓度后碱液自动流到二效蒸发器 6 继续蒸发。出来的盐碱混合物（以下简称盐泥）经二效循环泵 9 送至二效旋液分离器 12 进行分盐，清液返回蒸发器 6，盐泥送到盐泥高位槽 15。当二效蒸发器 6 中碱液浓度达到 20% 左右时，则从旋液分离器 12 出来的清液直接进料到三效蒸发器 7 进行蒸发，其盐泥经三效循环泵 10 送至三效旋液分离器 13 分盐。由于三效碱液质量分数已达到 25%～30%，所以碱液中大部分盐逐渐结晶析出。分离出来的盐泥也送入盐泥高位槽 15，而清液则返回三效蒸发器 7。当碱液质量分数达 25%～30%，可移至浓液蒸发器 8 使之继续浓缩到 50%，然后用循环泵 11 送到浓碱冷却循环槽 22，再用冷却循环泵 23 送往碱液冷却器 24，用冷却水进行冷却至

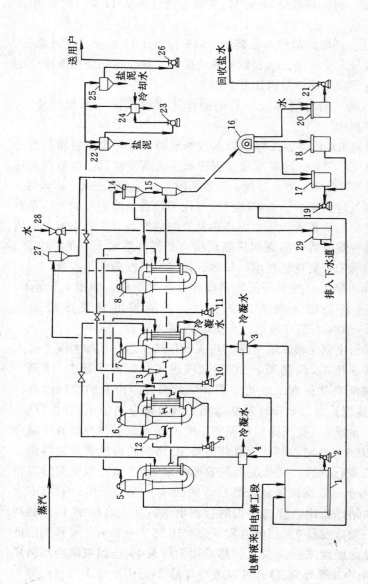

图 4-7 三效两段顺流蒸发流程

1—计量槽;2,9,10,11,19,21,23,26—泵;3,4—碱液预热器;5——效蒸发器;6—二效蒸发器;7—三效蒸发器;8—浓蒸发器;
12—二效旋液分离器;13—三效旋液分离器;14—中间碱液槽;15—盐泥高位槽;16—离心机;17—母液槽;18—洗涤液槽;
20—化盐槽;22—浓碱液槽;24—碱液冷却器;25—成品碱液贮槽;27—碱沫捕集器;28—水喷射器;29—水槽

25～30℃，用泵 23 送至成品碱液贮槽 25 后，再用泵 26 送往用户。冷却析出的盐泥也送至盐泥高位槽 15。中间碱液槽 14 底部的盐泥放入盐泥高位槽 15，汇同二效、三效旋液分离器 12、13 来的盐泥，一并送到离心机 16 进行分离。母液由母液槽 17 用泵 19 打到中间碱液槽 14。洗涤液从洗涤液槽 18 用泵 19 送到计量槽 1。离心机 16 分离出来的盐，在化盐槽 20 内化成回收盐水送至盐水工段。碱液预热器 3 和 4 以及三效蒸发器 7 排出的冷凝水送入冷凝水贮槽（图中略），然后可送至盐水工段供化盐用。

一段的三效和二段的浓液蒸发器的二次蒸汽进入碱沫捕集器 27，将碱沫捕集下来后的二次蒸汽由水喷射器 28 抽出。靠水喷射器保持三效和浓液蒸发器在 86.6～90.7kPa 真空度下操作。水喷射器的水流入水槽 29 后排入下水道。

蒸发后的隔膜碱液中含 NaOH50% 左右，NaCl 约 1%。由离子交换膜电解法得到的碱液含 NaOH 20%～40%，经浓缩至 50% 时，约含 NaCl 0.005%。若要制成固碱还必须进一步浓缩、冷却并除掉其中的杂质。

二、氯气的液化

（一）氯气液化的目的

1. 得到纯净的氯气　从电解槽出来的 Cl_2 纯度约为 96%，另含有 CO_2、O_2、N_2、H_2 等杂质。由于 Cl_2 操作系统采用负压生产工艺，因此在生产过程中不可避免有空气渗入。而有些氯产品又必须采用高纯度氯作为原料，干燥后的 Cl_2 是不能满足这个要求的。Cl_2 液化过程，在一定的压力下使气态氯冷凝成液态，一些不凝性气体从尾气排出，从而达到提高纯氯的目的。

2. 缩小体积便于输送和贮存　在常温常压下，同样重量的气体和液体的体积相差甚大。如在 0℃、0.1MPa 时 1t 气态氯的体积为 311.14m³，而液态氯仅为 0.68 m³，相差 457 倍。因此利用液氯进行贮存或长距离运输既经济又方便。

（二）氯气液化的方法

工业液氯有 3 种生产方法。

1. 高温高压法　Cl_2 压力大于或等于 0.8MPa，液化温度为常温。

2. 中温中压法　Cl_2 压力控制在 0.4~0.8MPa 之间，液化温度控制在 -5℃ 左右。

3. 低温低压法　Cl_2 压力小于或等于 0.4MPa，液化温度低于 -20℃。

生产方法的选择主要根据不同的要求。如果为了降低冷冻量的消耗以节约能源，可采用中温中压法或高温高压法，但其安全技术要求高，设备和管线必须符合高压 Cl_2 的要求。如果从液氯的质量和安全生产考虑，则以低温低压法为宜，但必须配备双级制冷设备以满足其液化温度。目前，国内大部分工厂采用低温低压法生产液氯。

Cl_2 液化过程基本上可分成两个系统。一个是盐水冷冻系统；另一个是 Cl_2 被冷凝为液态的液化系统。在液化器内两个系统同时存在，这两个系统配合好坏将影响到冷冻量的消耗、液化效率的高低和尾氯纯度及含氢多少。

另外，在液氯生产中，由电解工序产生的 Cl_2 含有少量 H_2，随 Cl_2 液化量的增加，H_2 在剩余气体（尾氯）中的比例相应提高，会与 Cl_2 构成爆炸性气体。因此为确保生产安全，通常控制尾氯中含氢不得超过 4%，这部分废气可送往用户加以利用。

三、盐酸的生产

在电解生产中得到的 Cl_2、H_2 经过处理后可以合成氯化氢气体，用水吸收氯化氢气体即可得到盐酸。

1. 氯化氢气体的合成　合成氯化氢气体的反应如下：

$$Cl_2 + H_2 \Longrightarrow 2HCl \qquad \Delta H < 0 \qquad (4\text{-}16)$$

这个反应是在高温和光线作用下进行的，实际上是 H_2 在 Cl_2 中均衡的燃烧过程。为了使氯气得到充分的利用并减少成品酸中游离氯的含量，合成时使用稍过量的氢 [（氯:氢 =1:1.15~1.5（摩尔比）]。

氯化氢的合成在钢制的合成炉内进行。干 Cl_2 由下进入内管，内管上端有孔，外管通入干燥的 H_2，在这里 Cl_2 和 H_2 化合、燃烧生成巨大火炬状火焰。生成的氯化氢从炉的上部排出，送往吸收系统制取盐酸或制成纯度较高的无水氯化氢。

2．用水吸收氯化氢制盐酸　氯化氢极易溶于水，溶解时放出大量的热并生成盐酸。将放出热量移走称为冷却吸收，不加冷却并利用所放出热量制取盐酸称为绝热吸收。

当绝热吸收时虽然盐酸的浓度提高了，但当达到沸点时，水分就会大量蒸发。而水分蒸发所需要的热量又只能从盐酸溶液中获取，所以盐酸溶液的温度降低了。当氯化氢气体浓度一定时，溶液温度越低氯化氢气体的溶解度越高，这时继续通入氯化氢气体即可制得含氯化氢 31％的盐酸。

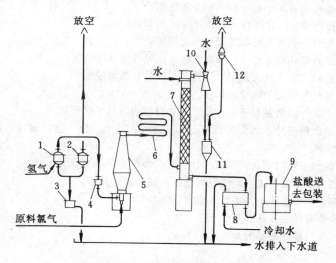

图 4-8　用绝热吸收法制取盐酸的工艺流程

1，2，4，12—阻火器；3—凝水槽；5—合成炉；6—空气冷却管；7—绝热吸收塔；
8—盐酸冷却器；9—盐酸贮槽；10—水喷射器；11—水气分离器

用绝热吸收法制取盐酸的工艺流程如图 4-8 所示。氢气经过阻火器 1、4 进入合成炉，原料 Cl_2 或液氯废气也进入合成炉，进炉的 Cl_2 和 H_2 维持一定的比例。将氢气点燃后，使其在氯气中均衡燃烧，生成氯化氢气体，反应温度可达到 2000℃ 左右。合成炉生成的氯化氢气体在到达炉顶时，由于炉体的散热已被外界空气冷却到 450℃ 左右，进入空气冷却管 6 继续冷却到 130℃，然后进入绝热吸收塔 7，与自塔顶进入的水逆流接触，生成的盐酸从塔底流出，进入盐酸冷却器 8，温度由 80℃ 冷却到常温，然后流入盐酸贮槽 9。

在吸收塔中未被吸收的气体，从塔顶进入水喷射器 10 中，被水带入水气分离器 11，水排入下水道，废气通过阻火器排入大气。

盐酸和氯化氢气体，是具有严重腐蚀性的物质，所以操作时应注意安全生产。

思 考 题

1. 什么是电流效率、电压效率和电能效率？
2. 什么是过电压？它的存在在生产中有何利弊？
3. 隔膜电解法中对电极和隔膜材料有何要求？
4. 槽电压有哪几部分组成？采取哪些措施可以降低槽电压？
5. 何谓盐碱比？为什么在生产要控制盐碱比？如何控制？
6. 试述隔膜电解法中隔膜的作用。
7. 在离子膜电解制碱技术中，为什么要对盐水进行二次精制？
8. 试述二次精制盐水的质量标准，如盐水中 Ca^{2+}、Mg^{2+} 含量偏高对离子膜有何影响？
9. 常用的离子膜有哪几种？试比较它们的特点。
10. 画出离子膜制碱工艺的流程示意图，并作扼要叙述。
11. 影响离子膜电解工艺条件的因素有哪些？
12. 碱液蒸发的主要任务是什么？
13. 试述氯气液化的目的及方法。

第五章　磷酸及磷肥

第一节　概　　述

一、磷肥的作用

磷是农作物种子中含量较多的营养元素，在数量上仅次于氮和钾。它是磷脂的重要组分，磷脂则是细胞质不可缺少的组成成分。磷能促使种子发芽和幼苗发育生长，使秧秆粗壮，叶片宽大。并且促进根系发达和茎秆强硬，增强抗寒能力。还会使作物早熟，籽实饱满，提高产量。此外，它还可以增强作物的抗旱性，提高块根作物的糖和淀粉含量。

土壤中所含的磷一般都不能满足作物需要，地壳中磷的含量为 $0.08\% \sim 0.12\%$（以 P_2O_5）计。我国表层土壤中磷含量为 $0.03\% \sim 0.35\%$，而这些磷绝大部分为不溶或难溶性磷，不易被作物吸收。我国有近 6 亿亩耕地有效磷含量低于 5×10^{-6}，土壤严重缺磷，有近 11 亿亩耕地有效磷含量小于 10×10^{-6}，系缺磷土壤。这些已成为提高农业产量的限制因素，所以必须施用磷肥补充。

二、磷肥品种及生产方法分类

（一）磷肥品种

磷肥中所含的磷，习惯上以 P_2O_5 的质量百分含量表示，但实际上它们是以磷酸盐形式存在的。

磷肥的品种很多，也有多种不同的分类方法。按照磷肥中磷化合物的溶解度不同，分为水溶性、枸溶性和难溶性三类。水溶性磷肥中 P_2O_5 绝大部分能溶解于水中，这类磷肥一般适用于各种土壤，而且施肥后见效快，即所谓速效肥料。属于这类磷肥的有普通过磷酸钙、重过磷酸钙、富过磷酸钙及磷酸铵类肥料等。

枸溶性磷肥中 P_2O_5 绝大部分能溶解于 2%柠檬酸溶液或柠檬酸铵溶液，而不溶于水。属于这类磷肥的有沉淀磷酸钙、钙镁磷肥、脱氟磷肥、钢渣磷肥等。它们施入土壤后，经过土壤中酸性溶液、微生物或植物根部分泌液作用后才能被植物吸收利用。符合一定标准的沉淀磷酸钙还可作为动物的辅助饲料。

难溶性磷肥有磷矿粉、脱脂骨粉等，其中的磷只有在土壤中经过较长时间的微生物作用后，才能被植物利用一部分。

此外，磷酸（H_3PO_4）是一种重要的中间化工产品，主要用作生产高效磷肥，也广泛用于其他化工生产部门。

（二）生产方法分类

除了磷矿粉外，磷肥主要分为酸法磷肥和热法磷肥两大类。

1. 酸法磷肥

（1）过磷酸钙 也称普通过磷酸钙，由硫酸与磷矿粉直接作用制得，主要成分是一水磷酸二氢钙[$Ca(H_2PO_4)_2 \cdot H_2O$]，夹杂有大量的硫酸钙，有效 P_2O_5 含量为 14%～20%，是一种水溶性磷肥。

（2）重过磷酸钙 也称双料过磷酸钙，由磷酸与磷矿粉作用制得，主要成分是磷酸二氢钙，有效 P_2O_5 含量高达 40%～50%，比过磷酸钙多 1～2 倍，是高效的水溶性磷肥。

（3）富过磷酸钙 由浓硫酸和稀磷酸的混酸分解磷矿粉制得，有效 P_2O_5 含量可达 20%～30%，生产富过磷酸钙的流程较长，仅用于不易分解、难精选的贫矿以生产相当于过磷酸钙等级的产品。

（4）半过磷酸钙 简称半钙，用生产过磷酸钙所需硫酸量的一半来分解磷矿粉所制得，其有效磷含量为 10%～14%。半钙中不含游离酸，其生产适宜缺少硫酸的地区。

（5）沉淀磷酸钙 由石灰粉或石灰乳中和磷酸制得，主要成分为二水磷酸氢钙（$CaHPO_4 \cdot 2H_2O$），有效 P_2O_5 含量为 30%～40%，为枸溶性磷肥。

（6）磷酸铵（简称磷铵） 由氨中和磷酸制得，主要成分为磷酸二氢铵[$NH_4H_2PO_4$]和磷酸氢二铵[$(NH_4)_2HPO_4$]的混合物，有效 P_2O_5 含量为 45%～52%，含氮 12%～18%，是高浓度水溶性氮磷酸复合肥料。

（7）硝酸磷肥　用硝酸或含硝酸的混合酸（硝酸与硫酸或磷酸等的混酸）分解磷矿粉，再用氨中和萃取液，使生成的硝酸钙转化成硝酸铵和不溶性钙盐。复肥的主要成分是硝酸铵和磷酸氢钙，其有效P_2O_5含量为$12\%\sim13\%$，氮含量为$16\%\sim17\%$。

我国的酸法磷肥目前生产的主要品种是过磷酸钙，也生产一些沉淀过磷酸钙和磷铵。国外磷肥品种中，磷铵、硝酸磷肥、尿素磷铵等正迅速取代普通过磷酸钙等浓度磷肥，特别是尿素磷铵正在发展，尿素磷铵是将熔融尿素与熔融磷铵造粒制得的。

2．热法磷肥

（1）钙镁磷肥　由磷矿与含氧化镁、氧化钙、二氧化硅的矿物或与含镁盐的矿物，在高温下熔融，再水淬骤冷所制得。钙镁磷肥是弱碱性玻璃质肥料，主要成分是磷酸镁和磷酸钙，有效P_2O_5含量为$16\%\sim20\%$，是枸溶性磷肥。

（2）脱氟磷肥　是将磷矿在高温下用水蒸气脱去氟磷灰石中的氟，制得枸溶性磷肥，有效P_2O_5含量一般为20%左右。肥料中可添加硅石，也可添加硫酸钠和磷酸。

（3）钢渣磷肥　是高磷生铁在炼钢（通常为转炉炼钢）时排出的碱性矿渣，其性质与钙镁磷肥相似，是枸溶性磷肥。低品位的钢渣磷肥中有效P_2O_5含量为$8\%\sim12\%$，中、高品位的分别为$16\%\sim20\%$和$25\%\sim30\%$。

我国热法磷肥生产的主要品种是钙镁磷肥。

三、磷矿石

磷矿石是生产磷酸和磷肥的原料。天然磷矿石可分为磷灰石和磷块岩两大类，它们的主要成分都是氟磷酸钙$[Ca_5F(PO_4)_3]$。实际上氟磷酸钙是三个分子的正磷酸钙和一个分子氟化钙的复盐，其分子式为$3Ca_3(PO_4)_2\cdot CaF_2$。在天然磷矿石中所含的Ca^{2+}有时部分为Sr^{2+}、Mg^{2+}、Ba^{2+}、Mn^{2+}和Fe^{3+}所代替，所含的F^-可能为Cl^-、OH^-、CO_3^{2-}所代替。

磷灰石系火山成岩，是由熔融的岩浆冷却结晶而成。它具有六角形晶体结构，不含结晶水。颜色为灰色、灰绿色、紫色或咖啡色。纯的氟磷灰石含 P_2O_5 为 42.24%。氟磷灰石在矿石中分散存在，高品位磷灰石矿在自然界中不多，但磷灰石结晶完整，颗粒较粗，易于用浮选方法富集。

磷块岩系水成岩，主要是由海水中的磷酸钙沉积而成，常与石灰岩、矿岩或页岩等共生在一起，其含磷矿物主要是微细的氟磷灰石颗粒分散在矿石中。磷块岩一般为非晶形或隐晶形，常含有结晶水或与碳酸盐成为复合物，其结构式通常可以写成 $Ca_5F(PO_4) \cdot nCaCO_3 \cdot mH_2O$。

磷矿的品位是依照 P_2O_5 含量划分的。通常将 P_2O_5 含量为 30% 以上的定为高品位磷矿，含量为 20%～30% 的定为中品位磷矿，含量在 20% 以下的为低品位磷矿。磷肥生产对磷矿的 P_2O_5 含量有一定的要求，高品位磷矿可以直接加工成磷肥，中低品位磷矿一般需经过选矿富集后才加以利用。

磷矿的富集常用浮选法。浮选是根据磷矿中有用矿物磷灰石与脉石矿物（石英、角闪石等）对水润湿性的不同而将它们分离的。磷灰石在矿石中常以 0.2mm 左右的细粒状星散分布。选矿时，将矿石粉碎并加水磨成矿浆，添加浮选剂以提高磷灰石的憎水性或脉石的亲水性，向矿浆中鼓入空气，磷灰石附在气泡上浮在矿浆表面，形成稳定的泡沫层，分出并且脱水而得磷精矿，脉石则成为尾矿。

四、我国磷肥工业的发展简史

自从 1842 年英国建成世界上第一个生产普通过磷酸钙工厂以来，磷肥的生产和施用已有 140 多年的历史。1942 年，我国在云南建成第一个日产 1t 普钙的车间，半年后，因销路不畅停产。到 1949 年，除台湾有年产 30kt 普钙厂外，其他省、市无磷肥工厂。

自 1952 年起，我国在哈尔滨、辽阳、济南、衡阳先后建设了年产 20～60kt 普钙厂。于 1958 年在南京和太原分别建成年产 400kt 和 200kt 普钙的磷肥厂，这些大、中、小型普钙厂的建设，标志着我国磷肥工业的开始。1958 年后，各地建设了一批小型磷肥厂，磷肥产量增加很快。

1966 年在南京磷肥厂建成年产 30kt 磷酸二铵的车间，1976 年广西建成年产 50kt 重过磷酸钙工厂，1982 年云南磷肥厂年产 100kt 重过磷酸钙车间建成投产。这三家工厂的建成投产标志着我国磷肥工业开始向高浓度磷肥和复合磷肥方向发展。

我国磷肥工业从无到有，发展速度是比较快的。但在品种上，普钙占产量的 73.7%，钙镁磷肥占 24%，高浓度复合肥料仅占 2.3%，这是我国磷肥工业急待改变的落后局面。

第二节　湿法磷酸

工业上制取磷酸的方法有两种。一种是用强无机酸（主要用硫酸）分解磷矿制得磷酸，称湿法磷酸，又常称萃取磷酸，主要用于制造高效肥料。另一种是在高温下将天然磷矿中的磷升华，而后氧化、水合制成磷酸，称为热法磷酸，主要用于生产工业磷酸盐、牲畜和家禽的辅助饲料。本节主要讨论湿法磷酸。

纯净的磷酸是无色的，工业磷酸由于或多或少含有各种不同的杂质，而呈黄绿色。

一、磷酸的性质

磷酸是由 P_2O_5 与水反应得到的化合物。正磷酸对应的分子式为 H_3PO_4，简称为磷酸。与 P_2O_5 结合的水比例低于正磷酸时会形成焦磷酸（$H_4P_2O_7$）、三聚磷酸（$H_5P_3O_{10}$）、四聚磷酸（$H_6P_4O_{13}$）、偏磷酸（HPO_3）和多聚偏磷酸（$(HPO_3)_n$）。在工业上常用 P_2O_5 或 H_3PO_4 质量百分数表示磷酸的浓度。

常温下正磷酸是白色固体，相对密度 1.88，单斜晶体结构，熔点 42.35℃，在空气中易潮解。通常生产和使用的是磷酸水溶液，在液体中，含 72.4% P_2O_5 的磷酸（相当于 100% H_3PO_4）中正磷酸的含量仅为 87.2%，其余 12.7% 实际上是以焦磷酸等形式存在。在 P_2O_5 含量不超过 69%（相当于 95% H_3PO_4）的磷酸水溶液中，磷酸全部是以正磷酸的形式存在。当磷酸浓度超过 100% 时，焦磷酸等高浓缩形式的磷酸含量将按比例增加。

在水溶液中磷酸能离解，$0.1 \sim 0.01 \text{mol} \cdot \text{L}^{-1}$ 磷酸的离解常数为：

$$H_3PO_4 \Longrightarrow H^+ + H_2PO_4^- \qquad 25℃ 时 \ K_1 = 7.52 \times 10^{-3}$$

$$H_2PO_4^- \Longrightarrow H^+ + HPO_4^{2-} \qquad 25℃ 时 \ K_2 = 6.23 \times 10^{-8}$$

$$HPO_4^{2-} \Longrightarrow H^+ PO_4^{3-} \qquad 18℃ 时 \ K_3 = 2.2 \times 10^{-13}$$

1mol H_3PO_4 在 1mol 水中的溶解热为 $7.285 J \cdot mol^{-1}$，随着稀释倍数增加，磷酸的溶解热增大，1mol H_3PO_4 在 20mol 和 100mol 水中的溶解热分别为 $20.962 \ J \cdot mol^{-1}$ 和 $22.046 \ J \cdot mol^{-1}$。

磷酸溶液的粘度随着磷酸浓度增高而增大，磷酸中所含杂质离子会使粘度显著增加。磷酸水溶液的沸点随磷酸浓度的增加而升高，其变化情况如表 5-1 示。

表 5-1　磷酸水溶液的沸点

磷酸质量分数/%	17.0	37.4	57.3	77.2	98.0
溶液沸点/℃	101.9	104.45	113.27	136.09	233.24

含 72.4% P_2O_5（相当于 100% H_3PO_4）的磷酸没有固定的沸点，这是因为正磷酸在 250℃ 时开始分解生成焦磷酸，并且在较高温度（250℃ 以上）时，分解生成多种形式的缩合磷酸（三聚磷酸、四聚磷酸和偏磷酸）。当 72.4% P_2O_5 冷却到熔点（42.35℃）以下时，还会呈现过冷溶液。

二、湿法磷酸生产的理论基础

（一）化学反应

湿法磷酸的生产是用硫酸处理天然磷矿，使其中的磷酸盐全部分解，生成磷酸溶液及难溶性的硫酸钙沉淀。

$$Ca_5(PO_4)_3F + 5H_2SO_4 + 5nH_2O \Longrightarrow 3H_3PO_4 + 5CaSO_4 \cdot nH_2O + HF$$

因反应条件不同，反应生成的硫酸钙可能是无水硫酸钙（$CaSO_4$）、半水硫酸钙（$CaSO_4 \cdot \frac{1}{2}H_2O$）或二水硫酸钙（$CaSO_4 \cdot 2H_2O$）。在实际生产中，上述分解反应多数是分两步进行的。

首先是磷矿粉与循环的料浆反应。循环的料浆含有磷酸且循环量很大，磷矿粉被过量的磷酸分解。

$$Ca_5(PO_4)_3F + 7H_3PO_4 \Longrightarrow 5Ca(H_2PO_4)_2 + HF$$

　　这一步称为预分解。预分解是防止磷矿粉直接与浓硫酸反应，避免反应过于猛烈而使生成的硫酸钙覆盖于矿粉表面，阻碍磷矿进一步分解，同时也防止生成难于过滤的细小硫酸钙结晶。

　　接着是磷酸二氢钙与稍过量的硫酸反应。磷酸二氢钙全部转化成磷酸和硫酸钙：

$$Ca(H_2PO_4)_2 + H_2SO_4 + nH_2O = CaSO_4 \cdot nH_2O + 2H_3PO_4$$

　　磷矿中所含的杂质能与酸作用，发生各种副反应。碳酸盐被酸分解发生如下反应：

$$2CaMg(CO_3)_2 + 3H_2SO_4 + 2H_3PO_4 + 2nH_2O$$
$$= 2CaSO_4 \cdot nH_2O + MgSO_4 + Mg(H_2PO_4)_2 + 4H_2O + 4CO_2 \uparrow$$

　　磷矿中的霞石［组成近似为$(Na \cdot K)_2Al_2Si_2O_8 \cdot RH_2O$］、海绿石（组成不定）和粘土等杂质易被酸分解，反应式为：

$$Fe_2O_3 + 2H_3PO_4 = 2FePO_4 \cdot 2H_2O + H_2O$$

$$Al_2O_3 + 2H_3PO_4 = 2AlPO_4 \cdot 2H_2O + H_2O$$

$$SiO_2 + 6HF = H_2SiF_6 + 2H_2O$$

$$K_2O + H_2SiF_6 = K_2SiF_6 + H_2O$$

$$Na_2O + H_2SiF_6 = Na_2SiF_6 + H_2O$$

$$SiO_2 + H_2SiF_6 = 3SiF_4 \uparrow + 2H_2O$$

$$H_2SiF_6 = SiF_4 \uparrow + 2HF \uparrow$$

　　气相中的氟，主要以 SiF_4 形式存在，在吸收设备中用水吸收时生成氟硅酸水溶液和胶状的硅酸沉淀：

$$3SiF_4 + (n+2)H_2O = SiO_2 \cdot nH_2O + 2H_2SiF_6$$

　　湿法磷酸生产中氟磷灰石和硫酸、磷酸反应以及过量硫酸的稀释都能放出热量，应设法移去。

　　（二）硫酸钙的结晶和生产方法分类

　　反应终了的料浆主要是磷酸和硫酸钙结晶的混合物，固相中还有少量未分解的磷矿和不溶性残渣。以低品位磷矿为原料时，沉淀中可能还有少量的倍半氧化物的磷酸盐。磷石膏的量取决于磷矿的组成和生产条件，反应生成的磷酸，须用过滤的方法与以硫酸钙为主的固相分离才能得到。因此，硫酸钙晶体的形成和晶粒的大小便成为萃取磷酸生产中过滤、洗涤的关键。不稳定或细小的硫酸钙晶体不仅使过滤困难，洗涤不完全，而且容易在过滤或洗涤的过程中结块，影响操作的正常进行。在生产过程中为了便于过滤和洗涤，应尽可能使硫酸钙呈均匀而又粗大的晶体，有细小晶体时，则应尽可能使其粘结成团。

前已述及，因反应条件不同，在磷酸水溶液中硫酸钙晶体可以三种不同的形式存在，即二水硫酸钙 $CaSO_4 \cdot 2H_2O$（石膏）、半水硫酸钙 $CaSO_4 \cdot \frac{1}{2}H_2O$（半水石膏）及无水硫酸钙 $CaSO_4$（硬石膏）。

虽然二水硫酸钙结晶的几何形状可以不同，但从结晶学观点来看都属于单斜晶系三棱类晶体，其相对密度为 2.32，含有 20.9% 的结晶水。

半水硫酸钙呈六方晶系，有两种变体。α-型半水物是从溶液中结晶生成或在饱和水蒸气气氛中由二水物缓慢脱水形成，其相对密度为 2.73。β-型半水物是由二水物在不饱和水蒸气气氛中迅速脱水形成，其相对密度为 2.67。两种变体都含有 6.2% 的结晶水。

无水硫酸钙呈斜方晶系，有三种变体。无水物 I 是一种高温变体，在 1195℃ 以上稳定。无水物 II 又称为不溶性硬石膏，是由半水物或二水物脱水或者从溶液中结晶生成，其相对密度为 2.99，在湿法磷酸制造中生成无水物 II 这种变体。无水物 III 是在中等温度下，α-半水物和 β-半水物在大气流中脱水时各自形成的 α-无水物 III 和 β-无水物 IV（以前称为可溶性硬石膏），其相对密度为 2.52。

根据各种硫酸钙结晶变体生成和存在的条件，在湿法磷酸生产中只可能出现的硫酸钙结晶是二水物、α-半水物和无水物 II。因此，湿法磷酸的生产方法又常以硫酸钙的形态来命名。工业上有下述几种湿法磷酸生产方法。

1. **二水法制湿法磷酸**　这是目前世界上应用最广泛的一种方法，有多槽流程和单槽流程，其中又分为无回浆流程和有回浆流程以及真空冷却和空气冷却流程。二水法所得磷酸一般含 P_2O_5 28%～32%，磷的总收率为 93%～97%。

造成磷的总收率不高的原因在于：① 洗涤不完全；② 磷矿的萃

取不完全，通常与磷矿颗粒表面形成硫酸钙膜有关；③ 磷酸溶液陷入硫酸钙晶体的空穴中；④ 磷酸一钙[$Ca(H_2PO_4)_2 \cdot H_2O$]结晶层与硫酸钙结晶层交替生长；⑤ HPO_4^{2-} 取代了硫酸钙晶格中的 SO_4^{2-}，有人解释为形成了 $CaSO_4 \cdot 2H_2O$ 与 $CaHPO_4 \cdot 2H_2O$ 的固溶体；⑥ 溢出、泄漏、清洗、蒸汽雾沫夹带等机械损失。

为了减少除洗涤不完全和机械损失以外的其他导致磷损失的因素，采用了将硫酸钙溶解再结晶的方法，如半水-二水法，二水-半水法等。

2. 半水-二水法制湿法磷酸　此法特点是先使硫酸钙形成半水物结晶析出，再水化重结晶为二水物。这样，可使硫酸钙晶格中所含的 P_2O_5 释放出来，P_2O_5 的总收率可达 98％～98.5％，同时，也提高了磷石膏的纯度，扩大了它的应用范围。半水-二水法流程又分为两种：一种称为稀酸流程，即半水结晶不过滤而直接水化为二水物再过滤分离，产品酸质量分数（P_2O_5）为 30％～32％；另一种称为浓酸流程，即过滤半水物料浆分出成品酸，后再将滤饼送入水化槽重结晶为二水物，产品酸含 P_2O_5 45％左右。

3. 二水-半水法制湿法磷酸　在生产过程中控制硫酸钙生成二水结晶，再使二水物转化为半水物，回收二水中夹带的 P_2O_5，最终结晶以半水物形式析出。此法特点是 P_2O_5 总收率高（99％左右），磷石膏结晶水少，产品磷酸含 P_2O_5 35％左右。

4. 半水法制湿法磷酸　在生产过程中控制硫酸钙结晶以半水物形式析出，可得含 P_2O_5 40％～50％的磷酸。该法关键是半水物结晶的钝化，即半水物在洗涤过程中不水化，滤饼短期内不硬结。近年来，在掌握钝化半水物生成机理后，已在工业上建成日产 600t P_2O_5 的大厂。

（三）$CaSO_4$-H_3PO_4-H_2O 体系的相平衡

各种水合物的硫酸钙及其各种变体在水中的溶解情况如图 5-1 所示。由图可见除二水物外，溶解度均随温度升高而降低，且二水物和无水物Ⅱ在水中的溶解度最低。在 40℃ 时，二水物与无水物Ⅱ溶解度曲线相交，这说明温度低于 40℃ 时 $CaSO_4 \cdot 2H_2O$ 是稳定固相，高于 40℃ 时无机物Ⅱ是稳定固相。温度为 40℃ 时，两者可以互相转换

并保持 $CaSO_4 \cdot 2H_2O \rightleftharpoons CaSO_4 \amalg + 2H_2O$ 平衡关系。其他水合物的溶解度较高，是介稳定固相，最终将转变为 $CaSO_4 \cdot 2H_2O$ 或无机物 $\amalg$。$CaSO_4 \cdot 2H_2O$ 与 $\alpha\text{-}CaSO_4 \cdot \frac{1}{2}H_2O$ 溶解度曲线相交于97℃，此温度下两者可以互相转换并保持。

$$CaSO_4 \cdot 2H_2O \rightleftharpoons \alpha\text{-}CaSO_4 \cdot \frac{1}{2}H_2O + \frac{3}{2}H_2O$$

平衡关系，但此平衡是介稳定平衡，最终均将脱水转变为无机物 $\amalg$。

$CaSO_4\text{-}H_3PO_4\text{-}H_2O$ 体系平衡相图如图 5-2 所示。图中实线 ab 是二水物⇌无水物的热力学平衡曲线，虚线 cd 代表二水物⇌半水物介稳平衡曲线。在曲线 ab 及 cd 所划分的三个区域中，$0ab$ 区域内二水物为稳定形式，半水物经过无水物转化为二水物。$abcd$ 区域中，无水物是稳定形式，而二水物相对比半水物稳定，因此半水物转化为无水物必先经过二水物。半水物到二水物的转化过程是随磷酸溶液含 P_2O_5% 及温度的增高而减慢的，但一般进行较快。cd 线以上的稳定形式仍是无水物，半水物转化为无水物是直接进行的，不经过中间的二水物。从半水物直接到无水物的转化过程随磷酸溶液中 P_2O_5 含量及温度的增加而加速。由此可见，在 $0ab$ 区域虽然以二水物为稳定形式，但需要维持磷酸温度很低，要把磷矿粉和硫酸反应放出的大量热移走以维持低反应温度在工业上很难办到。因此，以生成二水硫酸钙为目的的"二水法萃取磷酸"反应条件，必须严格控制在 $abcd$ 区域。

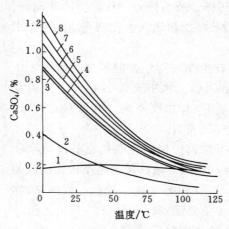

图 5-1　各种水合物硫酸钙（各种变体）在水中的溶解度

1—$CaSO_4 \cdot 2H_2O$；2—$CaSO_4 \amalg$；3—$\alpha\text{-}CaSO_4 \amalg$；

4—$\beta\text{-}CaSO_4 \amalg$；5—$\alpha\text{-}CaSO_4 \cdot \frac{1}{2}H_2O$；

6—$\beta\text{-}CaSO_4 \cdot \frac{1}{2}H_2O$；7—脱水后的 $\alpha\text{-}CaSO_4 \cdot \frac{1}{2}H_2O$；8—脱水后的 $\beta\text{-}CaSO_4 \cdot \frac{1}{2}H_2O$

在含有硫酸的磷酸溶液中，二水物与 α-半水物的介稳平衡曲线随硫酸含量的变化如图 5-3 所示。由图可见，磷酸溶液中当游离硫酸含量增加时，二水物-半水物介稳平衡曲线向温度和 P_2O_5 含量减低的方向移动。由此图可以帮助我们确定 α-$CaSO_4 \cdot \dfrac{1}{2}H_2O$ 水化成为 $CaSO_4 \cdot 2H_2O$ 的工艺条件。

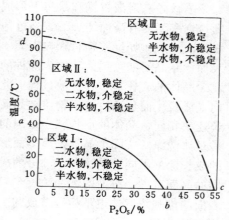

图 5-2　$CaSO_4$-H_3PO_4-H_2 体系硫酸钙结晶转化多温图

"二水法"萃取磷酸生产过程中，首先析出的半水硫酸钙，因为它所需的能量最小。析出的半水物在"二水法"萃取磷酸控制的磷酸浓度、温度和游离硫酸浓度的范围内，很快地转化为稳定的二水物结晶。此时虽然可以获得稳定的二水物，但是还需要这个稳定的二水物是粗大、均匀的，因为细小的结晶有较大的表面能，粘带较多的磷酸溶液，难于洗涤，也易造成过滤困难。因此，很有必要进一步说明形成粗大、均匀结晶的有关问题。

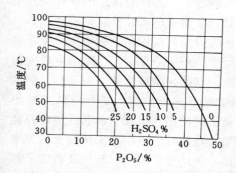

图 5-3　在磷酸与硫酸的混合溶液中二水物-α-半水物的介稳平衡

（四）硫酸钙结晶

结晶过程都包括晶核的生成和晶粒成长两个阶段。如晶核的生成速率大超过成长速率，便得到为数很多的细粒结晶；若晶体的成长速率大于晶核的生成速率，便可得到为数较少的粗粒结晶。因此改变影响晶核生成速率和晶粒成长速率的因素，就能控制晶粒的大小。

晶核是在溶液过饱和状态下形成的。一般说，晶核形成的多少是随过饱和度的升高而增加的。当过饱和度不大时，晶核只能在已有的表面上生成，如反应物料颗粒表面、结晶器器壁以及溶液中其他固体表面。结晶初期可用人工加入晶种的方法使过程加速。

晶体的成长是一种扩散过程。此过程不仅在垂直于晶体表面的方向上成长，而且还决定于物质结晶面的运动。如晶体在各个方向的成长速率相同，晶体的形状就会是圆的。圆球形晶体的表面能最小，极易过滤洗涤。实际上晶体是呈多面形的，这是由于晶体结构各个部分的成长速率不同。晶体各个部分的成长速率所以不同，是因为对于不同的晶面来说，溶液的饱和浓度不同，因而溶液的过饱和浓度与晶体表面的饱和浓度差也不相等造成的。此外，晶体的形状还与溶液的粘度和温度有关。

在等温结晶过程中，随着溶液的过饱和度逐渐减小，结晶过程逐渐减慢，但由于晶体的成长，晶体的总表面扩大了，又可使结晶加快。因此，在整个结晶过程中，结晶速率起初急剧加快，当达到一极大值后才迅速下降。当升高温度时，溶液过饱和度减小，此时结晶的稳定性降低，已结晶的晶粒将有部分溶解。温度急剧降低会导致溶液中过饱和度急剧增加，使结晶细小。

晶粒在成长过程中，有时某些杂质会吸附到晶面上，遮盖了晶体表面的活性区域，而使晶体成长速率减慢，有时使晶体长成畸形。某些杂质会使溶液变得粘稠，在这种情况下，晶体表面上的扩散受到妨碍，而只能在晶体的凸出部分堆集，使晶体形成针状或树枝状。

在萃取磷酸的过程中，必须使物料加入量均匀、稳定，避免萃取液内过饱和度变化过大。经研究得出：一定的温度下，磷酸溶液中稍过量的硫酸根离子将使二水硫酸钙的结晶向晶粒宽的方向进行，而稍过量的钙离子则将使二水硫酸钙的结晶向长的方向进行。稍过量的铁、铝杂质在溶液中呈酸性磷酸盐，将使二水硫酸钙的结晶向晶粒宽的方向进行。而铁的硫酸盐、磷酸盐在磷酸溶液中使磷酸溶液粘度增加，从而使二水硫酸钙的结晶向晶粒长的方向进行。至于要得到足够粗大、均匀的结晶，则只需进一步保证其成长时间即可。在有回浆的二水物法萃取磷酸过程中，必须注意带有晶种的回浆，控制二水物结晶初期为微过饱和状态，后期还需消除过饱和。这些是制定工艺流程、工艺条件及确定相应设备的依据。

三、"二水法"湿法磷酸工艺条件的选择

制造湿法磷酸是由硫酸分解磷矿制成硫酸钙和磷酸，以及将硫酸钙晶体分离和洗净两个主要部分组成。湿法磷酸的生产工艺指标主要是应保证达到最大的 P_2O_5 回收率和最低的硫酸消耗量。这就要求在分解磷矿时硫酸耗量要低，磷矿分解率要高，并应尽量减少由于磷矿颗粒被包裹和 HPO_3^{2-} 取代了 SO_4^{2-} 所造成的 P_2O_5 损失。在分离部分则要求硫酸钙晶体粗大、均匀、稳定，过滤强度高和洗涤效率高，尽量减少水溶性 P_2O_5 损失。根据生产经验，湿法磷酸制造过程中应选择和控制好下述生产操作条件，以满足工艺指标的要求。

（一）反应料浆中 SO_3 含量

反应料浆中 SO_3 含量对萃取过程的影响十分显著，并且是多方面的。适量的 SO_3 含量，会使硫酸钙生成双晶或多到四个斜方六面体的针状结晶，易于过滤和洗涤。当 SO_3 含量较低时，生成难于过滤的细小结晶，会降低过滤速率。当 SO_3 含量过高时，石膏会在磷矿粉表面上结晶，致使反应时间延长，甚至使反应完全停顿。

在实际生产过程中，各种磷矿在萃取过程中的适宜 SO_3 含量，需要通过实验测定。一般认为，按二水法制湿法磷酸时，SO_3 含量控制在 $0.025\sim0.035\ \mathrm{g\cdot mL^{-1}}$。

（二）反应温度

反应温度的选择和控制是非常重要的。低温条件会导致酸的粘度升高和妨碍结晶长大，对生产不利。提高反应温度能加速反应，提高分解率，降低液相粘度，同时又由于溶液中硫酸钙溶解度随温度升高而增加，并相应地降低过饱和度，这些有利于形成粗大晶体和提高过滤强度。但温度过高则会生成不稳定的半水物，甚至生成一些无水物，使过滤困难，腐蚀加剧。而且随温度的升高，杂质溶解度也相应增大，溶解的杂质在后来则成为淤渣及疤垢，势必影响产品质量。一般二水物流程控制的温度为 $65\sim80℃$；半水物流程控制温度在 $95\sim105℃$。在生产上多采用空气冷却或真空闪蒸冷却以除去料浆中过多

的热量。

（三）反应时间

反应时间是指物料在反应槽内的停留时间，主要决定于磷矿的分解速率和石膏结晶的成长时间。石膏结晶长大的时间较磷矿分解需要的时间长，从分解速率看，磷块岩较磷灰石快，但在温度较高和液相中 P_2O_5 含量不断提高的情况下，即使是磷灰石，分解率要达到 95% 以上，也只需 2～3h。但为了石膏结晶的长大还需延长反应时间，一般总的萃取时间为 4～6h。

（四）反应料浆中固体物的含量

反应料浆中固体物的浓度即料浆的液固比（指料浆中液相和固相的质量比）。料浆如果固相含量过高，会使料浆粘度增大，对磷矿分解和晶体长大都不利。同时，过高的固相含量，会增大晶体与搅拌叶的碰撞几率，从而增大二次成核量并导致结晶细小。提高液相含量会改善操作条件，但液固比过大会降低设备生产能力。一般二水物流程液固比控制在 $(2.5～3):1$，如果所用矿石中镁、铁、铝等杂质含量高时，液固比适当提高一些。

（五）回浆

返回大量料浆可以提供大量晶种，并可以防止局部游离硫酸浓度过高，可以降低过饱和度和减少新生晶核量。这样，有可能获得粗大、均匀的硫酸钙晶体。在实际生产操作中，回浆量一般为加入物料形成料浆量的 100～150 倍。

（六）反应料浆中 P_2O_5 含量

反应料浆中 P_2O_5 含量稳定，保证了硫酸钙溶解度变化不大和过饱和度稳定，从而保证了硫酸钙结晶的形成和成长情况良好。控制反应料浆中磷酸含量的方法在于控制进入系统中的水量，即控制洗涤滤饼而进入系统的水量。一般在二水法流程中，当操作温度控制在 70～80℃ 范围内，料浆中 P_2O_5 含量为 25%～30%。

（七）料浆的搅拌

搅拌可以改善反应条件和结晶成长条件，有利于颗粒表面更新和消除局部游离硫酸含量过高，对防止包裹现象和消除泡沫起一定作用。但搅拌强度也不宜过高，以免碰碎大量晶体导致二次成核过多。

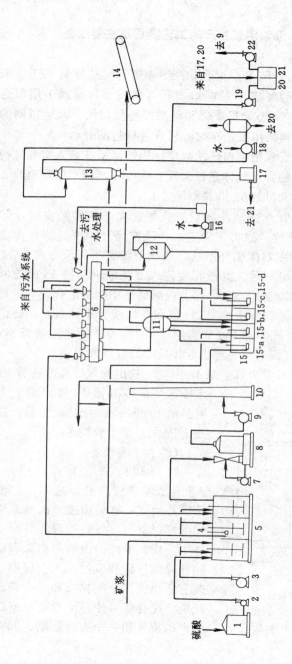

图 5-4 二水湿法磷酸生产工艺流程图

1—硫酸计量槽；2—硫酸泵；3—鼓风机；4—料浆泵；5—酸解槽；6—盘式过滤机；7—氟吸收液循环泵；8—文丘里吸收塔；9—排风机；10—排气筒；11，12—气液分离器；13—冷凝器；14—皮带运输机；15(15-a,15-b,15-c,15-d)—滤液中间槽；16，18—水环式真空泵；17—液封槽；19—冷却水泵；20—冷却水池；21—冷凝水池；22—冷凝水泵；

四、"二水法"湿法磷酸生产的工艺流程及主要设备

(一) 工艺流程

"二水法"湿法磷酸生产流程如图 5-4 所示。从原料工序送来的矿浆经计量后进入酸解槽 5（即萃取槽），硫酸经计量槽 1 用泵送入酸解槽 5，通过自控调节确保矿浆和硫酸按比例加入，酸解得到的磷酸和磷石膏的混合料浆用泵送至过滤机 6 进行过滤分离。

为了控制酸解反应槽中料浆的温度，用鼓风机 3 鼓入空气进行冷却。酸解槽 5 排出的含氟气体通过文丘里吸收塔 8 用水循环吸收，净化尾气经排风机 9 和排气筒 10 排空。

过滤所得的石膏滤饼经洗涤后卸入螺旋输送机并经皮带运输机 14 送至石膏厂内堆放。滤饼采用三次逆流洗涤，冲洗过滤机滤盘及地坪的污水送至污水封闭循环系统。各次滤液集于气液分离器 11 的相应格内，经气液分离后，滤液相应进入滤洗液中间槽 15 的滤液格内。滤液磷酸经滤液泵 15-a，一部分送到磷酸中间槽贮存，另一部分和一洗液汇合，送至酸解槽 5。二洗液和三洗液分别经泵打回过滤机逆流洗涤滤饼。吸干液经气液分离器 12 进滤液中间槽三洗液格内。真空泵 16 的压出气则送至过滤机 6 作反吹石膏渣卸料用。

过滤工序所需真空由真空泵 18 产生，抽出的气体经冷凝器 13 用水冷却。从冷凝器 13 排出的废水经液封槽 17 排入冷凝水池 21 后，由泵 22 送至文丘里吸收塔 8。

(二) 主要设备

1. 萃取槽（即酸解反应槽）　图 5-5 所示为单槽酸解反应器，它由两个同心的直立圆筒组成，硫酸和磷矿加入环形空间。分解过程在环形室中基本完成，中间的内筒起消除磷矿短路和降低过饱和度的作用。环形室内装有六个或多个搅拌浆和一个径向折流板。搅拌浆可使料浆沿环形室以相当大的流速朝一个方向运动，同时在

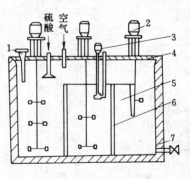

图 5-5　具有中心筒的单槽反应器
1—顶混器；2—搅拌装置；3—立式
料浆泵；4—顶盖；5—回浆挡板；
6—中心筒；7—槽体

每个区域都造成湍流状态。搅拌装置底层浆叶与槽底的距离应按照经验和标准进行设计。在施工时浆叶下面的底应做成微拱形，以清除由于强烈搅拌而引起的强大旋流磨坏槽底的衬里。径向折流板可以防止矿料短路，并有助于形成匀称搅拌状态。

除上述在我国普遍采用的同心圆形反应槽外，在国外还有一些先进的反应槽型。法国罗纳-普朗克公司设计的反应器（如图 5-6 所示，简称 R-P 槽）是目前世界上广泛采用的单浆单槽反应器。它是一种扁平形槽，其特点是反应槽设计简化、能耗低，生产单位 P_2O_5 的能耗不到前述单槽反应器的一半。反应槽只有一个主要搅拌器用以分散加入的磷矿粉，并使其在料浆中均匀地进行反应。此外，还有一些辅助透平搅拌器沿槽周围配置以改善料浆和在反应槽顶部空间循环的冷空气接触。后经进一步简化设计将辅助透平搅拌器改为小型旋转分布器在反应槽表面分散料浆，通过槽上部空间使料浆冷却，同时也将硫酸喷在料浆表面上。

2. 过滤机　用湿法生产磷酸，在得到产品磷酸的同时要生成大量的磷石膏，一般用过滤机分离和洗涤这些磷石膏。我国湿法磷酸生

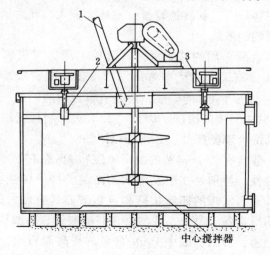

图 5-6　罗纳-普朗克单槽反应器

1—磷矿加料器；2—表面冷却器；3—硫酸分解槽

产大多数厂采用倾覆式过滤机，其结构如图 5-7 所示。

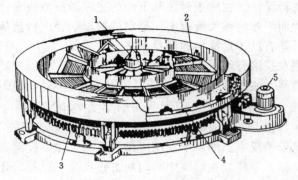

图 5-7　倾复式过滤机

1—轴；2—过滤盘；3—齿轮；4—轨道；5—传动装置

倾覆盘式过滤机的优点是：① 连续操作，利用真空进行过滤与洗涤，磷酸料浆的加入和滤饼磷石膏的排除都是连续的。而且可以对滤渣进行多次连续洗涤，洗涤是用逆流方式进行的，滤饼磷石膏自动排除。② 单机直径大（已达 30m），生产能力大，适用于大型化生产。它也存在一些缺点，如转速较慢，占地面积大，动力消耗多等。

五、湿法磷酸的浓缩

目前，世界上所采用的"二水法"流程生产的湿法磷酸一般含 P_2O_5 28%～32%。在磷肥生产中常需用浓度较高的磷酸，如制磷酸铵需要含 40%～42% P_2O_5 的磷酸，而制造重过磷酸钙的一些流程则要求含 P_2O_5 52%～54% 的磷酸。因此"二水法"制得的磷酸不适于直接用来生产高浓度磷肥产品，必须加以浓缩。

湿法磷酸一般含有 2%～4% 的游离硫酸和 2% 左右的氟，这种酸具有极大的腐蚀性，特别是在蒸发浓缩的高温条件下腐蚀更为强烈。在浓缩过程中，逸入气相的四氟化硅和氢氟酸亦具有极大的腐蚀性，会腐蚀管道和附属设备。另外，磷酸中含有硫酸钙、磷酸铁、磷酸铝和氟硅酸盐等杂质，会因磷酸中 P_2O_5 含量的提高而析出，粘结在浓缩设备的内壁上，降低设备的导热性能，并引起受热不均，从而产生严重的起泡和酸雾。因此，在磷酸浓缩装置中，那些与酸接触的部位通常采用非金属材料，如用树脂浸渍的石墨制热交换器，管道采用橡胶衬里，也可采用特种耐腐蚀的合金钢制作。

图 5-8 所示为强制循环真空蒸发浓缩磷酸流程。稀酸进入混合器 3 中，与来自分配槽 2 的浓磷酸混合，这时由于磷酸浓度迅速增高，使原来稀磷酸溶液中的杂质大部分析出。然后用泵 4 输送至沉降槽 5，让其中的杂质沉降下来并从底部放出。去掉杂质的磷酸清液用循环泵 9 快速送入真空蒸发器 1 中，用蒸汽加热蒸发。蒸发器出来的浓磷酸导入分配槽 2 中，一小部分作为成品浓酸放出，大部分则仍送入混合器中，与稀酸混合循环使用。这样循环、浓缩、析出杂质、取得成品磷酸，构成了连续生产。

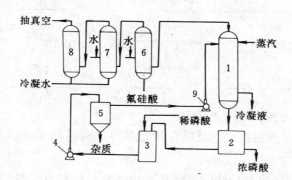

图 5-8　强制循环真空蒸发浓缩磷酸的流程
1—真空蒸发器；2—分配槽；3—混合器；4—酸泵；5—沉降槽；
6，7—第一、二冷凝器；8—水沫捕捉器；9—循环泵

第三节　酸 法 磷 肥

用无机酸分解磷矿制造出的磷肥通常称为酸法磷肥，酸法磷肥包括普通过磷酸钙、重过磷酸钙及磷酸铵等多种。本节仅介绍我国目前发展较为重要的普通过磷酸钙和重过磷酸钙，并以介绍普通过磷酸钙为主。

一、普通过磷酸钙的生产

普通过磷酸钙是一种使用最广泛的磷肥，一般简称过磷酸钙，亦称普钙。过磷酸钙是一种灰白色、灰黑色或淡黄色的疏松粉末，其主

要成分是水合磷酸二氢钙[$Ca(H_2PO_4)_2 \cdot H_2O$,亦称磷酸一钙]和难溶的无水硫酸钙，还有少量游离磷酸、游离水分、磷酸铁铝、磷酸一氢钙（即磷酸二钙）、磷酸二氢镁、磷酸一氢镁、二氧化硅和未分解的磷矿等。

过磷酸钙质量的高低是由所含植物能吸收的有效磷（以 P_2O_5 表示）的多少来决定的，有效磷包括水溶性磷和枸溶性磷两部分。水溶性磷包括$Ca(H_2PO_4)_2 \cdot H_2O$ 和游离磷酸以及 $Mg(H_2PO_4)_2 \cdot H_2O$，枸溶性磷包括 $CaHPO_4 \cdot 2H_2O$、$MgHPO_4 \cdot 3H_2O$ 以及 $FePO_4$ 和 $AlPO_4$。过磷酸钙质量标准如表 5-2 所示。

表 5-2 过磷酸钙质量标准

指　标　名　称		指　标				
		特级	一级	二级	三级	四级
有效 P_2O_5 含量/%	⩾	20	18	16	14	12
游离 P_2O_5 含量/%	⩽	3.5	5.5	5.5	5.5	5.5
水分含量/%		8	14	14	14	15

（一）生产原理

1. 制造过磷酸钙的化学反应　用硫酸分解天然磷矿，其总反应式为：

$$2Ca_5(PO_4)_3F + 7H_2SO_4 + 3H_2O \Longrightarrow 7CaSO_4 + 3Ca(H_2PO_4)_2 \cdot H_2O + 2HF$$

实际上反应是分两个阶段。第一阶段是硫酸分解磷矿生成磷酸和半水硫酸钙：

$$2Ca_5(PO_4)_3F + 10H_2SO_4 + 5H_2O \Longrightarrow 6H_3PO_4 + 10CaSO_4 \cdot \frac{1}{2}H_2O + 2HF$$

这一阶段的反应进行很快，一般在半小时或更短的时间内即可完成。由于反应激烈且放热，温度很快升到 100℃ 以上，甚至可达132℃，同时液相中的 P_2O_5 含量增高，因此在很短时间内（大约几分钟），半水硫酸钙结晶迅速转化为无水硫酸钙，无水物是硫酸钙存在于过磷酸钙中的主要形式。

只有当硫酸完全消耗之后，生成的磷酸才能继续分解磷矿而形成磷酸一钙，这是反应的第二阶段：

$$Ca_5(PO_4)_3F + 7H_2SO_4 + 5H_2O = 5Ca(H_2PO_4)_2 \cdot H_2O + HF$$

第二阶段的反应速率与第一阶段相比要慢得多，这是因为第二阶段反应是磷酸分解磷矿，磷酸的化学活性比硫酸弱，同时较细的磷矿粉已在第一阶段被分解，剩下的粗颗粒矿粉的反应表面积大大减小，又为第一阶段反应生成的硫酸钙细小结晶粘附包裹而钝化。随着第二阶段反应的进行，生成了大量$Ca(H_2PO_4)_2 \cdot H_2O$的结晶，液相为磷酸一钙所饱和，氢离子浓度大大减小，溶液粘度增高，磷矿的分解速率更慢。第二阶段反应所需时间较长，因原料不同约需 6～30 天才能使磷矿分解率达到 94%～96%，其可在仓库堆放期间继续进行反应。

在分解磷矿时，矿石中所含的杂质，如方解石、白云石、霞石、海绿石等也能被硫酸分解，其反应如下：

$$CaCO_3 + H_2SO_4 = CaSO_4 + CO_2 + H_2O$$

$$MgCO_3 + H_2SO_4 = MgSO_4 + CO_2 + H_2O$$

$$Fe_2O_3 + 3H_2SO_4 + 3Ca(H_2PO_4)_2 = 3CaSO_4 + 2Fe(H_2PO_4)_3 + 3H_2O$$

$$Al_2O_3 + 3H_2SO_4 + 3Ca(H_2PO_4)_2 = 3CaSO_4 + 2Al(H_2PO_4)_3 + 3H_2O$$

随着第二阶段反应的进行和液相中游离磷酸含量的降低，铁和铝的酸式磷酸盐转变为难溶的中性磷酸盐：

$$Fe(H_2PO_4)_3 + 2H_2O = FePO_4 \cdot 2H_2O + 2H_3PO_4$$

$$Al(H_2PO_4)_3 + 2H_2O = AlPO_4 \cdot 2H_2O + 2H_3PO_4$$

在反应过程中，生成的 HF 能与磷矿石中所含的 SiO_2 作用生成氟硅酸：

$$4HF + SiO_2 = SiF_4 + 2H_2O$$

$$SiF + 2HF = H_2SiF_6$$

一般在制取过磷酸钙的过程中，矿石含氟量的 40% 左右以 SiF_4 形式逸出。当气体冷却时，SiF_4 与水蒸气相互作用：

$$3SiF_4 + 3H_2O = 2H_2SiF_6 + H_2SiO_3$$

2．影响化学反应的因素　　制造普通过磷酸钙的第一阶段反应，同湿法磷酸一样，都是用硫酸分解磷矿生成硫酸钙和磷酸。不同点在于：生产湿法磷酸时有大量循环磷酸，料浆的液固比较大，有利于硫酸钙晶体的长大；而生产普通过磷酸钙时，随着分解反应进行，生成大量硫酸钙的细小结晶，料浆不断稠厚，最后终于固化。

一般说来，硫酸分解磷矿的反应速率是很快的，磷矿石的分解速率由反应产物从界面层向溶液主体的扩散速率决定。在生产过程中，磷矿颗粒与溶液的界面层里形成了过饱和度很高的硫酸钙溶液，这导致生成大量细小的硫酸钙晶体，沉积于磷矿颗粒表面上，形成薄膜将磷矿颗粒包裹起来，增大扩散阻力，在不同程度上阻碍反应进行。包裹的程度（即固体膜的可透性）与硫酸钙结晶的形状和大小有关。结晶越细小，固体膜的可透性越差，为了减轻致密固体膜对反应速率的影响尽可能使之生成粗大的硫酸钙结晶。

硫酸钙结晶的形状和大小以及对磷矿颗粒包裹的程度等与硫酸的浓度、温度、矿粉粒度、搅拌条件、液相杂质含量等有关。因此对于给定的矿种而言，应通过实验寻找最适宜的操作条件，作为工艺指标，现分别讨论如下。

（1）硫酸用量　硫酸用量是指每分解 100 份质量的磷矿粉所需质量分数为 100% 的硫酸份数。根据磷矿中各组分的化学组成，按化学反应方程式即可计算出理论硫酸用量。

由硫酸分解磷矿生成硫酸钙与 $Ca(H_2PO_4)_2 \cdot H_2O$ 的反应方程式可以看出，每 3mol P_2O_5 需消耗 7mol H_2SO_4，所以每份 P_2O_5 消耗硫酸为：

$$7 \times 98/3 \times 142 = 1.61 \text{ 份}$$

同样可计算出，每份 CO_2 耗硫酸量为 2.23 份，每份 Fe_2O_3 耗硫酸量为 0.61 份，每份 Al_2O_3 耗硫酸量为 0.96 份。每份磷矿的硫酸理论用量为矿中所含的 P_2O_5、CO_2、Fe_2O_3、Al_2O_3 消耗硫酸量的总和。即分解磷矿的硫酸理论用量为：

$$1.61 \times w(P_2O_5) + 2.23 \times w(CO_2) + 0.61 \times w(Fe_2O_3) + 0.96 \times w(Al_2O_3)$$

选择硫酸用量时必须考虑到应适当较理论量过量，以使参加第一阶段反应的全部钙生成硫酸钙，增加矿粒与酸接触机会，使反应加速，提高分解率。但加入的硫酸量必须保证料浆不至于液相过多而不固化，应使制得的产品具有疏松、干燥、坚实而不粘结的良好性能。加入硫酸量过多，产品游离磷酸量增大，使中和负荷加大，同时经济上也不合理。实际生产上硫酸用量为理论用量的 103%～105%，此时第一阶段末的磷矿分解率大约是 72%～74%。

（2）硫酸的质量分数　在第一阶段反应中，磷矿粉的分解速率与硫酸质量分数有密切关系，过磷酸钙料浆的固化速率和产品的物理性能也由之决定。一般说来，硫酸质量分数低一些也可以得到较高的分解率，但硫酸质量分数过低则料浆水分含量就高，不易固化。因此，在保证产品有良好性能的前提下，应尽可能采用较高浓度的硫酸。

采用较高质量分数的硫酸不仅可以加速第一阶段的反应速率，并且由于液相量较少，第一阶段反应所得到的磷酸含量也高，从而第二阶段反应也得到加速，缩短了陈化时间。同时，由于硫酸质量分数高，反应激烈，蒸发水分多，而硫酸本身带入的水分较少，因此降低了过磷酸钙中的含水量，改善了产品的物理性能，相应地提高了产品中有效 P_2O_5 的含量。另外，采用较高质量分数的硫酸还可以提高氟的逸出率。

提高硫酸质量分数也有限度，过高对磷矿的分解不利，因过高的硫酸含量和温度使初始反应速率太快，以致造成硫酸钙在液相内迅速过饱和而呈极细晶粒析出，在未反应的矿粒表面形成一层不透性薄膜，这层薄膜会阻碍液体渗透到未分解的矿粒表面，使磷矿难于继续分解。所以硫酸质量分数过高反而会使矿粉分解速率降低，由于反应进行不完全，水分蒸发少，还会使产品粘结，甚至料浆不固化。

对于某一细度、一定种类的磷矿粉，必须探求一个适宜的硫酸质量分数，以满足生产要求。适宜硫酸质量分数一般在 61%～70% 之间，同时还与硫酸温度和季节有关系，冬季由于气温低，水分不易从过磷酸钙中蒸发掉，所以其质量分数可以比夏天高一些。

（3）硫酸温度　硫酸的温度对磷矿粉的分解速率、转化率、料浆固化的速率以及产品的质量和物理性能影响很大。硫酸分解磷矿是放热反应，反应热使料浆温度升高。温度升高时，反应速率增大，并促进水分的蒸发和含氟气体的逸出，从而改善过磷酸钙产品的物理性能。但当硫酸温度过高时，又会出现与硫酸含量过高时一样的不良后果，即矿粒的反应表面被"钝化"。酸的温度过低时，则会降低磷矿的分解速率，使化成室中的过磷酸钙不够坚实，以致卸料时容易崩塌。

目前，生产过程中常采用的硫酸温度为 $55\sim70℃$，夏季应比冬季低 $5℃$ 左右。

(4) 磷矿粉的粒度　磷矿粉的分解速率与其反应表面积（即与液相接触的表面积）成正比，而反应表面积的大小与磷矿粉颗粒的直径成反比。所以磷矿粉颗粒的直径越小，在参加反应时分解速率就越大。颗粒直径小于 $30\mu m$ 时，不会发生钝化现象，可以用较高含量和较高温度的硫酸。不过，过分追求细小颗粒在生产上会给粉碎研磨工序带来困难。目前一般要求矿粉细度通过 100 筛目的大于 95%，其中 70%～80% 通过 200 筛目。

(5) 搅拌速度与混合时间

为加速磷矿粉的分解，必须加大液体对悬浮的磷矿粉颗粒的相对速度，这只有在混合器中进行搅拌才能达到目的。搅拌速度大，可造成高度湍流条件，增大液固两相的相对速度，也减少界面层厚度，使反应速率加快。一般搅拌浆叶末端线速度为 $5\sim7m\cdot s^{-1}$ 左右。

搅拌混合时间视磷矿性质不同而异，对易分解的磷矿可短一些，对难分解的磷矿则应长一些。混合时间还与前述各影响反应的因素有关，当磷矿粉较粗、硫酸用量较少、硫酸含量和温度稍低时，混合时间可长一些；反之，时间则应短一些。但应注意，时间太短，矿粉分解率低，料浆不易固化；时间太长，料浆过于稠厚，操作困难，还有可能使物料固化在混合器内。一般搅拌时间为 $2\sim6min$。

3. $CaO-P_2O_5-H_2O$ 体系相图分析　生产过磷酸钙反应的第二阶段，就是用第一阶段生成的磷酸分解磷矿，此反应系在凝聚系统中进行。此时，硫酸已基本上消耗完，反应生成的硫酸钙绝大部分成为固相。磷矿中所含的氟，在反应过程中一部分以 SiF_4 形式逸出，另一部分成为难溶性的氟硅酸盐，故残留在液相中的氟含量较少。这样，就有可能将磷酸分解氟磷灰石的体系，近似地当成三元系统。

80℃时 $CaO\text{-}P_2O_5\text{-}H_2O$ 的等温溶解度图如图 5-9 所示。图中纵坐标为 P_2O_5 的质量分数，横坐标为 CaO 的质量分数，而水的质量分数可按下式求出：$w(H_2O) = 100 - w(CaO) - w(P_2O_5)$，坐标原点表示纯水的组成点。$M$ 为 $Ca(H_2PO_4)_2 \cdot H_2O$ 的组成点（含 $56.30\% P_2O_5$ 及 $22.19\% CaO$），L 为 $CaHPO_4$ 的组成点。T 为 $Ca_3(PO_4)_2 \cdot H_2O$ 的组成点（$43.27\% P_2O_5$ 及 $51.25\% CaO$）。图中还有 $Ca(H_2PO_4)_2 \cdot H_2O$、$CaHPO_4$、$Ca_3(PO_4)_2 \cdot H_2O$、$Ca(H_2PO_4)_2 \cdot H_2O + CaHPO_4$ 和 $Ca_3(PO_4)_2 \cdot H_2O + CaHPO_4$ 几个结晶区。

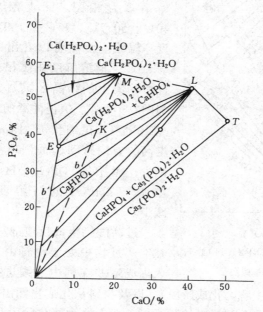

图 5-9 80℃时 $CaO\text{-}P_2O_5\text{-}H_2O$ 的等温溶解度图

在等温图内，E_1E 线为 $Ca(H_2PO_4)_2 \cdot H_2O$ 的溶解度曲线，EO 线为 $CaHPO_4$ 的溶解度曲线。交点 E 为两种盐的共饱点。$Ca(H_2PO_4)_2 \cdot H_2O$ 的溶解线 OM，不与溶解度曲线 E_1E 相交，可见它是不相称盐，所以磷酸一钙盐在水溶液中易于水解成为 $CaHPO_4$ 和 H_3PO_4。

196

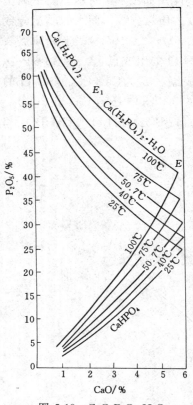

图 5-10　CaO-P$_2$O$_5$-H$_2$O
体系多温相图

由图还可看出，在低 P$_2$O$_5$ 浓度区域内溶液与 CaHPO$_4$ 成平衡，在 P$_2$O$_5$ 含量较高时，溶液与 Ca(H$_2$PO$_4$)$_2$·H$_2$O 及 Ca(H$_2$PO$_4$)$_2$ 成平衡。故在生产上只有在磷酸含量较高时，才能得到 Ca(H$_2$PO$_4$)$_2$·H$_2$O。

图 5-10 所示为 CaO-P$_2$O$_5$-H$_2$O 体系多温相图。图上绘出 25℃、40℃、50.7℃、75℃ 和 100℃ 的溶解度等温线。由图可以看出，它们都与 80℃ 下的溶解度曲线相类似，因此在相图上的结晶区域划分情况均与图 5-9 相似。值得注意的是，共饱点 E 随着温度的升高，向 P$_2$O$_5$ 含量增高的方向移动，而 CaO 含量略为减少；随着 Ca(H$_2$PO$_4$)$_2$·H$_2$O 溶解度增高，CaHPO$_4$ 的溶解度则有所减少。

过磷酸钙生成反应的第二阶段，在生产过程中处于物料由混合器进入化成室并在其中继续进行分解反应的阶段（工业上称为化成阶段），以及物料从化成室卸出后堆置于仓库中并继续进行分解反应的阶段（工业上称为熟化阶段）。化成与熟化阶段是一个极为复杂的相变过程，在此期间，反应温度由化成室内的 100℃ 以上到熟化仓库的 50℃ 左右，甚至接近常温。同时由于水分大量蒸发，固、液两相发生量和质的变化。利用 CaO-P$_2$O$_5$-H$_2$O 体系相图可以对过磷酸钙物相组成进行物理化学分析。在生产过程中通过对原料、半成品和产品的化学分析，我们还可以了解磷矿中 P$_2$O$_5$ 含量、半成品（出化成室的新鲜过磷酸钙）和产品中总 P$_2$O$_5$ 含量、

有效 P_2O_5 含量和水分等。但这些数据还不能直接引入 CaO-P_2O_5-H_2O 相图和对物相组成进行物理化学分析。为此，还必须找出：反应第一阶段结束时磷酸含量与硫酸用量以及半成品中水分含量的关系，半成品和产品中磷矿分解率和中和度的关系。以后再根据这些关系式的计算结果绘出辅助图解图，进行图解分析。

（1）**反应第一阶段结束时磷酸的质量分数** 以磷矿中的 $Ca_5(PO_4)_3F$ 100份质量为计算基准，当硫酸定额为 n（n 是指实际用于分解磷灰石的硫酸用量，消耗于杂质的那一部分应予以扣除）时，通过推导可以得出液相中磷酸质量分数，可表示为：

$$w(H_3PO_4) = \frac{60n}{0.6n + m/(100-m) \times (98.3+n)} \times 100\%$$

或

$$w(P_2O_5) = \frac{43.5n}{0.6n + m/(100-m) \times (98.3+n)} \times 100\%$$

式中 m——过磷酸钙中的水分含量，%。

如果硫酸用量和过磷酸钙水分含量已知，可用上式计算出第二阶段磷酸初始的质量分数。

（2）**复合物相中的磷酸第一氢离子的中和度** 复合物相是指反应系统中除了 $CaSO_4$、HF 和未反应的磷灰石以外的所有主要组分（杂质未计入内），也就是系统中的液相以及与液相呈平衡的盐类。也可以将磷灰石在溶解过程中生成的 $Ca(H_2PO_4)_2 \cdot H_2O$、$CaHPO_4$ 及其饱和溶液统称为复合物相。

中和度是指系统中 CaO 和 P_2O_5 的比值的百分率，可以用它来表示反应过程中第一氢离子被中和的程度。当磷酸全部反应并生成磷酸一钙时，可以认为是磷酸第一氢离子完全被中和，即相当于 $Ca(H_2PO_4)_2$ 组成的 CaO/P_2O_5 时，中和度为 100%。在 CaO-P_2O_5-H_2O 体系相图上（以图 5-11 所示），以原点为中心，以纵坐标和 ON 线（原点和 $Ca(H_2PO_4)_2 \cdot H_2O$ 组成点的联线）为边界，按磷酸一钙组成的 CaO/P_2O_5 比值分为 100 等份，可以绘出中和度线。由这些中和度线都是以原点为中心的辐射线，称为中和度射线。

中和度和硫酸定额以及磷矿分解率的关系为：

$$Z\% = 333.3 - 14500n/AK$$

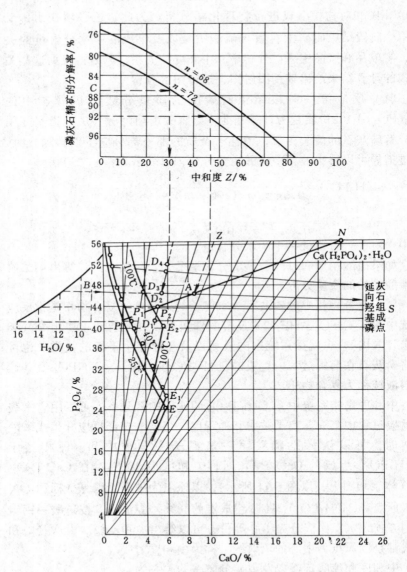

图 5-11　过磷酸钙物相组成的物理化学分析图

式中　Z——复合物中磷酸第一氢离子的中和度；

　　　n——100 份重磷灰石所用 H_2SO_4（100%）量；

　　　A——磷灰石中 P_2O_5 的质量分数，%；

　　　K——磷灰石的分解系数，%。

（3）过磷酸钙物相组成的物理化学分析　　由过磷酸钙生产的总反应式可以看出，在反应过程中析出了大量的硫酸钙，它在过磷酸钙液相中溶解度很小，实际上不影响磷酸钙盐的溶解度。反应过程中形成的 HF，约有一半以 SiF_4 形式逸入气相，其余生成微溶性氟化合物。因此，可以不考虑 $CaSO_4$、HF 的影响，而用 CaO-P_2O_5-H_2O 三元体系相图来对过磷酸钙生产过程进行物理化学分析。在 CaO-P_2O_5-H_2O 三元体系相图上，我们可以用羟基磷灰石 $Ca_5(PO_4)_3OH$ 代替氟磷灰石 $Ca_3(PO_4)_3F$。

在图 5-11 的下部给出了 CaO-P_2O_5-H_2O 体系在 25℃、40℃ 和 100℃ 下的等温线，从原点出发的射线束是中和度射线，中和度为 100% 的射线终止于表示磷酸一钙的组成点 N。

图的上部绘出了两种硫酸定额下的磷灰石精矿分解率和中和度的关系曲线。左边的辅助图绘出了第二阶段反应开始时液相中 P_2O_5 含量与过磷酸钙成品中水分的关系（硫酸定额为 72 份）。

生成过磷酸钙反应的第二阶段，可以看成是羟基磷灰石在磷酸溶液中溶解以及随之而进行的结晶过程。代表原始磷酸溶液的点位于纵轴上，由过磷酸钙水分含量通过左边辅助图找出初始磷酸浓度。代表羟基磷灰石组成点 S 的坐标为：CaO 55.82%、P_2O_5 42.38%（这一点图中未标出）。磷酸组成点与羟基磷灰石组成点的联线是磷灰石的溶解线。图上绘出了不同浓度的磷酸溶解羟基磷灰石的射线束。在反应过程中，过磷酸钙的复合物相组成点沿着溶解射线由纵轴向羟基磷灰石方向移动。

由测得的过磷酸钙在某瞬间的分解率，通过辅助图可以找出此时复合物相中磷酸第一氢离子的中和度。磷酸钙盐复合物相组成点位于溶解线和中和线的交点上。

例如，当硫酸定额为 72 份质量，磷灰石分解率为 92%，过磷酸钙水分为 12% 时，磷酸钙盐复合物相组成以 A 点表示（P_2O_5 46.2%

和 CaO 8.5%）。此点在 25～100℃ 的范围内处于 $Ca(H_2PO_4)_2 \cdot H_2O$ 结晶区内。因此，此例中的磷酸钙盐复合物是由液相（被磷酸一钙盐饱和的磷酸溶液）和磷酸一钙固相所组成。借助于自 N 点引出并通过 A 点的结晶射线，按杠杆规则可以计算出不同温度下复合物相中固相与液相之间的比例。结晶线与等温线的交点（如 25℃ 的 P 点）表示相应温度下的液相组成。

当硫酸定额为 72 份质量时，出化成室的新鲜过磷酸钙中的分解率平均为 87%（上图的 C 点），复合物相的中和度为 30%。当过磷酸钙含水 16%、14%、12% 或 9% 时，过磷酸钙复合物相组成点分别为中和度射线与相应的溶解射线的交点 D_1、D_2、D_3 或 D_4 点。由这些 D 点的位置可以看出：当过磷酸钙含水 16% 时，磷酸钙盐复合物在 100℃ 或更高的温度下不含磷酸一钙固体（D_1 点处于不饱和区域）；当水分为 14% 时，其含量也很少（D_2 靠近 100℃ 等温线）；过磷酸钙中水分含量越少，则出化成室的过磷酸钙复合物相里所含的磷酸一钙结晶越多（D_3 和 D_4 点位于 100℃ 等温线上方）；冷却到 40～25℃ 时，含水分 16% 的新鲜过磷酸钙中的复合物相中含有固体磷酸一钙。

最后，我们从相图上看看过磷酸钙的生成和陈化过程的基本途径。图 5-12 中绘出了 100℃ 和 25℃ 的两条溶解度曲线，$Ca(H_2PO_4)_2 \cdot H_2O$ 结晶区的一部分，虚线是其下部边界，羟基磷灰石组成点在箭头所示方向上（该点在图外）。

反应的第二阶段是磷矿粉在磷酸中的溶解过程，应从某一磷酸浓度的组成点开始，沿该点到羟基磷灰石组成点的联线移动。如磷酸（P_2O_5）为 55% 时，则 nS 直线，当溶解进行到 a 点时，如果系统温度是 100℃，则 $Ca(H_2PO_4)_2 \cdot H_2O$ 饱和，溶解继续进行时 $Ca(H_2PO_4)_2 \cdot H_2O$ 结晶析出。当系统点到达 b 点时，液相（即母液）组成为 l，系统组成点移动到 C 点时，系统的液相由 l 继续沿饱和曲线移动到共饱点 E。溶解再继续进行，系统点将进入 $Ca(H_2PO_4)_2 \cdot H_2O$ 和 $CaHPO_4$ 及其共饱溶液共存的三相区，有两种晶体同时析出，其中 $CaHPO_4$ 是人们不希望析出的，它将使产品中水溶性 P_2O_5 含量

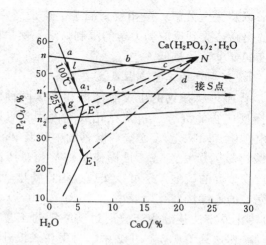

图 5-12 过磷酸钙化成和熟化过程的基本途径

降低。如果此时把温度降低到 25℃，则如图 5-12 所示，$Ca(H_2PO_4)_2 \cdot H_2O$ 结晶区下移，便可避免 $CaHPO_4$ 的析出。但当温度仍为 25℃，与复合物相组成对应的液相点达到越过 $Ca(H_2PO_4)_2 \cdot H_2O$ 和 $CaHPO_4$ 共饱点的结晶线上时，又可能有磷酸二钙的结晶析出。对经过长期贮存、游离酸很低的过磷酸钙来说，析出 $CaHPO_4$ 结晶是不可能的。

如果第一阶段反应结束时的磷酸（P_2O_5）为 45%，溶解过程沿 n_1S 直线移动，它只经历了 $Ca(H_2PO_4)_2 \cdot H_2O$ 结晶区的一角，如果温度不及时地从 100℃ 降低，将不可避免地产生一定数量的 $CaHPO_4$。如果磷酸（P_2O_5）一开始就低于 40%，则过程一开始系统点就落在 $Ca(H_2PO_4)_2 \cdot H_2O$ 结晶区外，如 n_2S 所示（对 100℃ 结晶线而言），这是生产上所不允许的。

通过对过磷酸钙的生成和陈化过程在相图上的基本途径的分析，可知磷酸的起始含量和反应温度对过磷酸钙的生成和陈化有重要意义。较高的磷酸含量是有利的，但磷酸含量又决定于硫酸含量。某厂用近 80% 硫酸，使初始磷酸含量（P_2O_5）高达 60%，这即使在近 100℃ 的温度下进行生产，也能使第二阶段反应进行得较为彻底。然而当采用较高的硫酸含量生产时，由于反应温度高，水分蒸发多，对难分解的矿可能来不及完全分解，液相就干涸了，这是需要注意的，另外，硫酸含量的提高还受到反应动力学的限制。从平衡角度看，反应第二阶段对温度的要求显然是低一些好。

(二) 普通过磷酸钙生产的工艺流程及主要设备

1. 工艺流程 普通过磷酸钙的生产有间歇和连续两种方法，但其基本工序均包括反应物的混合、料浆在化成室内固化（即化成）、过磷酸钙在仓库内熟化（即陈化）、游离磷酸钙的中和及氟的回收等。连续法生产过磷酸钙较间歇法经济，且操作条件均衡，产品质量较高，有可能使用较高浓度的硫酸，还可以实现过程自动化。因此生产上一般采用比较完善的连续法。

图 5-13 为回转化成室法连续生产普通过磷酸钙的工艺流程。用皮带输送机 1 将磷矿粉送到磷矿粉贮斗 2 中，再由斗式提升机 3 把磷矿粉送至带有计量器的矿粉贮斗 4，下落到计量器 5 计量后，用螺旋加料器 6 送入立式混合器 14 中。硫酸由贮槽 7 用离心泵 8 送至高位槽 9。由高位槽放出的硫酸通过配酸器 11 加水稀释至所需浓度。稀释后的硫酸经浓度计 12 及流量计 13 进入立式混合器 14。料浆自混合器进入旋转式化成室 15 进行固化。化成室每旋转一周，即可用回转切削器 16 将固化了的新鲜过磷酸钙切削下来，然后经皮带输送机 17 输送出去，用撒扬器 18 打碎，并抛送到仓库熟化。

图 5-14 为皮带式化成室生产过磷酸钙的工艺流程。矿粉经皮带式计量器 1 进入蜗轮混合器（透平混合器）2，与来自高位槽 3 经计量后的硫酸混合，在此经过剧烈搅拌，很短时间内就形成稠厚的料浆，然后流入皮带式化成室 5。皮带式化成室的结构很像皮带运输机。化成室的前部皮带为槽形，后部为平坦形，皮带上覆盖气罩，用于导出含氟气体。凝固好的过磷酸钙经回转切削器 6 打碎，然后送往仓库熟化。此流程适宜于比较易分解的磷矿。

在熟化期中，需要不断进行翻推，使水分进一步蒸发并降低物料温度，促使第二阶段反应进行并改善产品物性，熟化期一般为 3~15 天。经熟化后的过磷酸钙还含有一定量的游离磷酸（约含 P_2O_5 5.5%~8%），由于它具有腐蚀性，给运输、贮存、施肥等带来困难，

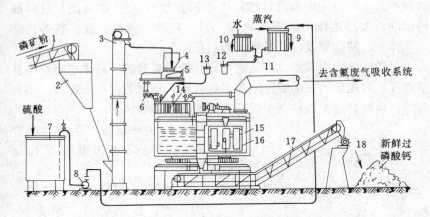

图 5-13 回转化成室法连续生产普通过磷酸钙的工艺流程图

1—皮带输送机；2—磷矿粉贮斗；3—斗式提升式；4—贮斗；5—重量式计量器；
6—螺旋加料器；7—硫酸贮槽；8—泵；9—硫酸高位槽；10—水高位槽；
11—配酸器；12—浓度计；13—流量计；14—立式混合器；15—回转
式化成室；16—切削器；17—皮带输送机；18—撒扬器

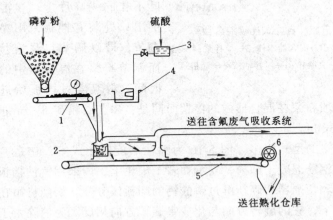

图 5-14 皮带式化成室生产过磷酸钙的工艺流程图

1—皮带式计量器；2—蜗轮混合器；3—硫酸高位槽；4—硫酸计量槽；
5—皮带式化成室；6—回转切削器

故在产品出厂前应中和游离酸。中和的方法有：① 添加能与过磷酸钙中的磷酸迅速作用的固体物料，如石灰石、骨粉、磷矿粉等；② 用气体氨、铵盐处理过磷酸钙，即氨化。

过磷酸钙经中和后，产品的物理性能得到改善，减少了吸湿性及结块性；氨化后的过磷酸钙增加了氨含量，使肥效进一步提高。中和后的过磷酸钙送去造粒、干燥后得到粒状过磷酸钙。

2. 主要设备 生产过磷酸钙的主要设备为混合器和化成室。

图 5-15 所示为直立式连续混合器。此混合器多系钢制，是一椭圆形槽，内衬耐酸砖，沿其纵长方向依次装有 4 个立式搅拌器，搅拌桨由钢或铸铁制成，并涂有一层防腐的辉绿岩胶泥，为保证混合均匀，浆叶不在同一高度上。在混合器的出口处装有挡板，用夹紧轮调节，借以调节料浆液位，从而调节料浆在混合器中的停留时间。料浆溢过挡板后进入化成室，一般料浆在混合器内的停留时间是：磷灰石精矿 5～6min，磷块岩 2～3min。

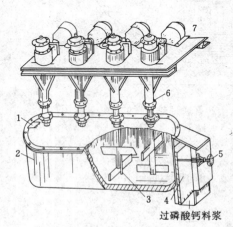

图 5-15 直立式连续混合器
1—加料口；2—混合器本体；3—搅拌桨；4—挡板；5—夹紧轮；6—搅拌轴；7—电动机

化成室的型式很多。图 5-16 为圆柱形旋转化成室，它是一个带有钢壳的钢筋混凝土圆筒，支承在若干滚轮上，内部用铸铁挡板把料浆的进口和切削器切碎新鲜过磷酸钙的卸料区分开。切削机吊在卸料区的盖板下，它的旋转方向与化成室旋转方向相反。为消除由于化成时膨胀起来的过磷酸钙与铸铁管摩擦而引起的过大阻力，在中心管旁的加料区安装有凸轮，以使筒体旋转时在中心铸铁管附近形成必要的空间，供过磷酸钙膨胀用。旋转化成室使用较多，其特点是对原料磷矿有较强的适应性。对易分解的磷矿常用皮带化成室，此外尚有链板式化成室等。

二、重过磷酸钙的生产

重过磷酸钙简称重钙，也称为双料过磷酸钙，是用磷酸分解磷矿制得的。它所含的 P_2O_5 除呈磷酸一钙的形式外，还有一些呈游离磷酸状态，它与普通过磷酸钙不同的是不含硫酸钙杂质。图为制重过磷酸钙是用萃取磷酸，所以要两次用酸分解磷矿，先用硫酸分解磷矿制得磷酸，再用制得的磷酸分解磷矿制得产品。

重过磷酸钙含磷酸二氢钙 80% 左右，有效 P_2O_5 的含量为 40%～50%，约为普通过磷酸钙的 2～3 倍，是一种高浓度磷肥。

用磷酸分解磷矿的主要反应式为：

$$Ca_5(PO_4)_3F + 7H_3PO_4 + 5H_2O =\!=\!=$$
$$5Ca(H_2PO_4)_2 \cdot H_2O + HF$$

磷矿中的某些杂质也参与反应：

$$CaCO_3 + 2H_3PO_4 =\!=\!= Ca(H_2PO_4)_2 \cdot H_2O + CO_2 \uparrow$$

$$R_2O_3 + 2H_3PO_4 + H_2O =\!=\!= 2RPO_4 \cdot 2H_2O$$

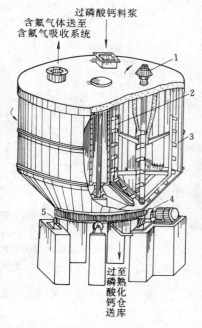

图 5-16　圆柱形旋转化成室

1—切削器传动齿轮；2—挡板；
3—切削器；4—化成室传动装
置；5—支撑滚轮

生产重过磷酸钙的流程因所用磷酸浓度不同而异。当使用含 P_2O_5 45%～50% 或更高浓度的磷酸作原料时，可以完全使用制造普钙的流程和设备。只是其凝固快，故所需混合搅拌时间短，无需笨重的化成室而采用皮带化成设备即可。此法由于后期反应速率很小，所以需要数周时间，以降低游离酸和水含量。当用稀酸返料流程时，可克服使用浓酸时的缺点，此时用含 P_2O_5 38%～39% 的磷酸作原

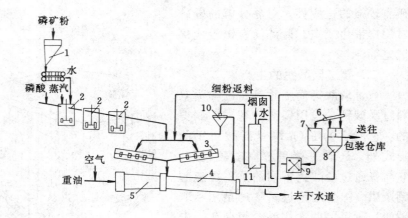

图 5-17　无化成室法生产重过磷酸钙的工艺流程

1—矿粉储斗；2—搅拌反应器；3—掺和机；4—回转干燥炉；5—燃烧室；
6—振动筛；7—大颗粒贮斗；8—粉状产品贮斗；9—破碎机；
10—旋风附尘器；11—洗涤塔

料，甚至用含 P_2O_5 30%～32% 的磷酸也行，其生产流程如图 5-17 所示。

　　磷矿粉和含 P_2O_5 38% 的磷酸连续加入反应器 2，经过三个反应器，温度保持在 80～100℃。从第三个反应器出来的料浆流入掺和机 3，在此与干燥过的返料相混合，制成湿颗粒，送往回转干燥炉 4 中干燥。干燥后的颗粒送去振动筛 6 筛分，细粉落入粉状产品贮斗 8，大颗粒落入贮斗 7。部分细粉作为返料，返回掺和机 3 与料浆混合，大颗粒经过破碎机 9 粉碎后，全部作为返料返回掺和机。由干燥炉出来的废气含有粉尘和含氟气体，先经旋风除尘器 10 分离出粉尘，然后经洗涤塔 11 用水洗涤，最后废气排入大气。分离出的粉尘作返料返回掺和机，总的返料量约为成品量的 10～20 倍。这样制成的重过磷酸钙含有效 P_2O_5 可达 45%，分解率可达 95%～96%，由于在干燥炉中温度可达 120℃，故磷矿的分解得以加速进行。半成品只需堆置数天，大大缩短了熟化期，原料磷酸无需极大浓缩甚至不需浓缩，这些都是此法的突出优点。

思 考 题

1. 试述磷肥品种的分类、生产原料及对原料的要求。

2. 写出湿法磷酸生产的化学反应，其生产方法有哪几种？

3. 影响二水物结晶的因素有哪些？生产上如何获得粗大结晶？

4. 简述二水法磷酸生产的工艺条件及工艺流程。

5. 影响硫酸分解磷矿反应速率的因素有哪些？

6. 普钙生产分哪两个阶段进行，它们各在什么工序完成？

7. 普钙生产工艺条件如何确定？

8. 普钙生产包括哪些步骤？用方块图表示出旋转化成室普钙生产的工艺流程。

9. 重钙和普钙有何区别，重钙生产工艺流程如何？

第六章　氨碱法生产纯碱

纯碱是重要的基本化工原料，在国民经济中有着重要的地位。纯碱主要用于生产各种玻璃、制取各种钠盐和金属碳酸盐等化学品，其次用于造纸、肥皂和洗涤剂、染料、陶瓷、冶金、食品工业及日常生活。

纯碱即碳酸钠（Na_2CO_3），又称苏打，为白色粉末，相对密度 2.533，熔点 845～852℃，易溶于水，水溶液呈碱性。工业产品纯度为 98%～99%，依颗粒大小、堆积密度不同，可分为超轻质纯碱（堆积密度 300～440 $kg \cdot m^{-3}$）、轻质纯碱（堆积密度 450～690 $kg \cdot m^{-3}$）和重质纯碱（堆积密度 800～1100 $kg \cdot m^{-3}$）。

人类使用碱已有几千年的历史，最早是取自天然碱和草木灰。大规模的工业生产开始于 18 世纪末，随着制碱原料的变化和生产技术的发展，法国人路布兰、比利时人索尔维、中国侯德榜等都作出了突出的贡献。

路布兰于 1787 年首先提出以食盐、硫酸、石灰石、煤粉为原料的工业生产纯碱方法，称之为路布兰制碱法。1791 年在法国建厂，1880 年最高年产量达 600kt。但是该法几乎都是在固相范围内进行生产，难以连续作业，产品质量低，成本也高。

1861 年，索尔维发现用食盐水吸收氨和二氧化碳可以得到碳酸氢钠，之后获得用海盐和石灰石为原料制取纯碱的专利。此法被称为索尔维制碱法，因为氨在生产过程中起媒介作用，故又称氨碱法。1863 年索尔维在比利时建立第一个日产 12t 的碱厂，1872 年获得成功。由于该法适于连续生产，产品质量高，成本低，到 20 世纪 30 年代取代路布兰制碱法，成为生产纯碱的主要方法。

索尔维制碱法比路布兰法有根本的改进，但索尔维制碱法的食盐利用率低，并有大量废弃物排出，造成环境污染。为此，产生了联合制碱法，使纯碱厂与合成氨厂组成联合企业，利用食盐中的氯生产氯化铵，这样既节省了制石灰及氨回收设备，又消除了环境污染。但由于氯化铵作为肥料在市场上销量有限，又加上联碱法设备的生产强度比氨碱法低得多，且对材质的腐蚀严重，因而发展并不迅速，只在中国和日本使用较多。

与此同时，天然碱的利用受到重视。天然碱就是指含有 Na_2CO_3 和 $NaHCO_3$ 等可溶性盐类的矿物。在天然碱资源丰富的国家，优先发展以天然碱为原料制造纯碱。

1949 年前，我国仅在天津塘沽和大连有两家氨碱法制纯碱工厂，最高年产量约 100kt。新中国成立后，为了满足工业发展需要，纯碱生产有了较大发展，除扩建更新原来两家碱厂外，还在全国各地设计和建设了中小型碱厂几十座，产量由 1949 年的 88kt 发展到 1987 年的 2.37Mt（不包括台湾省），居世界第三位。

对我国制碱工业有重要贡献的是侯德榜。从 1922 年起，他以筹建塘沽永利碱厂开始，开创了我国制碱工业，接着又建设了南京永利氨厂，发展硫酸铵、硫酸和硝酸生产。1932 年他所著的《纯碱制造》一书出版，这是国际上第一个突破索尔维制碱垄断集团的控制而将制碱技术公布于世的创举。侯德榜为我国化学工业作出了很大的贡献，在世界上也被公认为是杰出的制碱专家。

第一节　石灰石的煅烧与石灰乳的制备

在盐水精制及氨的回收中，都需要大量的石灰乳。碳酸化过程又需要大量的 CO_2，因而煅烧石灰石以制取 CO_2 及石灰，再由石灰消化制取石灰乳，成为氨碱法生产中不可缺少的准备工序。

一、石灰石的煅烧

石灰石的主要成分为 $CaCO_3$，含量 95% 左右，此外尚有 2% ～ 4% 的 $MgCO_3$ 及少量 SiO_2、Fe_2O_3 及 Al_2O_3 等，在煅烧过程中的主要反应为：

$$CaCO_3(s) \Longrightarrow CaO(s) + CO_2(g) \qquad \Delta H > 0 \qquad (6\text{-}1)$$

$$C(s) + O_2(g) \Longrightarrow CO_2(g) \qquad \Delta H < 0 \qquad (6\text{-}2)$$

通过计算可得，理论上 CO_2 分压达 0.1MPa 时石灰石分解的温度为 907℃。因为在 907℃ 时石灰石分解速率缓慢，所以实际操作温度要比 907℃ 高，采用高温可以缩短煅烧时间。但是，提高温度也受到一系列因素的限制，温度过高可能出现熔融或半熔融状态，发生挂壁或结瘤，而且还会使石灰变成坚实不易消化的"过烧石灰"。实践证明，一般煅烧石灰石温度应控制在 940~1200℃ 范围之内。

石灰石的煅烧是吸热反应，通常靠燃烧焦炭和无烟煤供给热量，要求燃料在窑中燃烧完全，而产生少量 CO。因此，在操作中要严格掌握空气用量，以控制窑气中 CO 含量小于 0.6%，O_2 含量小于 0.3%。

窑气中 CO_2 的来源是 $CaCO_3$ 的分解和燃料燃烧的产物，前者为纯 CO_2 气，后者为 CO_2 与 N_2 的混合气。理论上，窑气中 CO_2 含量为 44.2%，但一般在 40% 左右。产生的窑气必须及时导出，否则将影响反应的进行。生产中，窑气经净化、冷却后被压缩机不断抽出，以实现石灰石的持续分解。

目前煅烧石灰石大多采用混料竖式窑，其优点是生产能力大，上料下灰完全机械化，窑气浓度高、热利用率高、石灰质量好。石灰窑的结构示意图如图 6-1 所示。窑身用普通砖或钢板制成，内砌耐火砖，两层之间填装绝热材料，以减少热量损失。从窑顶往下可划分三个区域：预热区、煅烧区和冷却区。预热区位于窑的上部，约占总高的四分之一，其作用是利用从煅烧区上升的热窑气将石灰石及燃料预热并干燥，以回收窑气余热，提高热效率。煅烧区位于窑的中部，经预热后的混料在此进行煅烧，完成石灰石的分解过程。为避免过烧结瘤，该区温度不应超过 1350℃。冷却区位于窑的下部，约占窑有效高度的四分之一，其主要作用是预热进窑的空气，使热石灰冷却，这样，既回收了热量又可起到保护窑算的作用。选择配料比例、块度大小、风压风量及加料出料速度等，都是保持石灰窑正常操作的主要条件，应予以严格控制。

二、石灰乳的制备

盐水精制及蒸氨所用的不是氧化钙而是氢氧化钙，用少量水仅使氧化钙转化为氢氧化钙时，石灰呈粉末状，这种粉末称为熟石灰，亦

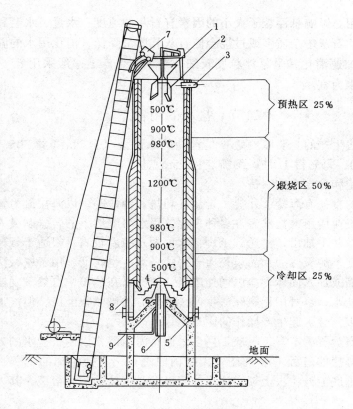

图 6-1 石灰窑结构简图

1—漏斗；2—分石器；3—空气出口；4—出灰转盘；5—四周风道；

6—中央风道；7—吊石罐；8—出灰口；9—风压表接管

称消石灰，这个过程叫做石灰的消化。其化学反应式为：

$$CaO(s) + H_2O(l) \Longrightarrow Ca(OH)_2(s) \qquad \Delta H < 0 \qquad (6-3)$$

$$MgO(s) + H_2O(l) \Longrightarrow Mg(OH)_2(s) \qquad \Delta H < 0 \qquad (6-4)$$

消石灰的溶解度很小，加入适量的水时，成为氢氧化钙的悬浮液，此悬浮液即称石灰乳。石灰乳稠一些，对生产较有利，但其粘度随稠厚程度而增加，太稠则将沉淀而堵塞管道及设备。石灰乳中悬浮粒子的分散度很重要，粒子小易制成均匀且不易下沉的乳状物，便于运输和使用。影响悬浮粒子大小的因素有石灰的纯度、水量、水温和搅拌强度。石灰中杂质多或过烧会使石灰乳质量降低，消化用水的温度高可以加速消化并呈悬浮粒度较细的粉末，生产上一般采用 65～80℃ 的温水为宜。

第二节　盐水的制备

氨碱法生产的主要原料之一是食盐的水溶液（含 NaCl 约 305～310g·L^{-1}），每制得 1t 纯碱约需 5～5.5m^3 盐水。

一、饱和食盐水的制备

常见的食盐有海盐、井盐、岩盐、湖盐和池盐等，以海盐最为普遍。制碱工业所用的盐水有许多种来源，用水溶解地下的岩盐制成人工盐水，从井中抽出，输送到工厂，这种盐水纯度较高，很适于氨碱法生产。地下的天然盐水品质稍次于岩盐，浓度也较低，用于氨碱法时须先浓缩或加入固体食盐以增加浓度。使海水在盐田中自然蒸发浓缩至饱和盐水，也可用于氨碱法生产，这种方法虽然很经济，但溶液中杂质极多，会引起生产操作的困难。

我国海盐资源丰富，一般工厂多采用将海盐溶化以制备盐水的方法。溶解海盐的过程一般是在一大铁桶内进行，食盐由桶的上部加入，水由桶底上升，由上端溢流出的溶液即是食盐的饱和溶液，其大致组成如下：

NaCl	300.4 g·L^{-1}	CaSO$_4$	4.81 g·L^{-1}
CaCl$_2$	0.8 g·L^{-1}	MgCl$_2$	0.35 g·L^{-1}

二、盐水的精制

上述制得的几种粗盐水中都不可避免地含有一些杂质，其中最主要的是钙盐和镁盐，其含量虽然不大，但若不除去会对以后的操作造成很大困难。这是因为在吸氨塔中以及以后的碳酸化塔中，氨及二氧化碳会使它们产生沉淀。这些沉淀物沉积于设备及导管的壁上，引起堵塞且降低设备效率。一些杂质还会残留在纯碱成品中而降低产品的纯度。因此，盐水必须经过精制，才能用于制碱，一般要求除去钙、镁的精制度在 99% 以上。

盐水精制的方法有多种，目前生产中常用的为石灰-碳酸铵法

（又称石灰-塔气法）和石灰-纯碱法两种。两法的第一步都是用石灰乳使 Mg^{2+} 成为氢氧化镁析出而除去。

$$Mg^{2+} + Ca(OH)_2 \rule[0.5ex]{2em}{0.4pt} Mg(OH)_2 \downarrow + Ca^{2+} \qquad (6\text{-}5)$$

除镁后的盐水称为"一次盐水"，其中的 Mg^{2+} 虽然除去了，但却增加了等摩尔的 Ca^{2+}，故需第二步除钙。石灰-碳酸铵法是以碳化塔顶含 NH_3 及 CO_2 的尾气处理"一次盐水"，以析出溶解度极小的 $CaCO_3$。

$$2NH_3 + CO_2 + H_2O + Ca^{2+} \rule[0.5ex]{2em}{0.4pt} CaCO_3 \downarrow + 2NH_4^+ \qquad (6\text{-}6)$$

而石灰-纯碱法，是向"一次盐水"中加入 Na_2CO_3 进行除钙，而得二次盐水，即精制盐水。

$$Na_2CO_3 + Ca^{2+} \rule[0.5ex]{2em}{0.4pt} CaCO_3 \downarrow + 2Na^+ \qquad (6\text{-}7)$$

除镁所得的沉淀称为一次泥，除钙所得的沉淀称为二次泥。

石灰-纯碱法须消耗本厂最终产品纯碱，但精制盐水中不出现"结合氨"（即 NH_4Cl），而石灰-碳酸铵法虽利用了碳化尾气，但精制盐水中出现"结合氨"，对碳化略有不利。

第三节　精盐水的氨化

最初的氨碱法是将食盐溶液和 NH_4HCO_3 溶液按比例混合而得到 $NaHCO_3$，由于两种溶液混合降低了混合液的浓度，$NaHCO_3$ 大多数溶于母液中，沉淀析出少而慢，因而原料的利用率不高。现在氨碱法生产都是先用饱和盐水吸收氨，制得氨盐水，然后再吸收 CO_2（即碳酸化），因为 CO_2 难溶于中性溶液而易溶于氨化溶液。

盐水氨化的目的是制备氨盐水，并使氨盐水达到碳酸化过程所要求的浓度，氨化过程还起到最后除去钙镁等杂质的作用。

一、氨化的理论基础

（一）吸氨反应

精制盐水与来自蒸氨过程含 CO_2 的氨气反应，制成氨盐水，其反应式如下：

$$NH_3(g) + H_2O(l) \rule[0.5ex]{2em}{0.4pt} NH_3 \cdot H_2O(l) \qquad \Delta H < 0 \qquad (6\text{-}8)$$

$$2NH_3(l) + CO_2(g) + H_2O(l) \Longrightarrow (NH_4)_2CO_3(l) \qquad \Delta H < 0 \qquad (6\text{-}9)$$

此外，气体还与盐水中残余微量 Ca^{2+}、Mg^{2+} 产生少量的沉淀物。

盐水吸氨是伴有化学反应的吸收过程，由于液相中含 NH_3 及 CO_2 量逐渐增加，且化合生成碳酸铵，致使氨分压较同一浓度氨水的氨平衡分压有所降低，溶液中 CO_2 越多，则溶液上方氨的平衡分压就越低。在 65℃ 以下，温度对 CO_2 分压的增加影响不大，其在氨浓度高时，温度对 CO_2 分压影响更小。但温度对水蒸气及氨的分压影响却很大，温度升高，NH_3 分压明显上升。在温度较高时，溶液中 CO_2 含量增加，会使氨分压很快下降，而水蒸气分压下降不多。

上述规律对氨碱法生产中的吸氨、碳化及蒸氨等过程都很重要。

（二）食盐和氨的溶解度

氯化钠在水中的溶解度随温度变化不大，但在饱和盐水中吸氨会使氯化钠溶解度降低，氨溶解得越多，$NaCl$ 溶解度越小。

氨在水中的溶解度很大，但在盐水中也有所下降，即氨盐水上方氨的平衡分压较纯氨水上方氨的平衡分压大。温度对氨溶解度的影响与一般气体相同，即温度高溶解度小。在实际生产的条件下，因气体中含有一定量的 CO_2，CO_2 在溶液中能与 NH_3 结合而生成 $(NH_4)_2CO_3$，故可提高氨的溶解度。

在纯碱生产中，二次盐水吸氨只要求游离氨达到 99～102tt，这个浓度距常温下氨的饱和浓度还很远。从理论上说多吸一些氨对碳化反应有利，但 $NaCl$ 在液相中的溶解度将随氨增浓而下降，这对制碱中钠的利用率及产率将会引起不良后果。因此，氨盐水中氨与盐的相对浓度必须兼顾上述两个方面，一般取游离氨浓度 99～102tt，总氯离子浓度 T_{Cl^-}89～94tt。

（三）吸氨过程的热效应

吸氨过程中有大量热放出，其中有 NH_3 和 CO_2 的溶解热，相互的中和反应热及蒸氨来气中所含水蒸气的冷凝热。在正常生产条件下，每制 1t 纯碱，约放出热量 $2.16 \times 10^6 kJ$。此热量如不引出系统，将足以使溶液温度上升高达约 120℃，致使吸氨塔完全失去作用，所以，冷却问题是吸氨过程的关键。

（四）吸氨过程的体积变化

盐水吸氨后，密度减小，体积增大，又因气体带来水蒸气冷凝，稀释了饱和盐水，也使体积增大，一般情况下，经过吸氨，体积增加13.5%左右。

另外，由于蒸氨来气中含 NH_3 与 CO_2 的摩尔比约为$(4\sim5):1$，因此，盐水吸氨过程，实质上为液相同时吸收 NH_3 及 CO_2 气的过程。吸收包括物理吸收及化学吸收，其中化学吸收为部分 NH_3 与 CO_2 在液相的结合，且该化学吸收的速率是正比于游离氨浓度的。

二、吸氨操作条件的确定

氨化操作本身是一个简单的吸收过程，但由于实际生产中的一系列情况（如要求一定的浓度比例，除去大量的热和得到较大的结晶等）而变得复杂起来。应使吸氨后所得的氨盐水浓度最高，且应当注意溶液中 NH_3 与 NaCl 的比例关系，这样可以在原料的利用及设备的利用方面达到最经济的效果。氨碱法制碱过程中氯化钠与氨的摩尔比应当是 1:1，假如吸氨不足，则 NaCl 分解不完全，而有过量的食盐损失。如吸氨太多，则会有多余的 NH_4HCO_3 随 $NaHCO_3$ 一同形成结晶而降低氨的利用率。实际生产上，氨稍过量 10% 左右。

吸氨采用的冷却方法是十分重要的。最早是采用冷却气体的方法，即在吸收塔内装设冷却水管，气体在管外流动时被冷却水冷却，这种方法的缺点是冷却效率较低，所以冷却液体（盐水）的方法较为有利。其方法一般是于盐水在吸氨塔的上部吸收了部分氨之后，引出塔外在喷淋式冷却器内进行，然后送回塔的下部进行最后吸收。氨盐水最后离塔时的温度为 $60\sim65℃$，以便于沉淀的分离。但冷却液体的最大困难是溶液中的沉淀杂质遇冷易附在管壁上会严重降低传热效率，需要经常进行清理。在实际生产的过程中，气体和液体可同时冷却。

盐水的浓度一般为 105tt，在入吸氨塔前先用冷水冷却至 $25\sim30℃$，自蒸氨塔出来的氨气也先经冷却器通入吸氨塔，这样不仅可使吸收更为有利，而且减少其中的水蒸气含量，降低盐水稀释程度。但必须注意的是，温度不可太低，否则会有 $(NH_4)_2CO_3 \cdot H_2O$、

NH_4HCO_3 或 NH_4COONH_2 结晶析出，而堵塞管路。一般将气体冷却至 55~60℃ 再行入塔。

整个吸氨系统的操作是在减压下进行的，其减压程度，以不妨碍盐水的下流为限。减压虽然对吸收过程稍有不利，但可以避免氨漏出的损失，且可减少蒸氨塔的蒸汽用量，吸氨塔出来的气体，一般尚含 CO_2 60%~70%，NH_3 含量则不定。

三、吸氨工艺流程及主要设备

在确定吸氨工艺流程时，必须考虑如何才能使氨吸收得最快、最完全，如何才能将各种废气中的 NH_3 及 CO_2 回收。

由蒸氨塔来的气体成分为 NH_3 65%，CO_2 12%，H_2O 23%，温度为 55~60℃。此外，尚有两种含氨废气。塔气，即碳酸化塔出来的气体，成分约为 NH_3 10%，CO_2 4%~7%，其余为空气。滤气，即由碳酸氢钠真空过滤机抽出之气体，大致成分为 CO_2 4%~5%，NH_3 0.5%。

按照各种气体的组成和量、盐水的精制方法、选定的冷却方法和为保证氨盐水规定浓度而采取的措施等方面的不同情况，吸氨系统有许多不同的流程，但原则都是如何更好地提高吸收效率。一般采用的吸氨流程如图 6-2 所示。

二次盐水经冷却排管冷至 35~40℃ 后，进入洗氨塔 2，盐水由塔上部流至底层。此时，由于吸收了氨，盐水温度升高，抽出到冷却排管 6 冷却后，返回中段吸氨塔 3。排出氨盐水再经过冷却排管 7 降温后，进入下段吸氨塔，一般在此塔中吸收来气中的氨 50% 以上，故有大量热产生。在此借助于塔 4、冷却排管 10 和循环段贮桶 8 之间的氨盐水加以冷却，从而提高吸收效率。成品氨盐水在澄清桶 11 中除去沉淀后，清的氨盐水经冷却排管 12 冷却至碳化塔需要的温度（30~35℃），再流入贮桶 13，贮存计量，最后用泵 14 送至碳酸化工序。各处含氨尾气经主塔及净氨塔 1 洗去氨后，由真空泵 15 排至二氧化碳压缩机。

将吸氨塔分成数段，以便于操作调节，同时充分利用位差以节省动力。由净氨塔出来的气体尚含有许多 CO_2，故与煅烧炉出来的气体

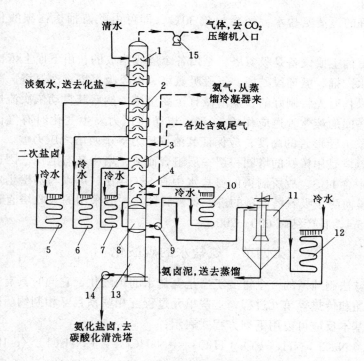

图 6-2　吸氨流程

1—净氨塔；2—洗氨塔；3—中段吸氨塔；4—下段吸氨塔；5，6，7，10，12—冷却
排管；8—循环段贮桶；9—循环泵；11—澄清桶；13—氨盐水贮桶；
14—氨盐水泵；15—真空泵

混合以进行碳酸化。

　　盐水中的杂质对吸氨操作有着重大影响。钙镁离子在各废气洗涤塔中即已产生沉淀，但多呈悬浮状态，随液体流入吸氨塔，然后在澄清槽中沉降下来。送往碳酸化的氨盐水，所含的沉淀不应多于 $0.1g \cdot L^{-1}$，故澄清槽必须保持较高的温度（50℃左右）和有足够大的体积，以使沉淀便于凝聚而来得及分出，同时还应尽量防止沉淀在塔内积累下来而影响操作。因此，吸氨塔中的沉积物须经常清理。盐水中杂质清除得越彻底，吸氨塔内沉积物就越少，吸氨塔的操作状况也将随之改善。

制好的澄清氨盐水，经冷却至 30℃，即可由贮卤桶送往碳酸化系统。

吸氨的主要设备是吸氨塔，是由各个塔段构成的，由下而上依次为氨盐水贮桶、循环段贮桶、下段吸氨塔、中段吸氨塔、洗氨塔、净氨塔。操作时先将制好的食盐溶液打至高位槽，然后其自动依次流过各塔。塔间的液体管道应作成 U 形，以防止压力发生变化时有气体倒压现象，U 形管的高度，应保证其液柱压力等于两塔之压力差。

吸氨塔是用铸铁的塔圈一层一层组合而成，塔内装有泡罩。因进塔氨气中含 H_2S，故所制得的氨盐水中有 S^{2-} 存在，可以与器壁生成 FeS 薄膜而防止吸氨塔设备的进一步被腐蚀。一般采用的吸收塔直径均为 2.5m，日产纯碱 600～700t。

第四节　氨盐水的碳酸化

氨碱法制纯碱的一个重要工序是氨盐水的碳酸化，它同时具有吸收、结晶和传热等单元过程，这些单元过程互相联系且互相制约。碳酸化的基本反应可以用下列方程式表示：

$$NaCl + NH_3 + CO_2 + H_2O \Longleftrightarrow NaHCO_3 \downarrow + NH_4Cl \qquad (6-10)$$

或

$$NaCl + NH_4HCO_3 \Longleftrightarrow NaHCO_3 \downarrow + NH_4Cl \qquad (6-11)$$

碳酸化的目的是制造碳酸氢钠的结晶，将结晶进一步过滤、煅烧，即成为成品纯碱。对于碳酸化过程的要求，首先是碳酸氢钠的产率要高，亦即氯化钠和氨的利用率要高；其次是碳酸氢钠结晶质量要高，即结晶颗粒要大，以利于过滤时与母液分离和洗涤。这样，一方面可以保证成品中氯化钠杂质含量低，另一方面可使洗涤水用量少，并降低蒸氨负荷和有利于重碱的煅烧。

一、碳酸化过程的基本原理

(一) 反应机理

氨盐水碳酸化产生 $NaHCO_3$ 沉淀的过程，是一个复杂的过程。探讨这个过程的反应机理，对选择生产条件、制订操作规程、设计碳化设备、提高 $NaHCO_3$ 的质量等都是很有必要的，但至今对反应机理的本质研究还不够十分清楚。一般认为反应按如下三步进行。

1. 氨基甲酸铵的生成 实验研究证实，当 CO_2 通入浓氨盐水时，最初总是出现氨基甲酸铵：

$$CO_2 + 2NH_3 \Longrightarrow NH_4^+ + NH_2COO^- \qquad (6-12)$$

2. 氨基甲酸铵的水解 上述生成的氨基甲酸铵进一步水解，反应式为：

$$NH_2COO^- + H_2O \Longrightarrow HCO_3^- + NH_3 \qquad (6-13)$$

3. 复分解反应析出 $NaHCO_3$ 结晶 这一步是碳化的最终目的，溶液中 HCO_3^- 浓度积累到一定程度时，便与钠离子结合完成复分解反应。

$$Na^+ + HCO_3^- \Longrightarrow NaHCO_3 \downarrow \qquad (6-14)$$

或 $\qquad NaCl + NH_4HCO_3 \Longrightarrow NH_4Cl + NaHCO_3 \downarrow$

在碳化液中氨浓度一直是较高的，且比 OH^- 浓度大好多倍，所以吸收的 CO_2 绝大部分消耗到生成氨基甲酸铵的反应中去，这已为实验所证实。反应式（6-14）由于有 $NaHCO_3$ 结晶析出将影响一系列复杂离子反应的平衡，其中最重要的是使氨基甲酸铵的水解反应[式(6-13)]向右移动，加速水解反应的进行，从而加快了对 CO_2 的吸收。反应如此连续进行，氨盐水不断吸收 CO_2 气体，溶液又不断产生碳酸氢钠结晶，完成整个碳酸化过程。

（二）碳酸氢钠的极限产率与工艺条件

氨碱法制纯碱理论的主要问题之一，是关于氨盐水吸收 CO_2 时，$NaHCO_3$ 的极限产率与工艺条件（食盐及氨浓度、温度、二氧化碳饱和度等）的关系。

被二氧化碳饱和的氨盐溶液及其形成的沉淀构成一个复杂的多相系统，它由 NH_4Cl、$NaCl$、NH_4HCO_3、$NaHCO_3$、$(NH_4)_2CO_3$ 诸盐的溶液及其沉淀所组成。这一系统在碳酸化塔底部接近平衡，这一近似的平衡系统，既然有固相 $NaHCO_3$ 析出，故可通过各组分的溶解度关系，即相图的分析，来探求 $NaHCO_3$ 的极限产率和相应的工艺条件。

$NaHCO_3$ 的沉淀率基本上决定了纯碱产率，它在一定的温度下与下列几个因素有关。

① 原液中 NaCl 及 NH₃ 含量之比。

② 原盐水的"稀释"度，原液中含水愈多，则留存于最终溶液中溶解形式的 $NaHCO_3$ 也愈多，而其沉淀率就降低。

③ 溶液的 CO_2 饱和度，即 $[CO_2]/[NH_3]$ 比值，显然该值愈接近于 NH_4HCO_3 中 CO_2 及 NH_3 含量的比值时（即所谓重碳酸化），$NaHCO_3$ 从溶液中析出愈多，但实际上永远也不能使 $[CO_2]/[NH_3]$ 比值到达全部重碳酸化的程度。因为此时溶液的 CO_2 平衡分压大于 CO_2 饱和溶液的平衡分压，溶液吸收 CO_2 后，除生成 NH_4HCO_3 外，一部分结合成 $(NH_4)_2CO_3$。

为了合理选择氨盐水的最适宜组分，以保证 $NaHCO_3$ 产率最高，必须知道在组分系统 $NaCl-NH_4HCO_3-(NH_4)_2CO_3-H_2O$ 中各种盐的溶解度。虽然实际上溶液中 $[CO_2]/[NH_3] \neq 1$（即没能全部重碳酸化），但对塔底取出液来说，所含 CO_2 已经接近重碳酸化。为使问题简化起见，可直接研究 $NaCl-NH_4HCO_3-H_2O$ 系统，以作出初步估计。这样所得的最高产率是理论上的极限，实际生产上应尽量与之接近。

现就费多切夫的实验数据（如表 6-1 所示）及其放射投影图（如图 6-3 所示）进行分析。

表 6-1　15℃ 时 $NaCl-NH_4HCO_3-H_2O$ 系统溶解度数据

固相各特定点	与溶液共存的固相	溶液组成/(mol·L⁻¹H₂O)			
		NaHCO₃	NH₄Cl	NH₄HCO₃	NaCl
A	NaCl	—	—	—	6.11
B	NaHCO₃	1.04	—	—	—
C	NH₄HCO₃	—	—	2.37	—
D	NH₄Cl	—	6.6	—	—
Ⅱ	NaCl + NH₄Cl	—	3.73	—	4.55
Ⅰ	NaCl + NaHCO₃	0.129	—	—	6.09
Ⅳ	NaHCO₃ + NH₄HCO₃	0.71	—	2.16	—
Ⅲ	NH₄HCO₃ + NH₄Cl	—	6.36	0.8155	—
P₁	NaHCO₃ + NH₄Cl + NH₄HCO₃	0.93	6.28	0.50	—
P₂	NaHCO₃ + NH₄Cl + NaCl	0.18	3.74	—	4.43

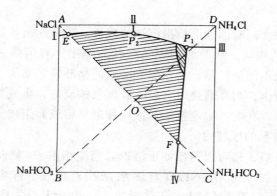

图 6-3 NaCl-NH$_4$HCO$_3$-H$_2$O 系统等温溶度图放射投影

1. 由相图分析原料的利用率　在碳酸化过程中，可以把氯化钠及碳酸氢铵看作原料，首先应该讨论碳酸化过程中氯化钠和氨的利用率。所谓氯化钠的利用率，是指钠的利用率，即生成碳酸氢钠结晶的氯化钠占原有氯化钠总量的百分比，以 U（Na）表示：

$$U(\text{Na}) = \frac{\text{生成 NaHCO}_3 \text{ 的量}}{\text{初始的 NaCl 量}} = \frac{[\text{Cl}^-] - [\text{Na}^+]}{[\text{Cl}^-]} = 1 - \frac{[\text{Na}^+]}{[\text{Cl}^-]}$$

式中　$[\text{Na}^+]$、$[\text{Cl}^-]$——分别代表碳酸化最终溶液中，Na^+ 及 Cl^- 的
　　　　　　　　　　浓度。

同样，氨的利用率 $U(\text{NH}_3)$ 可表示为：

$$U(\text{NH}_3) = \frac{\text{生成 NH}_4\text{Cl 量}}{\text{初始的 NH}_4\text{HCO}_3 \text{ 量}} = \frac{[\text{NH}_4^+] - [\text{HCO}_3^-]}{[\text{NH}_4^+]} = 1 - \frac{[\text{HCO}_3^-]}{[\text{NH}_4^+]}$$

式中　$[\text{NH}_4^+]$、$[\text{HCO}_3^-]$——分别代表最终溶液中 NH_4^+ 及 HCO_3^- 的
　　　　　　　　　　　浓度。

生产中不但希望达到较高的钠利用率，而且也希望尽量达到较高的氨利用率。但由于在氨碱法生产中，氨是循环使用的，而原盐则不能循环使用，所以对钠的利用率就更加注意了。

由于生产中所需要的是 NaHCO$_3$ 结晶，所以我们仅对相图中 NaHCO$_3$ 的饱和面 ⅠP_2P_1ⅣB 感兴趣，且因原始液组成应落在 AC 对角线上的 E、F 之间，析出 NaHCO$_3$ 后平衡时液相点应落在 EP_2P_1F 内。如果落在结晶区域的边缘线上，就会出现除碳酸氢钠

外的一种或两种盐同时饱和而析出沉淀的现象。若沉淀出氯化钠必将影响 $NaHCO_3$ 的质量，从而影响成品纯碱的纯度。若碳酸氢铵与重碱一起析出，虽不污染产品，但却加大了氨的循环量的损失。若氯化铵与重碱一起析出，则在煅烧时它将与碳酸氢铵反应，生成氯化钠而进入产品。所以，在生产中应控制母液（即最终溶液）组成点落在以 EP_2P_1F 线为极限的区域内。

通过相图分析，还可以得出如下结论。当液相由 P_2 移向 P_1 时，$U(Na)$ 逐渐增加，而 $U(NH_3)$ 则逐渐减小；由 P_1 移向 F 时，$U(Na)$ 逐渐减小，而 $U(NH_3)$ 仍逐渐减小。由于从 P_2 到 P_1 时，$U(Na)$ 提高了约 80%，而 $U(NH_3)$ 虽下降了约 10%，但相对而言 $U(NH_3)$ 还不太低，故在生产控制中应以 P_1 点作为理想的操作点，尽可能使塔底近于平衡的溶液落在 P_1 点附近。

根据实验数据，当温度变化时，$U(Na)$ 及 $U(NH_3)$ 亦相应改变。费多切夫得出的结论是：温度在 32℃ 时，$U(Na) = 84\%$，这是氨碱法生产纯碱的碳酸化过程中，最高的氯化钠利用率。

2. 原始氨盐水溶液的适宜组成　原始氨盐水应落在 $NaCl$-NH_4HCO_3 线上的 E、F 之间（如图6-4所示）。所谓适宜组成，就是在这个温度下达到平衡时，液相组成相当于 P_1 点时的原始液组成，也就是钠利用率最高的原始液组成。所谓最适宜组成是相对于某一温度而言，例如 15℃ 时，当原始液相组成为 S 点，相当于 60% $NaCl$ 时，在析出 $NaHCO_3$ 的同时液相组成应落在 BS 与 P_2P_1 的交点 R 上。如果原始液组成为 U，则最终之液相组成为 V。显然，在同一温度下，由于原始液组成不同，最终液相组成亦不同，而其相应的 $U(Na)$ 亦显然不同。

根据前面的讨论可知，S 和 U 点均非适宜组成。显然，适宜的原始液组成应是 BP_1 与 AC 的交点，即 T 点的浓度，也就是说可由 P_1 点的液相组成倒算。

3. 相图分析的实际意义　由以上相图分析的结论确定了氨碱法生产过程的极限产率，给生产指明了方向。理想的氯化钠利用率 $U(Na)$ 约为 84%，生产中应不断采取改进措施，尽量提高氯化钠利

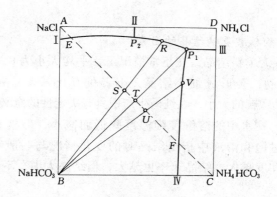

图 6-4　原始液适宜组成图示

用率。在实际生产中，$U(Na)$ 一般在 73% 左右，这是由于受到生产条件限制的缘故，主要是氨盐水的组成不可能达到 T 点的浓度。在前一节已经提到，饱和盐水在吸氨过程中被稀释，而当氨含量提高时，NaCl 的浓度相应降低。

当温度增高时，两者的溶解度均有所下降，即使用饱和氨盐水也无法达到 T 点所示的适宜浓度，更何况实际上是采用饱和氨盐水吸收来自蒸氨塔中的湿氨气。此外，在生产中，由于考虑了碳酸化塔塔顶尾气中不可避免地有氨损失（约占 10%），因此液相浓度降低，从而 NaHCO$_3$ 结晶的析出率也低，最终液相达不到 P_1 点而在其附近的区域中。

最后需要说明，我们讨论的是 NaCl-NH$_4$HCO$_3$-H$_2$O 系统，实际上溶液中必然存在 (NH$_4$)$_2$CO$_3$，故与讨论尚有一定距离。

在实际生产中，不会采用 32℃ 作为碳酸化塔的出口温度而采用较低的温度，这是由于原始液组成与适宜组成之间存在一定差距的缘故。由于 NaHCO$_3$ 的溶解度在温度降低时减小，故降低出口温度可使 NaHCO$_3$ 析出更为完全，相应提高钠的利用率，这种做法，并不与相图分析相矛盾。降低出口温度，还可减少过滤时 NH$_3$ 的损失，所以在实际生产中利用塔下部的冷却，控制出口温度为 28～30℃，若不是冷却水温度的限制，则进一步冷却对提高 NaHCO$_3$ 产率更为有利。

（三）影响碳酸氢钠结晶的因素

$NaHCO_3$ 为单斜结晶，在正常情况下，平均大小为 $0.1 \sim 0.2mm$，如果条件不利，会形成细小结晶，小者仅 $0.05 \sim 0.1$ mm 或更小。$NaHCO_3$ 结晶颗粒的大小，在纯碱生产中具有决定性的意义。

$NaHCO_3$ 在水中的溶解度随温度降低而减小，但极易形成过饱和溶液。自过饱和溶液中析出结晶时的变化情况与一般结晶过程相同，即过饱和度越大，结晶速率也越大，但结晶太细，不利于过滤和煅烧。

为了获得较高产量的优质 $NaHCO_3$ 结晶，在碳酸化部分应注意掌握如下条件。

1. 温度控制　在氨盐水碳酸化过程中放出大量热，这些热量使液体进塔后由 $30℃$ 升高至 $60 \sim 65℃$。由于温度高时 $NaHCO_3$ 溶解度大，故在结晶析出后应逐渐冷却至可能限度，使反应逐渐趋于完全。冷却过程中 $NaHCO_3$ 可不断析出，这样可以得到质量高的结晶，而且产率和氯化钠利用率都很高。

为了保证结晶质量，必须注意冷却速度的控制。在较高温度时，即 $60℃$ 下应有一段停留时间，以保证有足够的晶种生成。在实际生产过程中，开始降温的速度要慢，使过饱和度保持恒定，或不增加太快。溶液出塔前降温速度可稍快，因为此时碳化度已较大，反应速率慢，不易形成大的过饱和度，加速冷却不致生成细小结晶，反而可增加产率。

从考虑 $NaHCO_3$ 结晶质量出发，要求碳酸化塔内各层温度的分布如图 6-5 所示，最高反应温度在塔高 2/3 处，约 $60 \sim 65℃$，然后逐渐冷却，到塔底出口为 $28 \sim 30℃$。

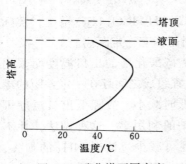

图 6-5　碳化塔不同高度的温度分布

2. 加晶种　在实际生产过程中，对 $NaHCO_3$ 过饱和液可采用加入晶种的办法，以促进结晶过程的进行。

加晶种的时间（位置），应在析出结晶前的饱和溶液或过饱和溶液中加入，若加入晶种过早，将会被溶液全部溶解；加入过迟则溶液已因自发结晶而生成晶核，再加进去已不起晶种作用，反而使塔底结晶更细。

二、碳化塔的构造

碳化塔是氨碱法制纯碱的主要设备，其结构如图 6-6 所示。它是由许多铸铁塔圈组装而成，结构上大致可分为上、下两部分。上部为 CO_2 吸收段，每圈之间装有笠帽及漏液板。塔的下部有 10 个左右的冷却水箱，用来冷却碳化液以析出结晶，水箱中间也装有笠帽。

氨盐水由塔上部进口处加入，其上各段作为气液分离用。中段气以 $0.215 \sim 0.255MPa$ 的压力由冷却段中部进入，下段气以 $0.284 \sim 0.324MPa$ 的压力由塔底部进入。碱液由塔底部出口放出，碳化尾气自塔顶放出。

冷却水箱是由若干铁管固定在两端管板上构成的，管内通入冷却水，管数视所需冷却情况而定。底下各圈，在不妨碍悬浮液流过的前提下，应尽量多一些冷却水管，自塔底逐渐向上，每圈中管数逐减，以满足结晶需要。

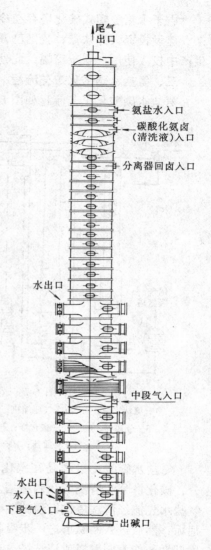

图 6-6　碳化塔组装图

由于水箱笠帽式碳化塔存在冷却表面结疤、生产周期短、结构复杂、建设投资大等缺点，我国已开发出自然循环外冷式碳化塔，并在生产中投入使用。限于篇幅，此处不再详述。

三、氨盐水碳酸化工艺流程

氨盐水碳酸化工艺流程如图 6-7 所示。

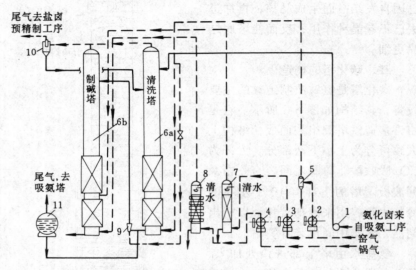

图 6-7　碳酸化工艺流程

1—氨盐水泵；2—清洗气压缩机；3—中段气压缩机；4—下段气压缩机；
5—分离器；6a，6b—碳化塔；7—中段气冷却塔；8—下段气冷却塔；
9—气升输卤器；10—尾气分离器；11—倒塔桶

氨盐水碳酸化过程是在碳化塔中进行的。如以氨盐水的流向区分，碳化塔分为清洗塔和制碱塔。清洗塔也称中和塔或预碳酸化塔，氨盐水先流经清洗塔进行预碳酸化，清洗附着在塔体及冷却管壁上的疤垢，然后进入制碱塔进一步吸收 CO_2，生成碳酸氢钠晶体。碳化塔周期性的作为制碱塔或清洗塔，交替轮流作业。

氨盐水用泵 1 注入清洗塔 6a，塔底通过清洗气压缩机 2 及分离器 5 鼓入窑气（含 CO_2 40%～42%），对氨盐水进行预碳酸化并对溶解疤垢过程起搅拌作用。清洗塔内气液逆流接触，清洗液从清洗塔

6a 底部流出，经气升输卤器 9 送入制碱塔 6b 上部，窖气经中段气压缩机 3 及中段气冷却塔 7 送入制碱塔中部。煅烧重碱所得炉气（含 CO_2 90% 左右），经下段气压缩机 4 和下段气冷却塔 8 送入制碱塔底部。

碳化后的晶浆靠液位送入过滤工序碱槽中。制碱塔生产一般时间后，塔内壁、笠帽、冷却水管等处结疤垢较厚，传热不良，不利结晶。清洗塔则已清洗完毕，此时可相倒换使用，谓之"倒塔"。两塔塔顶尾气中含有少量氨及 CO_2，经气液分离器 10 分离母液后，尾气送往盐水车间供精制盐水用。

第五节　重碱过滤与煅烧

碳化塔取出的晶浆中含有悬浮的固相 $NaHCO_3$，其体积分数约为 45%～50%，须用过滤的方法加以分离，所得重碱送往煅烧以制纯碱，母液送去蒸氨。过滤时，必须对滤饼洗涤，将重碱中残留的母液洗去，使纯碱中含有的 NaCl 降到最低，洗水宜用软水，以免水中所含 Ca^{2+}、Mg^{2+} 形成沉淀而堵塞滤布。

人们通常将 100 份质量的重碱，经煅烧后所得产品的质量份数称为"烧成率"，烧成率的大小与重碱组成及水分含量有关。纯碳酸氢钠的烧成率为 63%，而一般生产中重碱的烧成率约为 50%～60%。

一、真空过滤机

真空过滤的优点是生产能力大，自动化程度高，适合于大规模连续生产。真空过滤的原理是借真空泵的作用将过滤机滤鼓内抽成负压，过滤介质层（即滤布）两面形成压力差，随着过滤设备的运转，完成液中的母液被抽走，重碱则吸附在滤布上，然后被刮刀刮下，送至煅烧工序煅烧成纯碱。

转鼓真空过滤机主要由滤鼓、错气盘、碱液槽、压滚、刮刀、洗水槽及传动装置所组成。滤鼓多为铸造而成，内有许多格子连在错气盘上，鼓外面有多块备箅子板，板上用毛毡作滤布，鼓的两端有空心轴，轴上有齿轮与传动装置相联。滤鼓旋转一周过程中的作用如图 6-8 所示。

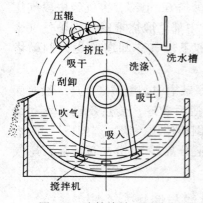

图 6-8 滤鼓旋转一周过程中
的作用示意图

真空过滤机滤鼓下半部约五分之二浸在碱槽内，旋转时全部滤面轮流与碱液槽内碱液（即碳酸化完成液）相接触，滤液因减压而被吸入滤鼓内，重碱结晶则附着于滤布上。滤鼓在旋转过程中，滤布上重碱内的母液逐步被吸干，转至某角度时用洗水洗涤重碱内残留的母液，然后再经真空吸干，吸干的同时有压辊帮助挤压，使重碱内的水分减少到最低限度。滤鼓上的重碱被刮刀刮下，落在重碱皮带运输机上，送到煅烧工序。滤鼓表面尚剩有 3~4mm 厚的碱层，在刮刀下方被压缩空气吹下，并使滤布毛细孔恢复正常。

为了不使重碱在碱槽底部沉降下来，真空过滤机上附有搅拌机。搅拌机跨在滤鼓的空心轴上，通过偏心轮由大齿轮带动转鼓时同时带动。搅拌机在半圆形的碱槽内来回摆动，使重碱不会沉降下来，而使其均匀地附在滤布上。

二、真空过滤的工艺流程

重碱真空过滤的工艺流程如图 6-9 所示。

碳酸化完成液经出碱槽流入过滤机的碱液槽内，经真空过滤机，滤液通过滤布被吸入滤鼓内，与同时被吸入的空气一并进入分离器。气体与液体分离，滤液由分离器底部流出至母液桶，用泵送至蒸氨工序；气体由分离器上部进入过滤净氨塔下部，与净氨塔上部加入的清水逆流接触，回收气体中的氨。

煅烧炉气洗涤水和回收塔净氨的洗涤水送入洗水高位槽（必要时补充清水），用以洗涤过滤机滤布上的滤饼。所用洗涤水应为软水，以免 Ca^{2+}、Mg^{2+} 的碳酸盐沉淀，堵塞滤布和带入成品。滤饼经压辊挤压和真空吸干至相当程度后，被刮下送至煅烧工序。

过滤后的重碱一般组成如下（质量分数）：

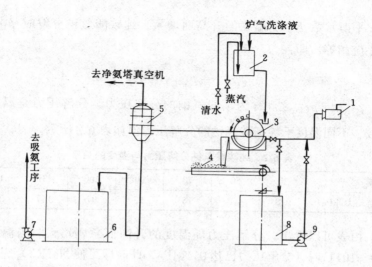

图 6-9　重碱过滤流程图

1—出碱液槽；2—洗水槽；3—过滤机；4—皮带运输机；5—分离器；

6—母液桶；7—母液泵；8—碱液桶；9—碱液泵

NaHCO$_3$	69.28%	Na$_2$CO$_3$	7.76%	NH$_4$HCO$_3$	3.46%
NaCl	0.26%	Na$_2$SO$_4$	0.10%	H$_2$O	19.15%

三、重碱的煅烧

碳酸化后得到的是粗制的 NaHCO$_3$ 沉淀。碳酸氢钠沉淀经过滤以后，还须经煅烧才能制成碳酸钠产品，同时回收二氧化碳，以供碳酸化之用，也回收 NH$_4$HCO$_3$ 分解产生的氨。生产上对煅烧的要求是成品中少含盐分，不含未分解的 NaHCO$_3$，产生的炉气含二氧化碳浓度高且损失少，耗用燃料少。

NaHCO$_3$ 为不稳定的化合物，常温下就能分解，升高温度将加速分解。

$$2NaHCO_3(s) = Na_2CO_3(s) + CO_2\uparrow + H_2O\uparrow \qquad \Delta H > 0$$

其平衡常数为：

$$K_p = p_{H_2O} \cdot p_{CO_2}$$

式中　p_{H_2O}、p_{CO_2}——为两种气体的平衡分压。

平衡常数 K_p 随温度的升高而增大，纯碳酸氢钠分解时 p_{H_2O} 与 p_{H_2O} 应相等，即：

$$p_{H_2O} = p_{CO_2} = \sqrt{K_p}$$

p_{H_2O} 与 p_{CO_2} 之和称为碳酸氢钠的分解压力。分解压力是温度的函数，不同温度下纯碳酸氢钠的分解压力值如表 6-2 所示。

表 6-2　纯碳酸氢钠分解压力与温度的关系

温度/℃	30	50	70	90	100	110	115
分解压力/kPa	0.8	4.0	16	55	97	167	220

由表可以看出，分解压力随温度的升高而急剧增大。当温度为 100~101℃ 时，分解压力已达 0.1MPa，此时即可使 $NaHCO_3$ 完全分解，但在该温度下反应进行很慢。温度越高反应进行越快。生产实践表明，当煅烧温度低于 130℃ 时，碳酸氢钠分解很慢；从 140℃ 始碳酸氢钠分解速率增大，在 190℃ 时，半小时即可使碳酸氢钠完全分解。所以实际煅烧的出碱温度多控制在 165~190℃。

在煅烧粗碳酸氢钠过程中，除上述主要反应和重碱中的游离水分变成水蒸气外，因为含有杂质，还会发生一些副反应，即

$$(NH_4)_2CO_3 = 2NH_3\uparrow + CO_2\uparrow + H_2O$$

$$NH_4HCO_3 = NH_3\uparrow + CO_2\uparrow + H_2O$$

$$NaHCO_3(s) + NH_4Cl(l) = NaCl(s) + NH_3\uparrow + CO_2\uparrow + H_2O$$

这些副反应的发生，不仅消耗了热量，而且使系统中循环的氨量加大，从而增加了氨耗。同时由于最后一个反应在产品中留下了氯化钠，影响了产品质量。由此可见，在过滤工序中，重碱洗涤是很重要的。

重碱分解时放出 CO_2、水蒸气及少量 NH_3（即所谓"炉气"），将这些气体收集起来，并将水蒸气冷凝，可得到浓度很高的 CO_2 气体。这是碳酸化的主要气体来源之一，理论上是碳酸化所需全部 CO_2 的一半。目前，就我国生产厂来说，炉气中 CO_2 可达 90% 左右，而

重碱的烧成率约 51%。

四、重碱煅烧的工艺流程

重碱煅烧多采用内热式蒸汽煅烧炉,其工艺流程如图 6-10 所示。重碱由皮带输送机运来,经圆盘加料器控制加碱量,再经进碱螺旋输送机与返碱混合,并与炉气分离器来的粉尘混合,一并进入煅烧炉。经中压蒸汽间接加热分解约停留 20~40min,即由出碱螺旋输送机自炉内卸出,再经一系列输送设备,将一部分成品送回炉内作返碱,一部分作为产品送入碱仓。

煅烧炉出来的炉气中含有 CO_2、水蒸气、氨、空气以及一部分碱粉等。先使其通过旋风分离器,使分离出来的碱粉并入返碱输送至煅烧炉内。炉气出旋风分离器后,与喷入气管中的一部分淡液相接触,剩余的碱粉被洗去并降低温度。然后,再进入炉气冷凝塔,用冷水冷却至 45~70℃,塔中有一部分凝液产生,其中溶有 NH_3 和 CO_2,需送至蒸氨工序。气体则导入洗涤塔,用水喷淋洗去残余的氨和碱粉,并再次冷却。所得洗涤完成液作为过滤机洗涤水,出洗涤塔气体温度在 30~40℃,含 CO_2 可高达 90% 以上,由压缩机抽送至碳酸化塔。

我国已研究成功沸腾凉碱新技术用于碱厂技术改造中,可将煅烧后纯碱温度由 150℃降到 70℃,不仅改善了工人劳动条件,还延长了包装袋使用次数。多功能蒸汽煅烧炉已试制投产,它集有自身返碱、自身混料、自身调节料层、自身凉碱于一体。具有投资少、见效快、能耗低、产量高、质量优等特点,同时无结疤,无清洗运转等,每生产 1t 纯碱仅消耗蒸汽 1.4t。

沸腾煅烧流程如图 6-11 所示。生产中采用竖式锥形流化床,其底部有气体分布板,开孔率为 1%,孔径为 2~2.5mm。中压蒸汽除作为热源外还作为沸腾用气。重碱由进碱螺旋输送机送入沸腾炉,经返碱回流槽与大量返碱混合后均匀落入炉内,在流化状态下受热分解成纯碱,然后经副炉及出碱螺旋输送机送入碱仓包装。重碱分解产生的炉气与沸腾用气混合由炉顶进入旋风分离器,分离回收碱粉后的气体去炉气净化系统。

232

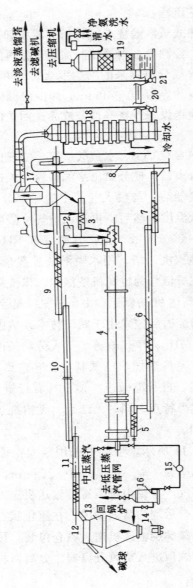

图 6-10 重碱煅烧工艺流程

1—重碱皮带输送机；2—圆盘加料器；3—返碱螺旋输送机；4—蒸汽煅烧炉；5—出碱
螺旋输送机；6—地下螺旋输送机；7—喂碱螺旋输送机；8—斗式提升机；9—分配
螺旋输送机；10—成品螺旋输送机；11—筛上螺旋输送机；12—回转圆筒筛；
13—碱仓；14—磅秤；15—贮水槽；16—炉气槽；17—分离器；18—炉气
冷凝塔；19—炉气洗涤塔；20—冷凝泵；21—洗水泵

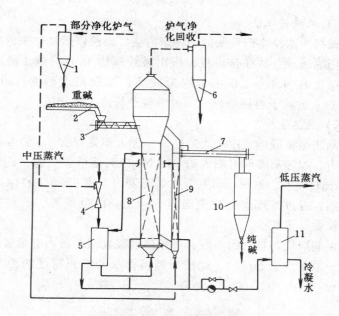

图 6-11　沸腾煅烧流程简图

1，6—分离器；2—皮带运输机；3，7—螺旋输送机；4—喷射泵；
5—加热器；8—沸腾炉；9—副炉；10—碱仓；11—扩容器

五、重质纯碱的制造

在上述条件下制得的纯碱，结晶细小，堆积密度为 $0.5 \sim 0.6 \mathrm{t} \cdot \mathrm{m}^{-3}$，称为轻质纯碱或轻灰。这种纯碱所占体积大，不便于包装运输，使用过程中飞散损失较多，而且对于某些生产（如玻璃生产）是十分不利的。因此，目前生产中多加工到堆积密度为 $0.8 \sim 1.1 \mathrm{t} \cdot \mathrm{m}^{-3}$，这种纯碱称为重质纯碱或重灰。重灰制造的主要方法如下。

（一）水合法

从煅烧炉来的轻灰，用螺旋输送机送入水混机中，同时喷入温度约40℃的水。物料在水混机内停留 20min，发生反应生成一水碳酸钠。由水混机出来的一水碳酸钠进入重灰煅烧炉与低压蒸汽间接换热，蒸出水分而得重灰。所得重灰一般相对堆积密度在 $0.9 \sim 1.0$，经运输、过筛、粉碎后，送往包装。

（二）机械挤压法

机械挤压法是生产重灰的一种新方法，该法以煅烧炉来的轻灰为原料，用输送设备送往挤压机，压出碱片厚约 1mm。碱片破碎后经筛分，粒度在 0.1～1.0 mm 作为成品，堆积密度约为 1.0～1.1 t·m^{-3}，过大的粒子再回粉碎机，过细粒子再进入挤压机。

（三）结晶法

结晶法是将煅烧工序送来的轻灰，加入预先存有 Na_2CO_3 溶液的结晶器中，加轻灰的同时加入适量的 Na_2CO_3 溶液。结晶器内维持温度约 10.5℃ 左右，这样，轻灰就在结晶器内生成 $Na_2CO_3 \cdot H_2O$ 结晶。所得浆液，经过滤或离心分离而得 $Na_2CO_3 \cdot H_2O$ 结晶，再经重灰煅烧炉煅烧而得重灰。

为了制取均匀粒大的重灰，必须使晶浆在结晶器内有足够的停留时间（一般不少于 5min），此法所制得重灰的堆积密度约为 1.25～1.28 t·m^{-3}。

第六节 氨 的 回 收

氨碱法生产中所用的氨是循环使用的，制备 1t 纯碱所需循环氨量约为 0.4～0.5t。加入系统的氨，由于逸散、滴漏等原因而造成损耗，每生产 1t 纯碱约需补充 1.5～3kg 氨。因此，如何减少氨的损失和尽力做好氨的回收是一个十分重要的问题，现代氨碱法生产中，一般是将各种含氨的料液收集起来，用加热蒸馏法进行回收。

含氨料液中的氨是以两种形式存在的，对固定氨必须加石灰使之变成游离氨，然后加热逐出。由于溶液中有 CO_2 存在，为了避免石灰的不必要损失［即 $Ca(OH)_2 + CO_2 = CaCO_3 \downarrow + H_2O$］，宜采用二段操作方式，先使溶液加热以逐出原来含有的游离氨和完全逐出 CO_2，再加石灰乳与结合氨作用，最后加热以逐出所生成的游离氨。因此，氨回收部分的蒸馏塔一般分为两个塔段，即加热器和石灰乳蒸馏器。

生产中的炉气洗涤液、冷凝液及其他含氨杂水等统称为淡液，其中只含有游离氨，这些淡液中氨的回收比较简单。为了减少蒸氨塔预热段的负荷，目前淡液多与过滤母液分开，使其在淡液蒸馏塔中加热蒸出，并予以回收。

一、蒸氨基本原理

含氨料液是含有多种化合物的混合液，所以蒸氨过程中所发生的化学反应也很复杂，现分述如下。

加热器中的反应：

$$NH_3 \cdot H_2O \!=\!=\! NH_3 \uparrow + H_2O$$
$$(NH_4)_2CO_3 \!=\!=\! 2NH_3 \uparrow + CO_2 \uparrow + H_2O$$
$$NH_4HCO_3 \!=\!=\! NH_3 \uparrow + CO_2 \uparrow + H_2O$$

溶解于过滤母液中的 $NaHCO_3$ 和 Na_2CO_3，发生如下反应：

$$NaHCO_3 + NH_4Cl \!=\!=\! NaCl + NH_3 \uparrow + CO_2 \uparrow + H_2O$$
$$Na_2CO_3 + 2NH_4Cl \!=\!=\! 2NaCl + 2NH_3 \uparrow + CO_2 \uparrow + H_2O$$

在调和槽及石灰乳蒸馏塔内的反应：

$$Ca(OH)_2 + 2NH_4Cl \!=\!=\! CaCl_2 + 2NH_3 \uparrow + 2H_2O$$
$$Ca(OH)_2 + CO_2(从加热器来) \!=\!=\! CaCO_3 + 2H_2O$$

蒸氨料液中含有许多物质，如 $NaCl$、$CaCl_2$ 等，目前尚无关于氨在此类溶液中的溶解度数据，而只粗略地认为与氨的水溶液相似。氨溶解于水，当温度低时服从亨利定律，气体氨与其水溶液成平衡时，气相中氨的浓度都较液相中为大。氨的水溶液没有最高或最低恒沸点，故只需将氨溶液加热就可将氨逐出，温度愈高逐出愈完全。

至于溶液中的固定氨，可加入石灰乳，使反应按下式进行：

$$CaO(s) + H_2O \!=\!=\! Ca(OH)_2$$
$$Ca(OH)_2 + 2NH_4^+ \!=\!=\! Ca^{2+} + 2NH_3 \cdot H_2O$$

生成的 $NH_3 \cdot H_2O$ 在加热条件下分解而被回收。

二、蒸氨工艺条件的选择

蒸氨过程需大量的热，目前都采用直接蒸汽加热。温度和压力不太高的废蒸汽（约 $0.15 \sim 0.18MPa$），由蒸氨塔底直接通入。蒸汽入塔前宜先除去凝液，以免过分稀释溶液而增加氨的损失。蒸汽量如果不足，则液体到达塔底尚不能将氨逐尽，造成损失，但蒸汽量也不能太多，以能维持塔底溶液在额定温度为宜。一般情况下，塔底维持

110～117℃，塔顶 80～85℃，并且必须在气体出塔以前经过一冷凝器，使温度降到 55～60℃。

设备上、下部的压力是不一样的。蒸氨塔下部压力与直接蒸汽的压力相同，约 0.15～0.18MPa。对蒸氨来说，减压有利，所以塔顶一般稍呈真空状态，约 800Pa。这样还可避免氨的逸出损失，当然必须保持整个系统密闭，以防止空气漏入而降低气体浓度。蒸氨塔出来

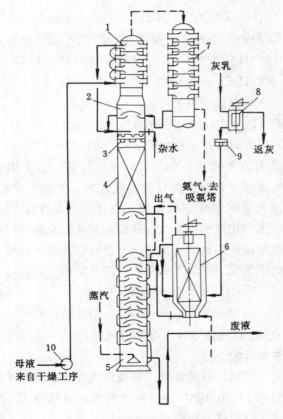

图 6-12　母液蒸馏工艺流程

1—母液预热器；2—精馏段；3—分液槽；4—加热段；5—石灰乳蒸馏段；

6—预灰桶；7—冷凝器；8—加石灰乳罐；9—石灰乳流堰；10—母液泵

的废液中，氨的损失与废液量成正比，热量消耗也与液体量成正比，所以要避免各种液体的过度稀释。

三、蒸氨工艺流程及蒸氨塔

蒸氨工艺流程如图 6-12 所示。蒸氨塔本身包括石灰乳蒸馏段、加热段、分液槽、精馏段和母液预热段五个部分，如图 6-13 所示。

母液原来温度是 25～32℃，而蒸馏温度在 100℃ 以上，所以可使母液通入冷凝器中用以冷却气体，自身被加热至 55～60℃ 后入加热器。热气体在母液预热器中冷却，温度由 88～90℃ 降至 65℃ 左右进入气体冷凝器，其中大部分水蒸气冷凝下来，之后气体进入吸氨塔。

加热段位于塔的中部，也可称为加热器。一般采用各种填料或设置"托液槽"，以使气液接触良好，加大热量和质量传递表面。母液由上部经分液板加入，与下部来的热气体直接接触，蒸出所含的游离氨及 CO_2，最后剩下只含结合氨和盐的母液。

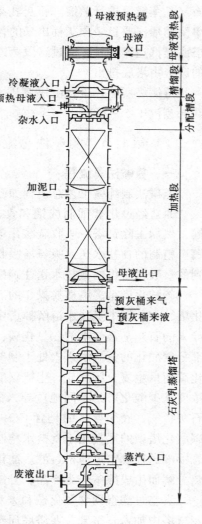

母液预热器
母液入口
冷凝液入口
预热母液入口
杂水入口
加泥口
母液出口
预灰桶来气
预灰桶来液
蒸汽入口
废液出口

母液预热段
精馏段
分配槽
加热段
石灰乳蒸馏塔

图 6-13　蒸氨塔

经加热段后，因母液中的结合氨在加热时不能分解，所以先将母液从塔中引入预灰桶与石灰乳混合。预灰桶上装有搅拌器，使母液与石灰乳混合均匀。此时，大部分结合氨即转变为游离氨，再进入塔的石灰乳蒸馏段进行蒸馏。石灰乳蒸馏段位于塔的下部，内设有十多个单菌帽形泡罩板。预灰桶出来的含石灰乳的母液加入该段的上部，与塔底蒸汽逆流接触，通过这段蒸馏后，99%的氨已被蒸出，含微量氨的废液由塔底排出。

蒸馏塔所需热量是由塔底进入的低压蒸汽供给，每生产1t纯碱约耗蒸汽1.5~2.0t。

第七节　氨碱法总流程及纯碱工业发展趋势

一、氨碱法总流程

氨碱法制纯碱工艺总流程如图6-14所示。

原盐经过化盐桶制成饱和食盐水，再添加石灰乳除去盐水中的镁，然后去除钙塔中吸收碳酸化塔尾气中的二氧化碳，除去盐水中的钙。精制的食盐水送入吸氨塔吸收氨气，氨气主要是由蒸氨塔回收得到的。吸氨所得的氨盐水送往碳酸化塔。

碳酸化塔是多塔切换操作的。氨盐水先经过处于清洗状态的碳酸化塔，在此塔中氨盐水溶解掉塔中沉淀的碳酸氢盐，同时吸收从塔底导入的石灰窑窑气中的二氧化碳，吸收都是逆流操作。清洗塔出来的部分碳酸化的氨盐水送入处于制碱状态的碳酸化塔，进一步吸收二氧化碳而发生复分解反应，生成碳酸氢钠。碳酸化所需的二氧化碳是按浓度从碳酸化塔的不同地段导入的。中部导入的是含 CO_2 为43%的石灰窑气，底部导入的是含 CO_2 为90%以上的碳酸氢钠煅烧炉气。碳酸化塔顶的尾气用于食盐水精制，碳酸化塔底的含碳酸氢钠结晶的悬浮液送往真空过滤机过滤。滤得的碳酸氢钠送往煅烧炉，使重碱受热分解而生成纯碱作为产品，分解出的二氧化碳送去碳酸化工序。

真空过滤得到含氯化铵和未利用的氯化钠的母液，送往蒸氨塔。蒸氨塔中加入石灰乳并在塔底通蒸汽加热并气提，回收的含二氧化碳的氨气送去吸氨，含氯化钙的废液排弃或作其他处理。石灰乳由石灰石经煅烧并水合而制备。

二、纯碱工业发展趋势

氨碱法是目前工业制取纯碱的主要方法之一。其优点是：原料易

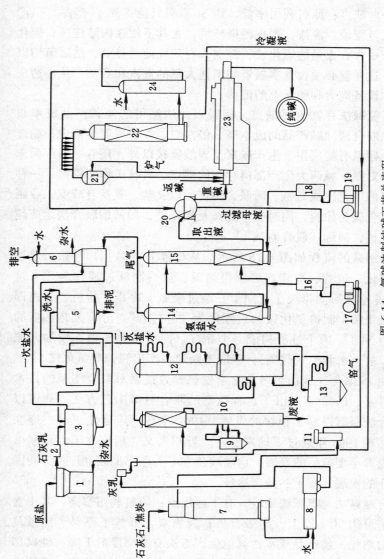

图 6-14 氨碱法制纯碱工艺总流程

1—化盐桶；2—调和槽；3—一次澄清桶；4—二次澄清桶；5—三层澄清泥桶；6—除钙塔；7—石灰窑；8—化灰桶；9—预灰桶；10—蒸氨塔；11—洗涤塔；12—吸氨塔；13—氨盐水澄清桶；14—碳化塔（清洗）；15—碳化塔（制碱）；16、18—冷却塔；17、19—二氧化碳压缩机；20—过滤机；21—旋风分离器；22—炉气冷凝塔；23—重碱煅烧炉；24—炉气洗涤塔

得且价廉，生产过程中的氨可循环利用，损失较少；能够大规模连续生产，易于机械化和自动化；可以得到较高质量的纯碱产品。但此法也存在一些缺点：原料利用率低，约 3t 原料只能得到 1t 产品；生产中排出大量废液、废渣，严重污染环境，尤其不便在内陆建厂；碳化后的母液中含有大量的氯化铵，需加入石灰乳使之分解，然后蒸馏以回收氨，这样就必须设置蒸氨塔并消耗大量的蒸汽和石灰，从而造成流程长、设备庞大和能量上的浪费。

由于氨碱法存在上述缺点，使得以此法制得的纯碱产品成本很高，它比联合法纯碱产品的成本高一倍左右。在合成氨生产中，副产的二氧化碳除有些厂用于生产尿素及碳酸氢铵以外，还有一些厂尚未利用。针对氨、碱两大生产部门存在的缺点，科技工作者提出了一种比较理想的工艺路线是氨、碱联合生产。以食盐、氨及合成氨工业副产的二氧化碳为原料，同时生产纯碱及氯化铵，即所谓联合法生产纯碱及氯化铵，简称"联合制碱"。

联合制碱的流程如图 6-15 所示。从母液Ⅱ（MⅡ）开始，经过吸氨、碳化、过滤、煅烧即可制得纯碱，这一制碱过程称为"Ⅰ过程"。过滤重碱后的母液Ⅰ（MⅠ）经过吸氨、冷析、盐析、分离即可得到氯化铵，制得氯化铵的过程称为"Ⅱ过程"。分离氯化铵后的母液称为 MⅡ。两个过程构成一个循环，向循环系统中连续加入原料（氨、盐、水和二氧化碳），就能不断地生产出纯碱和氯化铵。

早在 1938 年，我国著名化学家侯德榜教授就对联合制碱的技术进行了研究，1942 年提出了比较完整的联合制碱工艺方法。建国以后，联合法制碱得到了很快的发展，1962 年在大连建立了第一座联碱车间并在 1964 年通过了国家鉴定。近年来又先后建立了大型联碱厂，并随着小型氨厂的发展，也陆续建立了一些小型联碱厂，为我国纯碱工业的发展开辟了一条新途径。

联合制碱法与氨碱法比较，有下述优点：原料利用率高，其中食盐利用率可达 90% 以上；不需石灰石及焦炭，节约了原料、能量及运输等的消耗，使产品成本比其他生产方法有大幅度的下降；纯碱部分不需要蒸氨塔、石灰窑、化灰机等笨重设备，缩短了流程，建厂投

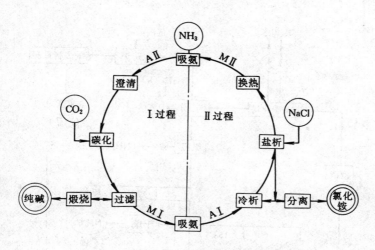

图 6-15　联合制碱示意图

资可省四分之一；无大量废液、废渣排出。

联合制碱法得到的另一产品氯化铵为白色晶体，可在农业上作为肥料。

在联碱生产中，设备腐蚀是一个主要问题。腐蚀不但影响产品质量，而且关系着设备使用寿命、钢材消耗、设备换修等，从而影响生产及经济收益等。因此，生产中的防腐措施，被视为联碱生产中的重大技术问题之一。

日本旭硝子公司于 20 世纪 70 年代开始开发新旭法，简称 NA 法。其主要目的在于：实现设备的大型化，工艺流程简化，并使联产氯化铵的产量具有灵活性。新旭法联合制碱工艺流程示意图如图6-16 所示，其主要生产特点如下。

（1）原盐处理　原盐采用干式粉碎方式。原盐中所含的可溶性钙、镁盐类，在联碱生产循环过程中，Ca^{2+} 生成 $CaCO_3$，Mg^{2+} 生成 $(NH_4)_2CO_3 \cdot MgCO_3 \cdot 4H_2O$ 沉淀而被除去，不溶物的大部分则混入 NH_4Cl 成品中。

（2）碳化塔的改进　氨碱法与原联碱法制碱厂所用的碳化塔，均为索尔维式碳化塔，在使用过程中存在如下缺点：① 由于塔内结疤，

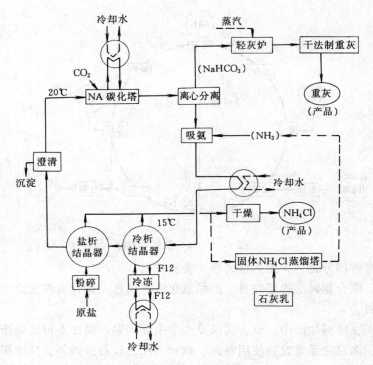

图 6-16 新旭法联碱工艺流程示意图

只能连续运转 3~4 天，因此需要有备用塔（即清洗塔）洗疤，且换塔操作复杂。② 内置冷却表面容易结疤，使其传热系数逐渐减小，给碳化塔的操作带来一定的困难。③ 内置的冷却器，传热系数低，所需传热面积大，冷却管维修麻烦。④ 塔内结构复杂，同时考虑腐蚀等因素，需采用铸铁制设备；设备大型化时，台数多，造价高。

旭硝子公司为克服上述缺点，进行了全新设备的研究，并获得成功。1974 所设置了每台日产 100t 纯碱的新旭法碳化塔，1977 年又建成了每台日产 250t 纯碱的新旭法碳化塔，均能正常运转。这种新旭法碳化塔的主要特点为：① 冷却形式为强制循环外部冷却，因此传热系数较原碳化塔提高 5 倍。② 塔内温度均匀（40℃），因此易于调节和自动化。③ 冷却器在外部，可自动切换清洗，因此这种塔可在一定条件下，稳定连续运转六个月以上。④ 结构简单，可用钢制，防腐处理采用树脂。⑤ 单塔生产能力高，易于大型化，设备费用大大降低。

（3）直接冷却式冷析结晶器 一般的联合制碱法所采用的冷析结晶器，是由冰机致冷卤水，然后卤水和结晶器母液间接换热，使母液冷却而析出结晶，其中操作最麻烦的是冷却器（即外冷器）的结疤清洗。新旭法采用了将液体氟里昂（F12）直接通入冷析结晶器母液及晶浆间，冷却母液析出结晶而不使用外冷器的新技术。

（4）重碱分离和重灰的制造 在新旭法碳化塔中生成的重碱，颗粒大而均匀。因此，重碱分离时，可以使用操作性能良好的连续式离心机，减少重碱含水量，降低煅烧费用。其重灰制造方法是采用干式造粒方式，即以轻灰为原料，采用机械挤压法生产重灰。

（5）氯化铵产量的调节 在一般的联合制碱中，纯碱与氯化铵的产量比是 1:1，这是最经济的生产方法。旭硝子公司开发使用了固体氯化铵与石灰乳的蒸馏塔以回收氨，并在工业上获得成功。因此新旭法具有氯化铵可根据需要全部蒸馏或一部分蒸馏，一部分作为产品的灵活性，而其经济性又优于氨碱法。

天然碱有两大类：一类为碱盐湖的卤水及其沉积，卤水中含 $NaCl$、Na_2SO_4，$NaHCO_3$，及 Na_2CO_3，成分复杂；另一类为埋于地下的矿石，其主要成分为倍半碳酸钠，含 $NaCl$ 和 Na_2SO_4 较低。天然碱矿以美国最为丰富，储量达 114Gt 之多，制取纯碱已发展到全部改由天然碱直接加工，且产量居世界首位。其他天然碱资源丰富的国家，也优先发展以天然碱为原料制造纯碱。我国天然碱矿储量初步探明约为 70Mt（按 100% 碳酸钠计）。

天然碱溶解后进行碳化、过滤、干燥可得 $NaHCO_3$，如再经煅烧，可得质量较高的纯碱。其反应为：

$$Na_2CO_3 + CO_2 + H_2O = 2NaHCO_3 \downarrow$$
$$2NaHCO_3 = Na_2CO_3 + CO_2 \uparrow + H_2O$$

若原料中含有较多的芒硝或其他盐类，可依照不同温度下溶解度不同，经分步蒸发、析出、分离予以提纯。

思 考 题

1. 石灰石煅烧和石灰乳制备的主要化学反应有哪些?

2. 盐水为何要进行精制? 盐水精制常用哪两种方法?

3. 盐水吸氨过程中,氨盐比及温度如何选择? 为什么?

4. 吸氨塔由哪几部分组成? 各部分作用是什么?

5. 氨盐水碳酸化的任务和对碳酸化的要求各是什么?

6. 影响碳酸氢钠结晶的因素有哪些? 如何控制过程温度?

7. 氨盐水碳酸化过程中,为何制碱塔和清洗塔交替轮流作业?

8. 试述真空过滤的原理与特点。

9. 重碱煅烧的主要反应是什么? 如何选择煅烧过程的温度?

10. 重质纯碱制造有哪几种方法?

11. 试述蒸氨过程原理及工艺条件选择?

12. 简述联合制碱过程,它和氨碱法比较有哪些优缺点?

第七章 无 机 盐

　　无机盐工业是化学工业的重要组成部分，其原料来源丰富、产品品种多、应用范围广。我国无机盐的生产已有悠久的历史，如在古代已能从海水或井盐卤中制盐，将石膏及芒硝作为药用，我国古代的四大发明之一——火药就是用火硝（硝酸钠）配制成的等等。现在，随着经济的发展，无机盐生产技术不断进步，已发展成为化学工业的一个独立分支。

　　目前，全世界生产的无机盐产品约有 23 个系列 1300 多种，其工业分类目前尚无统一标准可循。无机盐产品除典型的无机盐（如氯化钠、硫酸钠、碳酸钡、硝酸锌、磷酸铝等）外，还包括一些单质（如钠、碘、硫、磷、溴等）、某些元素的化合物（如氧化硼、三氧化二砷、过氧化氢、氮化硼、碳化硼等）、某些无机酸和碱（如硼酸、磷酸、苛性钾、氢氟酸、硫化碱等）、无机合成产品（如磷酸铜钙、碳化硅等）、无机高分子化合物（如氯化磷腈等）和一些其他无机化合物。

　　有些无机盐产品由于生产规模较大，已发展成独立的工业部门。如制碱工业、化肥工业、硫酸工业、颜料工业等，通常不再归入无机盐工业产品之列。随着我国无机盐化学工业的发展，无机盐的品种也在不断增加，目前，我国生产的无机盐有 22 个系列 400 多种。

　　无机盐产品在国民经济和人民生活的许多领域都有极广泛的应用，在有些行业中往往会同时使用许多种无机盐产品。为了满足各行业、各部门对无机盐产品的需要，许多无机盐产品正在由通用型、原料型向专业化、精细型的方向发展，各种新性能的无机盐产品不断涌现。

第一节　无机盐生产的基本过程

一、生产无机盐的原料

生产无机盐的原料来源十分广泛，大致可分为五大类，即化学矿物、各种天然含盐水、工业废料、化工原料和农副产品及其他。

（一）化学矿物

自然界中的固体矿物有 3000 多种，可供工业利用的约为 200 种左右。主要的化学矿物有砷矿、铝矿、钡矿、石灰岩矿、镁矿、磷矿、锰矿、硼矿、钛矿等。

（二）各种天然含盐水

天然含盐水有海水、盐湖水、地下卤水和石油井及气井水等数种。海水含有 $NaCl$、$MgCl_2$ 等多种盐类，盐湖水可分为碳酸盐、硫酸盐和氯化物三种基本类型，井卤主要成分为 $NaCl$、K^+、SO_4^{2-} 等。地下卤水除可生产食盐外，还可生产硼砂、氯化锂、氯化钡及碘等无机化工产品，石油井和天然气井是工业用碘的主要来源。

（三）工业废料

工业生产过程中产生的废气、废水、废渣经过综合治理，可作为生产无机盐的原料，在变废为宝的同时也保护了环境。如电厂、冶炼厂排放的含有 SO_2 的废气可作为生产硫酸盐、亚硫酸盐的原料。造纸生产中产生的造纸黑液，可回收硫酸钠和硫化碱。钡盐厂的钡渣除了可回收可溶性钡盐外，余渣还可制水泥及建筑材料。

（四）化工原料

酸、碱、盐或元素是生产许多无机盐的原料。如黄磷和磷酸是制造磷酸盐的原料，硼砂、硼酸是制造硼化物的原料，硫化钡、氯化钡是制造钡盐的原料等。

（五）农副产品及其他

某些农副产品，如向日葵秆灰、棉籽壳、甜菜、制酒的酒糟等可作为生产钾盐的原料，海带经加工处理可提取碘，兽骨制磷酸氢钙等。农副产品作为生产无机盐的原料所占比例较小，但加工方法简单，可因地制宜综合利用。

二、无机盐生产的标准流程和主要过程

无机盐产品品种繁多，性质用途各不相同，生产无机盐的原料也有许多不同的形式，因而使得无机盐的生产过程多样化。如某些无机盐的生产过程非常简单，仅需两、三个操作过程，而有些无机盐的生产过程则极其复杂，需由一连串操作过程构成。但一般情况下无机盐的生产有其共性，即均由一些相同的生产过程构成，生产流程大同小异。所以，可设想一个标准的生产流程将各种盐类生产中重要的操作过程包含其中。这样有利于对那些影响生产的共同因素进行分析研究，从而找出实现这些过程的合理途径。在此标准流程的基础上稍加改动、组合即可得到一个无机盐产品的生产流程。并且此标准流程为新工艺、新技术的开发打下一定的基础。

（一）无机盐生产的标准流程

在实际的化工生产过程中，无机盐的生产流程可以简略地概括为以下三大基本组成部分，即原料的预处理过程、化学反应过程和粗产品的加工过程。每个无机盐产品的生产过程都是由一系列的基本过程组成的，归纳起来不外乎是化学反应、粉碎、压缩、精馏、干燥、吸收、沉降、过滤、蒸发、结晶等。

1. 生产原料的预处理过程　化工生产是使原料通过化学反应和其他操作过程来制取化工产品的过程。过程中要求生产原料有一定的组成，主要成分的含量应达到规定的要求，其中有害成分的含量也应在允许的范围以内，也就是应满足生产过程中对原料规格或质量指标的要求。另外对化工原料还有其他的要求：如气体原料需要一定的压力，液体原料要具有一定的浓度、温度和酸碱度，对固体原料要有一定的粒度及结构等。这就要求对原料进行加工处理，以满足工业过程的要求，具体的处理方法视原料的性质及状态的不同而不同。

生产无机盐的原料 90% 来自天然矿物。天然矿物中有效成分的含量多少不等，矿石开采后首先要进行选矿和粉碎，以达到增加表面积、提高矿石品位的目的。为使原料中的有效成分变成可溶状态或易于反应、易于加工的状态，通常需经热化学处理过程。这些过程统称为原料的分解过程，经分解处理的物料称作熟料。当采用湿法选矿

时，原料变湿，故在原料的分解过程前，必须将湿料加以干燥，因为潮湿的物料在配料时会出现计量误差。这些过程一般在原料开采地进行。

2. 化学反应过程　是整个工艺过程中最重要的部分，是生成新物质的关键环节。在发生化学变化时，物质的组成和化学性质都发生了变化。伴随着主要反应的进行，往往还有一些副反应同时发生，化学反应过程进行的好坏直接影响到产品的产量和质量，同时对粗产品的加工处理过程也有较大的影响。

3. 粗产品的加工过程　经化学反应过程得到的粗产品中包含着目的产物、未反应完全的原料以及由于反应的发生而产生的其他物质等。在大多数情况下粗产品中都含有两种以上的成分，一般不能直接作为化工产品。将粗产品进行加工处理得到符合要求的产品的过程称为产品的后处理过程。处理的方法根据产物的形态、性质、分离要求等不同而各异，大体上可以分为以下一些类型。

用沉降、惯性碰撞、离心分离、过滤、洗涤、静置等方法除去气体、产物中少量固体颗粒和液滴水雾。用冷凝、吸收、吸附等方法将气体产物中的有用组分分离出来，或除去混合气体中的某些气态杂质。用沉降、过滤、离心分离和吸附等方法除去液体产物中少量的固体杂质及液体杂质。用蒸发的方法将液体产物的浓度提高，以达到产品的要求。用蒸馏、萃取、吸附等方法将互溶液体分离，得到产品。用冷却、冷冻、结晶和凝聚的方法将液体产物的全部或部分变为固体。用过滤、洗涤、离心分离和干燥的方法，将液固混合物分离以得到含少量液体的固体。用粉碎、筛分、辊压、挤压、造粒、溶解、乳化等方法将固体产物加工成块状、粉状、粒状、溶液状、乳液状等产品。

由以上叙述可知，无机盐生产的标准流程可包括以下主要的操作过程：

原料的粉碎→筛分→精选→干燥→配料→热化学处理→冷却→压碎、研磨→浸取→沉降过滤→溶液的加工（分离沉淀物）→蒸发→结晶→沉降过滤→干燥→成品粉碎→包装上述流程带有共性，具体的无机盐生产流程均包含其中，下面重点介绍其中几个主要操作过程。

（二）无机盐生产的主要过程

1. 矿石的精选　矿石开采后要经过破碎、细磨、筛分使粒度达到一定的大小才能进行化学加工。经过筛分的矿石往往由于所含脉石、杂质较多，有效成分的含量达不到工业品位的要求，如不精选势必增加原料、燃料和能量的消耗，降低设备利用率，不利于对含有几种有用组分矿石的综和利用，甚至不可能进行化学加工，失去应用价值。

精选是利用矿石中各组分之间在物理和化学性质上的差别使有用成分富集的方法。精选的方法有手选、光电选、摩擦选、重力选、磁选、电选和浮选等。无机盐工业中用得最广泛的是手选、磁选和浮选。

手选是按矿石外表特征的简便选矿方法，只能部分地将明显的杂石挑出，缩减矿石的总重量，提高一些矿石的品位，但不能达到完全精选的目的。对于富矿，在直接用化学加工之前，按矿石的明显颜色、光泽、形状处理等，经过成分分析指定标样，在皮带或转台上或出入料口场地进行挑选，适宜小规模生产。手选的粒度为 75～100mm。

磁选是利用矿石的相对磁性差异进行选矿的方法。矿石的相对磁性与纯度及形状有关，当矿石含有少量杂质时，其相对磁性也随之改变。目前，工业生产上不仅用磁选方法进行强磁性矿物的分离，而且已经成功地进行了弱磁性矿物的分离，例如，从磷灰石中分离金红石。各种化学矿物的相对磁性如表 7-1 所示。

浮选是利用矿石中各种成分被溶剂（水或其他溶剂）润湿程度不同而分离的选矿方法。矿石磨细悬浮于水中，当通入空气并在液相中形成气泡时，不易被水润湿的矿石颗粒即附着于气泡上被带到悬浮液的上部，而易被水润湿的矿粉颗粒沉到容器底部。由于绝大多数矿物均易被水所润湿，因此必须加入药剂，使各种矿石具有不同的润湿性，从而达到分离的目的。根据作用不同浮选药剂可分为以下几种。

表 7-1　各种化学矿物的相对磁性

矿物名称	分子式	相对磁性(以铁为 100)
磁铁矿	Fe_3O_4	40.18
锌铁尖晶石	$(Fe、Zn、Mn)O \cdot (Fe、Mn)_2O_3$	35.38
钛铁矿	$FeTiO_3$	24.70
磁硫铁矿	Fe_nSn_{n+1}	6.69
黑云母	$(MgFe)_2(HK)_2 \cdot Al_2(SiO_4)_3$	3.21
锆英石	$ZrSiO_4$	1.01
刚玉	Al_2O_3	0.83
软锰矿	MnO_2	0.71
铬铁矿	$FeO \cdot Cr_2O_3$	0.70
水锰矿	$MnO_2 \cdot Mn(OH)_2$	0.52
异极矿	$Zn_4Si_2O_7(OH)_2 \cdot H_2O$	0.51
金红石	TiO_2	0.37
石英	SiO_2	0.37
黄石矿	FeS_2	0.23
闪锌矿	ZnS	0.23
辉钼矿	MoS_2	0.23
白云石	$MgCO_3 \cdot CaCO_3$	0.22
斑铜矿	$5Cu_2S \cdot Fe_2S_3$	0.22
磷灰石	$Ca_5(PO_4)_2F$	0.21
毒砂石	$FeAsS$	0.15
冰晶石	Na_2AlF_6	0.15
菱镁矿	$MgCO_3$	0.15
黄铜矿	$Cu_2S \cdot Fe_2S$	0.14
石膏	$CaSO_4 \cdot 2H_2O$	0.12
荧石	CaF_2	0.11
辰砂	HgS	0.10
菱锌矿	$ZnCO_3$	0.07
钾长石	$K_2O \cdot Al_2O_3 \cdot 6SiO_2$	0.05
方铅矿	PbS	0.04
方解石	$CaCO_3$	0.03
毒重石	$BaCO_3$	0.02

① 捕收剂。捕收剂能使矿物表面生成一层疏水膜，使其与气体泡沫结合而浮起。在捕收剂的离子中，都有极性基和非极性基，当药剂与矿石表面作用时，极性基吸附于矿物表面上，非极性基向水一

边，从而使矿物的疏水性增加，有利于矿石颗粒被捕收于气泡上，与泡沫结合而浮起。

② 起泡剂。起泡剂是一种异极性（指在两个端点有不同性质的物体）的表面活性有机物质，能促使液体生成外膜结实的大量气泡，增强泡沫层的稳定性。因而当矿粒上浮于矿浆表面时，被吸附着的小气泡不致立即破裂。如松节油、桉树油、煤焦油、甲酚酸及某些高价醇类。

③ 抑制剂。抑制剂是一种降低矿物可浮选的一种药剂，可使矿物表面上形成亲水性薄膜，阻止捕收剂与矿物表面作用而沉于器底。如氧化物、硅酸钠、苛性钠、氨水、氰化钠、硫代硫酸钠等。

④ 调节剂。调节剂能改变浮选介质的成分、酸碱度及其他药剂的作用，从而改变某些杂质的溶解、分散、沉降和凝聚过程，提高浮选效率，如硫酸和硫酸盐等。

⑤ 浮选毒物和解毒剂。浮选毒物是能阻止在矿物表面形成憎水膜使浮选不能进行的物质，它们来自矿物和水中。消除或减弱这种毒害作用的物质称为解毒剂。可作为解毒剂的物质主要有石灰、纯碱、硫酸钡、硫酸铁和硫酸锌等。

2．矿石的热化学处理

（1）热化学处理的分类　无机盐生产中常用的热化学处理方法有以下几种。

a．煅烧　物料的煅烧过程在无机盐的生产中是很重要的，不同的矿石煅烧往往需要不同的条件。煅烧是将矿石加热分解，除去其中挥发组分的过程。不同的无机盐生产过程煅烧的目的也不相同。如制取氧化物：

$$CaCO_3 = CaO + CO_2 \uparrow$$

$$MgCO_3 = MgO + CO_2 \uparrow$$

煅烧高岭土并用硫酸处理制取硫酸铝：

$$Al_2O_3 \cdot 2SiO_2 \cdot 2H_2O = Al_2O_3 + 2SiO_2 + 2H_2O \uparrow$$

$$Al_2O_3 + 3H_2SO_4 = Al_2(SO_4)_3 + 3H_2O$$

使矿石变成疏松多孔结构以便进一步加工，如煅烧硼镁石：

$$2MgO \cdot B_2O_3 \cdot H_2O \Longrightarrow 2MgO \cdot B_2O_3 + H_2O \uparrow$$

煅烧中间物料得到产品，如纯碱生产：

$$2NaHCO_3 \Longrightarrow Na_2CO_3 + CO_2 \uparrow + H_2O \uparrow$$

b．焙烧　在低于熔点的温度下，矿石与反应剂发生反应，以改变矿石的化学组成和物理性质的过程。根据矿石与反应剂之间所发生的化学反应的不同，焙烧过程可分为氧化焙烧、氯化焙烧、硫酸化焙烧和还原焙烧等。

氧化焙烧是指用氧气（纯氧或空气中的氧）为氧化剂来焙烧矿石。如辉钼矿在氧气中焙烧，反应式为：

$$2MoS_2 + 7O_2 \xrightarrow{400\sim500℃} 2MoO_3 + 4SO_2 \uparrow$$

铬铁矿在纯碱存在下在空气中氧化焙烧（加碱使熔点下降或生成低共熔混合物，以减少燃料的消耗）的反应式为：

$$4(FeO \cdot Cr_2O_3) + 8Na_2CO_3 + 7O_2 \Longrightarrow 8Na_2CrO_4 + 2Fe_2O_3 + 8CO_2 \uparrow$$

氯化焙烧是指用氯气来氧化矿物中的某些组分。如金红石（高钛渣）的氯化焙烧，反应式为：

$$TiO_2 + 2Cl_2 + C \xrightarrow{850℃} TiCl_4 + CO_2 \uparrow$$

由于氯气较为昂贵，氯化焙烧的应用不如氧化焙烧广泛。

硫酸化焙烧是氧化焙烧中常见的，严格地说是氧化焙烧的一种。进行硫酸化焙烧的矿物主要是硫化物矿石，其目的是将硫化物转变为可溶性的硫酸盐。如闪锌矿在二氧化硫气氛中氧化成硫酸锌：

$$ZnS + 2O_2 \Longrightarrow ZnSO_4$$

还原焙烧是指矿石在还原剂的存在下，使矿石中有用成分被还原的焙烧过程。如重晶石在高温下用还原剂进行还原反应，制得可溶性硫化钡：

$$BaSO_4 + 2C \xrightarrow{1000\sim1200℃} BaS + 2CO_2 \uparrow$$

c．烧结　将矿粉与烧碱、纯碱或石灰等碱性物质混合，加热至半熔融状态的过程。如硼镁铁矿与纯碱在高温下烧结，反应式为：

$$3MgO \cdot FeO \cdot Fe_2O_3 \cdot B_2O_3 + 2Na_2CO_3 \xrightarrow{\triangle}$$
$$3MgO + FeO + 2NaFeO_2 + 2NaBO_2 + 2CO_2 \uparrow$$

d. 熔融　矿粉与固体反应剂在熔融状态下进行化学反应的过程。如用纯碱与硅砂制造水玻璃：

$$x\,Na_2CO_3 + y\,SiO_2 \Longrightarrow x\,Na_2O \cdot y\,SiO_2 + x\,CO_2 \uparrow$$

e. 水热法处理　在高温下以水蒸气与矿粉作用。如脱氟磷酸盐的生产，反应式为：

$$Ca_5(PO_4)_3F + H_2O \xrightarrow{1300℃} Ca_5(PO_4)_3OH + HF \uparrow$$

(2) 强化焙烧过程的方法　矿石的热法处理特别是焙烧过程，在无机盐生产中是很重要的操作过程。在很多无机盐的生产中，焙烧的好坏不但直接关系着盐类生产的质量，而且对原材料消耗和产量也有着极为重大的影响。提高焙烧过程的质量和效率，可采取下面的几种强化手段。

a. 提高焙烧温度　提高焙烧温度是强化焙烧过程的最有效手段之一。随着温度的升高，化学反应速率和扩散速率都得到加快，所以温度愈高，对焙烧过程愈有利。但在实际生产中，控制焙烧温度时还应同时考虑以下几个方面的限制，如焙烧炉结构，特别是结构材料的稳定性、加热方法、燃料品种等因素的限制。然而，在大多数情况下，允许达到的最高温度取决于炉料的性质。炉料中的易熔组分（如 SiO_2、FeO 等）会引起炉料烧结，并造成炉料凝固。此外，由于反应表面绝热，料块粒度的变化使反应减慢或反应不完全，也会引起烧结现象。

b. 减小炉料粒度　将炉料粉碎、研磨至较小粒度，也可大大加速焙烧过程。由于炉料中各组分间的相互作用完全在物料颗粒表面进行，焙烧的速率与颗粒比表面积的大小成正比。将物料粉碎，物料的颗粒数就会增多，反应表面积就会增大。

物料比表面积的增加，也会使物料粒子发生质的变化，使其反应能力增大。这是由于微粒表面的电子逸出等压电位加大，以及在粉碎时出现的无数表面缺陷（裂缝），使反应物更易于向微粒的内部渗透。

但是，也应注意过度粉碎和过度提高温度一样，在某些情况下会使炉料发生严重结块现象。大颗粒相比之下不易结块，这是因为其比表面积小和质量大，能与反应表面上各元素间的聚结力相抗衡。此外，当炉料的粒度过小时，出炉气体带走的粉尘增多，损失加大。某些类型的焙烧炉（如竖炉）不能焙烧很细的物料，因这种细料构成密实的料层，形成很高的流体阻力。因此，在选择粉碎程度时要考虑焙烧物料的性质、焙烧温度、炉子结构、炉料搅拌、输送条件和机械损失等因素。

c. 添加助熔剂　在炉料中添加助熔剂的目的是，创造适当的条件，以便使至少有一种反应物能处于液态或气态，使焙烧过程大为强化。当有液态或气态反应物参与时，可使反应物在比固态反应低得多的温度下进行。在大多数情况下，物料焙烧过程中的大部分时间都消耗在预热炉料使之达到反应温度之上。达到需要的反应温度后，反应过程进行得相当快。因此，如造成气、液相以降低反应温度，就可以缩小加热区，扩大其反应区，从而提高焙烧炉的生产能力或减少过程消耗的燃料。

助熔剂是一种能与炉料中一种或几种组分生成低共熔物的物质，可使反应混合物中的一个或几个组分在低于其共熔点的温度下变为液相。这种助溶剂可以是能参与反应或反应后生成的物质，也可以是与炉料不发生化学反应的惰性物质，并且对主要反应没有不良影响。例如，铬铁矿氧化焙烧时添加的纯碱，即起着反应物的作用，也起着助溶剂的作用，在温度 928K 时就使炉料形成含 Na_2CrO_4 为 62.5% 的低共熔混合物。又如在用碳还原磷酸三钙制取热法磷酸时，加入助溶剂二氧化硅，由于生成了低共熔物，不但加速了还原焙烧的反应速率，而且使反应可在较低的温度下进行，还可使石灰变为易熔的炉渣硅酸钙而易于出料。其反应式为：

$$Ca_3(PO_4)_2 + 5C \Longrightarrow P_2 + 5CO + 3CaO$$
$$3SiO_2 + 3CaO \Longrightarrow 3CaSiO_3$$

总反应式为：

$$Ca_3(PO_4)_2 + 5C + 3SiO_2 \Longrightarrow P_2 + 5CO + 3CaSiO_3$$

必须指出，在一般情况下，被焙烧矿石中的杂质往往是主要反应组分的助溶剂。为数不多的助溶剂可以使大量反应组分逐渐变为液相，因此，在每一瞬间，炉料中的液相量可能是极少的。在很多场合，只要有极薄的一层助溶剂包着固态物料的颗粒并渗入微孔就够了，此时，炉料仍是易移动和松散状的。液相量过大时，会引起炉料烧结导致炉料的凝固。欲使助溶剂发挥应有的作用，必须合理选定助溶剂用量和焙烧温度，以控制炉料中的液相量。

从助溶剂使反应物变为液相的瞬间开始，随着反应的进行反应组分逐渐减少，助溶剂不断在反应物表层及内部覆盖和积累，使扩散阻力增大。炉料中的助溶剂愈多，对反应中、后期的阻滞作用就愈大，甚至会抵消加速反应的效应而起相反的作用。

d. 提高炉料中反应组分的有效含量　精选原料使炉料中有效成分的含量提高，可大大加速焙烧过程。当炉料中含有惰性不熔杂质时，会使反应颗粒间的接触条件恶化，导致焙烧过程减慢。但在某些情况下，炉料中掺入惰性杂质能加速反应过程，并使反应更加完全。这是由于增大了炉料总量，使总反应物中的液相量减少，从而避免炉料的严重烧结的缘故。有时把炉料预先压成团块也能使焙烧加快，这是由于团块中各反应组分较为接近。然而，压制团块会使物料的外表面减少，增大气、液相间团块内部扩散的阻力，影响内层反应的进行。因此，当炉料组分与气体反应时，团块愈大，反应愈慢。一般情况下，只有当粉状炉料难以焙烧时，才将其压成团块。

当焙烧与气相组分反应的炉料时，提高气相中这些反应组分的浓度，例如，氧化焙烧时提高氧的浓度或还原焙烧时提高一氧化碳、氢的浓度，都能大大加速反应进程。

e. 搅拌炉料　在焙烧过程中，搅拌炉料也能大大加快焙烧过程。搅拌炉料时颗粒的反应表面不断地由反应产物的覆盖层中裸露出来，使尚未反应的物料分子更易接触。使用带搅拌器的机械炉或带抄板的回转炉都可达到搅拌、翻动炉料的目的。

气体在起反应的固体颗粒表面迅速移动，或固体颗粒在气相中快速移动，由于气、固界面的扩散阻力下降，也能强化焙烧过程。例如，进行喷雾状或沸腾状焙烧。

f. 选择适宜的炉料湿含量 炉料的湿含量有时对焙烧有较大影响。焙烧湿料时解离出来的水分不仅可影响反应速率，也可影响化学反应过程的性质。水分的存在有时会使焙烧过程加速，例如，当水合物熔点较无水物低时，但有时也会引起已生成的反应产物的分解，以及使物料烧结。

另外，在热法处理或焙烧过程中，有时还人为地加入水蒸气，以促使炉料的分解。例如，在生产水热法脱氟磷肥时，磷矿石在1400℃左右的高温下进行水热处理，生成高温型 α-磷酸三钙（柠檬酸溶性），其反应为：

$$2Ca_5(PO_4)_3F + H_2O + \frac{1}{2}SiO_2 \Longrightarrow 3Ca_3(PO_4)_2 + \frac{1}{2}Ca_2SiO_4 + 2HF$$

g. 改善炉料的热传导条件 各种能改善热传导条件的措施，也就是加速炉料受热的措施，都能促成焙烧过程的强化。

h. 改进炉子结构 改进设备是强化焙烧的另一途径。目前正广泛开展对于沸腾炉和其他气流式炉和焙烧方法的研究，其目的是提高焙烧效率以改善焙烧状况，做到小设备大生产，以适应生产发展和工艺改革的需要。

（3）焙烧设备 矿石热处理或焙烧的设备通常称为窑炉，窑炉的主要类型有下列几种。

a. 竖窑 竖窑是一种老式的焙烧设备。竖窑主要焙烧块状矿石，固体燃料与矿石混合加入，空气靠自然通风或鼓风机自底部通入。

b. 反射炉 反射炉又称火焰炉。反射炉适用于焙烧粉末状炉料，可使用气、液、固燃料。炉料用人工扒翻，生产能力低，操作条件差，劳动强度大。但其构造简单，基建和维修费低。可用于芒硝、重晶石的还原焙烧及水玻璃生产等。

c. 回转炉 回转炉是无机盐生产中应用较广泛的焙烧设备。回转炉的主体为一卧式圆筒，呈 $0.5°\sim5°$ 倾斜。运行时炉体转速为 $1\sim8r/min$。炉的长径比约在 $4\sim30$ 范围，炉内装有各种形状的抄板起搅拌作用，炉料的填充系数为 $0.1\sim0.25$。适用于生产硼砂、氢氟酸、硫化碱、硫化钡、铬酸钠等。如果生产的气体是需要的产品，则要进行炉外加热。其优点是炉内温度易于控制，生产能力大，缺点是基建费用较高。

d. 沸腾炉 沸腾炉是一种生产强度大的流态化焙烧设备。沸腾炉炉体呈圆柱形或带锥底，炉料用圆盘或螺旋加料器加入，空气或其他反应气体自炉底加入，经筛板上升将炉料流态化。细熟料（焙烧产物）随炉气一起带出，经旋风分离器分出，粗熟料则由筛板上方溢流口排出。沸腾焙烧炉能较精确地控制温度，传热、传质情况良好，生产能力大，投资少。缺点是气体易走短路，固体生、熟料易发生纵向混合，细粉回收困难。多层沸腾炉则可减少纵向混合。沸腾焙烧炉可用于 SO_2 和 CO_2 的制取、硼镁矿的煅烧、由金红石制四氯化钛、由铝土矿制无水三氯化铝、由煤矸石制六水氯化铝以及某些无机盐的干燥等。

3. 矿石的湿法处理 矿石的湿法处理是用溶液处理矿石的总称。矿石的湿法处理分为酸法（硫酸、硝酸、盐酸等）和碱法（纯碱、烧碱）两大类。

(1) 酸法处理（酸解） 酸法处理是湿法处理中应用较为广泛的一类，也是无机盐生产中一个比较重要及常用的操作过程。

在无机盐生产过程中，往往利用酸解方法进行矿石的分解、提取和富集。许多矿石都需要用酸来处理，然后按不同需要取其溶液、固体或气体。例如，用硫酸处理磷矿粉生产磷酸时，取其溶液，而固相磷石膏（主要成分为 $CaSO_4 \cdot 2H_2O$）为废渣，可综合利用或弃去。用硫酸处理钛铁矿，则取其固相物质，然后再用水浸取，得到含钛溶液，再进一步加工成二氧化钛。萤石酸解后则取其气相，经吸收后得氢氟酸。常用酸解实例如表 7-2 所示。

(2) 碱法处理（碱解） 碱法处理在无机盐的生产中应用也较普遍，尤其是在制取某些钠盐时应用较多。生产中如果在处理矿物原料时既可用酸解也可用碱解时，往往为了减少某些多余的工序而尽可能采用碱法处理。例如，用硼镁矿生产硼砂时，若用碱解法可直接或较简便地制得硼砂，其反应为：

$$2(2MgO \cdot B_2O_3 \cdot H_2O) + Na_2CO_3 + 3CO_2 = Na_2B_4O_7 + 4MgCO_3 + H_2O$$

表 7-2　酸法处理矿石实例

矿石名称	使用的酸	处理后取相	最终产物
硼镁矿	硫酸	液　相	硼酸
	碳酸	液　相	硼酸
磷　矿	硫酸（配比大）	液　相	磷酸
	硫酸（配比小,也可用硝酸、盐酸分解）	固　相	过磷酸钙
萤　矿	硫酸	气　相	氢氟酸
钛铁矿	硫酸（固相法）	固　相	二氧化钛
	硫酸（二相法）	糊状物	二氧化钛
	硫酸（液相法）	液　相	二氧化钛

而用酸法分解时则需先酸解，然后再用碱中和两步反应来完成，其反应为：

$$2MgO \cdot B_2O_3 \cdot H_2O + 2H_2SO_4 \Longrightarrow 2H_3BO_3 + 2MgSO_4$$

$$4H_3BO_3 + 2NaOH \Longrightarrow Na_2B_4O_7 + 7H_2O$$

此法反应复杂、工序繁多、耗酸且操作复杂。因此在国内以硼砂为主要产品的工厂中，皆广泛地采用碱解法。

4. 浸取与萃取

（1）浸取　　浸取是用溶剂分离和提取固体混合物料中的一个或多个组分的过程，也称固液萃取。在一般情况下，它是简单的溶解过程。将固体混合物浸在选定的溶剂中，利用其组分在溶剂中的不同溶解度，使易溶组分溶解进入液体，经沉降分离即可使液体与固体残渣分离。固体物质在液体中的溶解过程可分为物理溶解与化学溶解，物理溶解过程溶质仅发生晶格的破坏而溶解为溶液。如食盐溶解于水中变为盐水，这种溶解过程是可逆的，即固体物可从溶液中再结晶出来。化学溶解过程是溶剂与溶质发生化学反应的溶解过程，这种过程是不可逆的，即溶质不可能从溶液中再结晶出来。如用酸、碱、盐类溶液来分解矿物的过程，这种过程称为矿石的湿法分解过程。

a. 浸取种类　　根据被浸取物料的组成不同，浸取过程可分为渗透浸取和崩解浸取。渗透浸取适用于可溶组分（即溶质）含量较低，且均匀地分布在固体中的物料，当颗粒表面的溶质溶解后，溶剂需透过残渣层继续与内部溶质接触将其溶解。其特点是愈接近颗粒内部，浸取速率愈慢。崩解浸取适用于固体物料中溶质含量较高时，随着溶质的溶解，剩余的多孔结构残渣就会崩解成很细的颗粒，溶剂很容易与固体内部溶质接触，所以，浸取速率始终很快。

b. 浸取过程　浸取过程理论上与溶解过程相同，一般包括三个步骤：① 溶质发生相变化溶解于溶剂中。② 溶质通过固体颗粒孔隙中的溶剂向颗粒外表面进行的内扩散。③ 溶质从颗粒外表面向溶液主体进行外扩散。由此可见，影响浸取速率的主要因素有内扩散和外扩散的影响，在浸取过程中任何一个步骤都可能成为控制步骤。如果浸取速度是由溶质的内扩散控制，应使固体颗粒减小；如受外扩散控制，就应采取加强搅拌的方法以减小扩散阻力，加快浸取过程的进行。

c. 影响因素　影响浸取速率的因素有颗粒粒度、溶剂、温度、搅拌、液固比等。粒度对浸取速率的影响是多方面的。粒度愈小，固体与液体之间的接触面积愈大，溶质在固体物中扩散通过的距离愈短，因而物质的传递速率也就愈快。但是，粒度太小会阻碍液体的流动，影响颗粒表面的有效利用，并且会增加固液分离的难度。另外，颗粒的粒度要均匀，这样既可使浸取过程同时完全，又避免了细小颗粒夹在大颗粒之间影响液体的流动。浸取过程应选择粘度较小并具有良好选择性的溶剂。一般情况下，浸取初期溶剂较纯，溶质浓度较高，浸取速率较快。随着过程的进行，溶质与溶剂间浓度差减小，且溶液往往会逐渐变得比较粘稠，则浸取速率会逐渐下降。提高温度可以达到提高浸取速率的目的。因为，温度升高可使溶液的粘度下降，使扩散层厚度和扩散阻力减小。同时，随温度的提高大多数物质的溶解度也相应增大。在浸取时采取搅拌可减小扩散阻力，促进溶质从颗粒表面向溶液本体中移动，提高浸取速率。另外，搅拌可防止固体颗粒的沉积，使颗粒的表面更有效的加以利用。浸取过程中液固比愈大，固体颗粒的相对运动速度愈快，浸取速率也愈快。

在实际生产中，浸取过程按浸取操作方式可分为单级和多级、间歇和连续操作。在间歇操作中，一般固体物是静止的，液体通过颗粒床层；在连续操作的设备中，固体和液体往往作逆向流动。

浸取设备一般为带机械搅拌装置的竖式或卧式圆筒。如板式浸取塔、螺旋式浸取器等。

(2) 萃取　萃取是利用物质在选定溶剂中溶解度的络合能力不同，以分离混合物中各组分的方法。萃取在无机盐的生产中用于提取、分离和除杂等过程。用溶剂分离液体混合物中各组分的过程称为液液萃取，又称溶剂萃取。用溶剂分离固体混合物的过程称为液固萃取，又称浸取。习惯上萃取仅指液液萃取。

萃取过程是水溶液和有机溶剂组成的两个液相间的传质过程。在这两个液相组成的萃取系统中，一般含有下列物质：

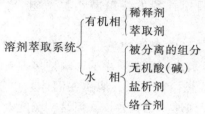

萃取系统中各种物质的作用如下：

萃取剂——能与被萃取溶质形成溶于有机相的萃合物的有机
　　　　溶剂。

稀释剂——能改变萃取剂的物理性能，使两相易于分层。

无机酸——调节水溶液的酸度或参与萃取反应，使溶质组分得到
　　　　较完善的分离。

盐析剂——溶于水相，促使萃合物转入有机相。

络合剂——与被分离的离子形成络合物，溶于水中，从而提高分
　　　　离效率。

在萃取过程中被处理的料液与溶剂密切接触，然后轻重液体分层，得到萃取液（萃合物）和萃余液（萃余物），萃合物可以采取反萃取、蒸馏等方法将溶质分出，并回收溶剂。

萃取过程按液相接触方式不同有：间断错流萃取、连续错流萃取、逆流萃取和分馏萃取等，其中以逆流萃取效果最好，溶剂的消耗量最少，在工业上应用最广泛。分馏萃取能保证有较高的溶剂回收率

和较高的产品纯度，适用于分离系数相近的各种元素的分离。

萃取剂指萃取所用的溶剂，萃取剂应满足：具有高的选择性、高萃取容量、易被反萃取、易与水溶液分层；操作安全、损耗量少；良好的物理性能（如相对密度小、粘度低、表面张力大、水容量小、熔点低而沸点高、蒸气压低等）；化学稳定性高，不易水解或分解，能耐各种酸、碱、盐溶液或氧化剂、还原剂的作用；对设备的腐蚀性小，具有一定的热稳定性，并有较高的抗辐射性能。另外，选择萃取剂时，还应考虑实际生产情况，力求原料来源丰富、易于制备、再生及价廉。

根据萃取剂的结构特征，萃取剂一般可分为下列五类。

a. 含氧溶剂类 这类萃取剂主要是酮、醚、醇、酯类化合物。其共同特点是分子中都具有未配对电子的氧原子，这些氧原子和分子中的氧原子相似，能够和带正电荷的金属离子发生静电引力，形成与水合离子相类似的溶剂化合物。有时，含氧溶剂分子不直接和金属离子结合，而是通过氢键缔合作用与金属离子的配位水分子相结合形成溶剂化络合物。这些溶剂化络合物都具有和含氧溶剂相似的结构，根据物质结构理论中"相似者相溶"的原则，所形成的溶剂化络合物就更容易溶解在含氧溶剂中。

b. 中性磷型萃取剂 这类萃取剂一般是指正磷酸分子中三个羟基完全酯化或被烷基取代的化合物。化合物分子中都具有能与金属离子形成配位键的磷酰基（$\equiv P = O$）。磷酰基上氧原子电子密度比上述含氧溶剂分子中氧原子密度要大，所以对含金属离子的溶剂化作用更强，即萃取能力更强。应用最早的是磷酸三丁酯（TBP）。

c. 酸性磷型萃取剂 当正磷酸分子中仍保留一个或两个羟基未被酯化或取代时，则分子具有酸性，这类萃取剂即为酸性磷型萃取剂。这类萃取剂分子中既具有能与金属离子发生置换反应的羟基（OH），又具有能和金属离子形成配位键的磷酰基（$\equiv P = O$）。一般来说，在低酸度时，这类萃取剂主要是通过羟基上的 H^+ 置换水溶液中的金属离子，使金属离子形成疏水性萃合物；在高酸度时，萃取剂分子上的磷酰基（$\equiv P = O$）起溶剂化作用，从而增强了萃取能力。

d. 螯合萃取剂　螯合萃取剂是指能与金属离子形成螯合物的萃取剂。如二硫腙、羧基酸等。

e. 胺类萃取剂　这类萃取剂包括伯胺、仲胺、叔胺和季铵盐类。伯、仲、叔、季与氨分子相似，能与无机酸中的 H^+ 离子形成稳定的配位键，生成相应的胺盐，它们能溶解在有机溶剂中。这些胺盐通过盐中所含的阴离子与水溶液中的阴离子发生置换反应，从而使被萃取物质由水溶液转入有机溶剂中。

影响萃取分离的因素很多，从热力学角度分析有温度的影响；从动力学角度分析有两相的接触时间、两相的表面张力和粘度的影响。在实际操作中应考虑的影响因素有：萃取温度、萃取时间、原液中被萃取组分的浓度、两相的体积比、盐析剂的种类及浓度、原液的酸度以及有机溶剂的种类和浓度等。

在液液萃取过程中，要求在萃取设备内能使溶剂与料液混合物充分进行接触，促进相际间的传质，经过一段必要的萃取时间后，能使萃取相与萃余相良好地进行分离。也就是说，萃取设备应具备促进液液充分混合与良好的分离能力。

由传质方程知，萃取过程中的传质速率与两液相间接触面积和推动力成正比，而与传质阻力（即传质总系数的倒数）成反比。与一般传质设备相类似，选用逆流操作或增加溶剂量可增大萃取过程推动力；采取能促进相间接触的设备和结构，可增加两相间的传质面积；设法促成合理的湍流程度和增加液相的"滑动"可减少传质阻力。这些提高传质速率的措施都可改进萃取效率。

由于液液相间的传质实际上是两流动液相间的传质，就此而言与用液体吸收气体相似，但在液液萃取中，液体表面张力的大小直接影响萃取过程。一般来说，萃取设备中有两个液相，即连续相和分散相。连续相充满整个设备的全部断面，分散相则在连续相中呈微滴状或股流状。如果分散相液体表面张力大，内聚力也大，液滴较为稳定，经过一定萃取时间后表面将不利于传质的继续进行。反之，如果液体表面张力小，内聚力也小，液滴就较不稳定，表面时分时合，不断更新，有利于传质的不断进行。因此，表面张力的大小也是选择萃取剂时需加考虑的因素。

萃取设备的流体动力学原理为两个液流的相互作用，两相的分散和扰动一般是由两液流的相对密度差而引起的。某些情况下也有凭借外界能力而产生的，但是，流体的最大流速不能大于液泛速度。萃取过程的液泛是指一个相被另一个相带走的情况，发生液泛时，萃取操作被破坏。

按萃取操作中是否有外界补充能量，萃取设备可分为补加能量与不加能量两类。主要有喷洒塔、筛板塔、填料塔、离心式萃取器、箱式混合澄清萃取器（槽）及振动塔、脉冲塔等。

选择萃取设备时既要满足生产要求，又要注意节约设备投资和操作费用，同时需考虑下列几种因素。

a. 生产能力　填料塔、脉冲塔不能适应高生产能力的需要，而箱式混合澄清萃取槽的操作弹性较大，在液流量为 $0.1 \sim 10 m^3 \cdot h^{-1}$ 范围内均适用。

b. 萃取系统的物理化学性质（萃取液的放射性、腐蚀性、相对密度等）　萃取放射性物质时，以采用空气脉冲萃取器或箱式混合澄清萃取槽为宜。对于有腐蚀性的萃取液，可选用耐腐蚀、结构简单的磁环填充塔较为适宜。两相相对密度差较大时（如超过 10%），应选用重力装置；相对密度近似或易乳化时则应选用离心式萃取设备。

c. 萃取率　萃取率要求低时，应选用结构简单、操作方便、投资少的喷射萃取塔；一般要求时，可选用填充塔、筛板塔；萃取率要求高时，应选用高级箱式混合澄清萃取槽或离心式萃取设备。

目前，在无机盐生产中应用较多的是箱式混合澄清萃取槽和脉冲萃取塔。

第二节　典型无机盐产品的生产工艺

一、钡盐的生产

钡盐是无机盐工业中常见的一种盐类。重晶石是生产各种钡盐的主要原料，天然重晶石矿含硫酸钡为 80% ～95%，据统计世界重晶石储量在 2000Mt 以上。我国重晶石资源分布极广，主要分布在广西、广东、河北、湖北、湖南、山东、陕西等地，且储量大，品位高，是发展我国钡化合物生产的有利条件。工业应用中最重要的钡盐有硫化钡、硫酸钡、氯化钡、硝酸钡等，目前我国生产的钡盐约有 15 种。

重晶石（$BaSO_4$）属斜方晶系，相对密度为 4.3～4.5，$BaSO_4$ 几乎不溶于水，在 18℃ 的饱和溶液中，$BaSO_4$ 的质量分数为 0.00023%，它能溶于熔融的碱，微溶于沸腾的酸。属于既不溶于水又不溶于酸的矿物。为了将其转变为可溶性的化合物，需先将其还原为硫化钡，再进一步加工成各种钡盐。

重晶石的加工方法多采用还原焙烧法，得到中间产品硫化钡，再与无机酸或其他化工原料作用制得相应的钡化合物。还原焙烧操作几乎都是在回转窑中进行的，还原剂采用煤粉或煤油渣。也有用气体还原重晶石的方法，这种方法优点多，可以得到纯净的、不含煤及灰分的硫化钡溶体。

所有的可溶性钡盐都是有毒的。所以，在处理钡盐时，要加强安全防护措施，注意"三废"处理。

根据我国钡盐生产情况仅重点介绍硫化钡及硫酸钡的生产。

（一）硫化钡的生产

硫化钡（BaS）的相对分子质量 169.40，白色结晶，有时呈灰色或黄绿色，工业品为灰或黑色。易溶于水发生水解，生成硫氢化钡和氢氧化钡。水溶液呈强碱性，有腐蚀性，能烧伤皮肤，使毛发脱落，有毒。遇酸产生硫化氢。湿空气中熔体硫化钡自行硫化放出硫化氢，反应式如下：

$$BaS + CO_2 + H_2O \xrightarrow{\hspace{1cm}} BaCO_3 + H_2S \uparrow$$

硫化钡可用于生产其他钡盐，如生产立德粉、油漆原料、橡胶硫化剂、增重剂及皮革脱毛剂等。农业上可用作杀螨剂及灭菌剂。

1. 硫化钡的生产原理　目前硫化钡的工业生产以煤粉还原法为主。煤粉还原法生产硫化钡的主要原料是重晶石和煤粉，当反应开始时，混合料中的碳在没有充分空气的情况下进行燃烧产生一氧化碳，一氧化碳使重晶石还原得到硫化钡。

$$BaSO_4 + 4CO \xrightarrow{\hspace{1cm}} BaS + 4CO_2 \qquad (7\text{-}1)$$

生成的二氧化碳与煤按反应 $CO_2 + C \stackrel{}{=\!=\!=} 2CO$ 作用。当温度高于700℃时，此反应向生成一氧化碳的方向进行，低于700℃时生成二氧化碳。温度愈高二氧化碳还原愈充分，当温度接近1000℃时，二氧化碳可全部转变为一氧化碳。因此，在900～1000℃以上还原重晶石时的反应为：

$$BaSO_4 + 4C \stackrel{}{=\!=\!=} BaS + 4CO \qquad \Delta H > 0 \qquad (7\text{-}2)$$

在600～800℃下还原反应按下式进行：

$$BaSO_4 + 2C \stackrel{}{=\!=\!=} BaS + 2CO_2 \qquad \Delta H > 0 \qquad (7\text{-}3)$$

在回转窑中进行还原的物料与燃气逆流接触，重晶石在回转窑内发生的化学反应很复杂。从还原用煤粉的消耗及热量的消耗来看，还原过程宜在低温下按反应式（7-3）进行，但低温下反应速率很慢。为此，在回转炉的"热"端，温度必须保持在1000℃以上。另外，在炉"冷"端逸出的气体与富含碳的炉料相接触，因此，在出炉尾气中几乎不含一氧化碳，而二氧化碳的含量可达20%～25%。由此可见，反应式（7-3）是还原过程的总反应。在强化焙烧时，为了提高燃烧气体的火焰温度，可在空气不足的条件下进行，此时一氧化碳将不完全燃烧，废气中一氧化碳含量约为5%。在回转炉中，除发生上述反应外，还同时有以下副反应的发生：

生成 $BaSO_3$（酸溶性）

$$BaSO_4 + CO \stackrel{}{=\!=\!=} BaSO_3 + CO_2$$
$$BaSO_3 + 3CO \stackrel{}{=\!=\!=} BaS + 3CO_2$$

生成 $BaCO_3$（酸溶性）

$$BaSO_4 + CO_2 \stackrel{}{=\!=\!=} BaCO_3 + SO_2$$
$$BaS + 4CO_2 \stackrel{}{=\!=\!=} BaCO_3 + SO_2 + 3CO$$

生成 BaS_2O_3

$$BaSO_3 + \frac{1}{2}S_2 \stackrel{}{=\!=\!=} BaS_2O_3$$

生成单体 S_2

$$BaS + 2SO_2 \stackrel{}{=\!=\!=} BaSO_4 + S_2$$

2. 影响还原反应的因素

（1）天然杂质对还原反应的影响　当重晶石中含有 SiO_2、Fe_2O_3、CaF_2、Al_2O_3 等天然杂质时，在还原焙烧温度高于 1000℃ 时这些杂质即会参与反应，阻碍还原反应的进行，并造成钡的流失。如二氧化硅会与硫酸钡作用生成偏硅酸钡、正硅酸钡及硅酸三钡，并使气相中出现二氧化硅及单体硫。

$$BaSO_4 + SiO_2 \Longrightarrow BaSiO_3 + SO_3$$

$$BaSO_4 + BaSiO_3 \Longrightarrow Ba_2SiO_4 + SO_3$$

$$2BaSO_4 + BaSiO_3 \Longrightarrow Ba_3SiO_5 + 2SO_3$$

$$SO_3 + CO \Longrightarrow SO_2 + CO_2$$

$$2SO_2 + 4CO \Longrightarrow S_2 + 4CO_2$$

三氧化二铝及三氧化二铁与硫酸钡作用，生成不溶于水的铝酸钡及铁酸钡。

$$Al_2O_3 + BaSO_4 \Longrightarrow BaO \cdot Al_2O_3 \cdot SO_3$$

$$Fe_2O_3 + BaSO_4 \Longrightarrow BaO \cdot Fe_2O_3 \cdot SO_3$$

在利用含 SiO_2 高的重晶石原料时，为了防止生成硅酸钡而降低硫化钡产率，可在焙烧物料中加入石灰石，使之与二氧化硅反应，生成不溶于水的硅酸钙 $CaSiO_3$，此法限于用水浸取硫化钡熔体。若用酸浸取时，由于氧化钙的存在会增加酸的消耗量。当焙烧物料中含有石灰石杂质时，由于碳酸钙分解放出二氧化碳，会加强焙烧物料的搅拌作用，而氧化钙又能阻止焙烧物料中易熔杂质所发生的熔合作用，从而加速还原过程，提高重晶石的还原率。

（2）温度及还原剂对还原速率的影响　重晶石的还原速率与温度及还原剂固体碳的种类有很大关系。如图

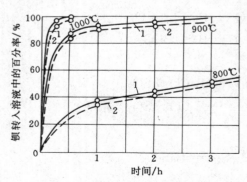

图 7-1　在不同温度下用煤还原重晶石
1—酸溶性钡盐；2—水溶性钡盐

7-1 和图 7-2 所示。重晶石的还原反应是一吸热过程，所以，温度越高，还原反应的速率越快。由图 7-2 可见，在煤、木炭、焦炭及无烟煤等还原剂中煤的还原性最高。

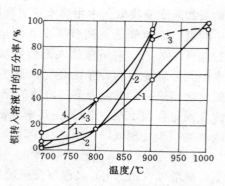

图 7-2　重晶石的还原与还原
剂品种的关系

1—木炭；2—焦炭；3—无烟煤；4—煤

3. 硫化钡生产工艺流程

煤粉还原法生产硫化钡的工艺流程如图 7-3 所示。将重晶石（$BaSO_4 > 85\%$）和煤（固定炭 > 75%）按 $100 : (25 \sim 27)$（质量）的比例加入自动混料器，混合后粉碎至 5mm 以下，再由自动加料器送入回转炉中进行还原焙烧。

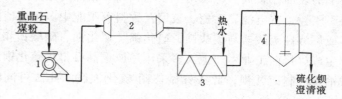

图 7-3　煤粉还原法生产硫化钡的工艺流程

1—粉碎机；2—回转炉；3—浸取器；4—澄清器

焙烧物料由回转炉的"冷"端加入，与燃气逆流接触，这样可使热量得到充分的利用。在回转炉内还原反应维持在 $1.5 \sim 2h$。提高炉温可大大缩短还原时间，并可提高回转炉的生产能力。从回转炉排出的熔融体是松散、灼热的物质，如果燃烧进行的良好，物质的表面很快就会变暗，在发暗的物质表面上有略带蓝色的火焰，这是由于一氧化碳继续燃烧的缘故。烧透的熔融体常是暗黑色的，并且不含有粘结的块状，而未烧透的熔融物，会保持几小时赤热状态，并带有深灰色的团块。

还原焙烧所得熔体称为黑灰，其硫化钡含量为 $65\% \sim 75\%$。将黑灰卸入螺旋浸取器中用热水逆流浸取，这是为了防止熔融物被空气中的氧气迅速氧化，调节热水和稀液流量，使溶液中硫化钡浓度达 $220g \cdot L^{-1}$ 左右，将溶液放入澄清器加热至 85℃ 以上以提高硫化钡在水中的溶解度，然后静置澄清。经过滤除渣、蒸发、结晶可得到纯净的硫化钡成品。工业上多以澄清的硫化钡水溶液供制其他钡盐。渣中约含钡化合物 15%～20%，其中大部分是酸溶性的，可用盐酸等对废渣进一步处理以回收钡，减少环境污染。

（二）硫酸钡的生产

硫酸钡（$BaSO_4$）又称沉淀硫酸钡，为无色斜方晶系结晶或无定形白色粉末。化学性质稳定，不溶于水，溶于发烟硫酸与熔融碱中，微溶于沸腾的盐酸。与硫共热还原为硫化钡，在空气中，遇硫化氢或有毒气体也不变色。

硫酸钡可作油漆、油墨、橡胶、塑料、绝缘带的填充剂，印像纸及铜板纸的表面涂布剂、纺织用上浆剂、深井钻探的加重剂，还可用于颜料、陶瓷、蓄电池、搪瓷、玻璃及香料等工业中。沉淀硫酸钡是用硫酸或可溶性硫酸盐与碳酸钡、硫化钡、氯化钡、硝酸钡和氢氧化钡反应生成。目前工业生产上大多采用还原重晶石得到硫化钡，然后与硫酸钠反应制硫酸钡，此法称做芒硝-硫化钡法。此法可同时制得硫化碱。

芒硝-硫化钡法是将精制后的原料硫化钡与除去钙、镁离子后的芒硝溶液混合，反应得到产品。

1. 原料预处理

（1）硫化钡的加工　参见硫化钡的生产部分。

（2）芒硝溶液的加工　芒硝原料的主要成分为 Na_2SO_4($\geqslant 85\%$)、$CaSO_4$($<1\%$)、$MgSO_4$($<0.8\%$)。首先用 70～80℃ 的热水将芒硝溶解。芒硝溶解过程中会吸收一定的热量，使温度下降至 40℃ 左右，在此温度范围内芒硝的溶解度较大，可得到较浓的芒硝溶液，同时有利于杂质的沉降。然后以直接蒸汽加热芒硝溶液，在热溶液中加入石灰、纯碱以除去钙、镁离子，反应式如下：

$$Mg^{2+} + Ca(OH)_2 \!\!=\!\!=\!\! Mg(OH)_2 \downarrow + Ca^{2+}$$

$$Ca^{2+} + Na_2CO_3 \xrightarrow{\quad} CaCO_3\downarrow + 2Na^+$$

除去镁离子时也可以采用硫化碱来代替石灰，这样在除去镁离子时可以不混入钙离子，可减少除钙离子时纯碱的消耗，同时可利用副产的硫化碱。

除去钙、镁离子后的溶液需要澄清 20 小时以上，清液经过滤送入芒硝计量槽。

2. 主要生产过程及工艺流程　硫酸钡生产工艺流程如图 7-4 所示。

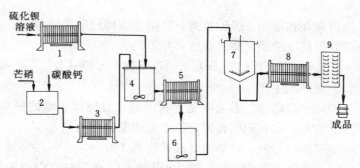

图 7-4　芒硝-硫化钡法生产硫酸钡的工艺流程
1, 3, 5, 8—过滤器；2—溶解槽；4—反应槽；6—打浆槽；7—增稠器；9—干燥器

将精制后的芒硝溶液与硫化钡水溶液混合（硫化钡稍过量）送入反应器，于 90℃ 进行反应。反应式如下：

$$BaS + Na_2SO_4 \xrightarrow{\quad} BaSO_4\downarrow + Na_2S$$

反应过程中使硫化钡稍过量，这样可使 SO_4^{2-} 反应完全，提高产品纯度，降低对设备的腐蚀。反应完成后进行澄清抽滤，所得清液经蒸发、结晶、分离、干燥可回收硫化钠。滤饼（硫酸钡沉淀）经打浆、增稠后送入过滤机并用 60～70℃ 水洗，洗去滤饼中硫化钠，洗液中 $Na_2S < 0.02\%$ 后弃去。滤饼再经硫酸洗涤（保持溶液 $pH = 5～6$），使过量的硫化钡及少量的碳酸钡等与硫酸发生反应而转化成硫酸钡，提高硫酸钡产品的质量。反应式如下：

$$BaS + H_2SO_4 \xrightarrow{\quad} BaSO_4\downarrow + H_2S$$

$$BaCO_3 + H_2SO_4 \xrightarrow{\quad} BaSO_4\downarrow + CO_2 + H_2O$$

酸洗后再经过滤、在 1300℃下干燥至含水分 0.5% 以下、再根据用户需要进行粉碎，即可得到沉淀硫酸钡产品。反应后抽滤所得清液及滤饼洗液经蒸发、结晶分离、干燥、可回收硫化钠。

另外，硫酸钡的生产方法还有重晶石精制法及盐卤综合利用法。重晶石精制法是以盐酸、硫酸处理研细后的高品位重晶石，除去其中杂质或将重晶石于发烟硫酸中溶解，再用水稀释溶液以沉淀硫酸钡或将重晶石与熔盐（NaCl 或 BaCl$_2$）混合冷却后用水处理可得到纯净的硫酸钡。

盐卤综合利用法是将钡黄卤与芒硝反应再经酸煮、水洗、分离脱水、干燥得到硫酸钡成品。反应式如下：

$$BaCl_2 + Na_2SO_4 \longrightarrow BaSO_4 \downarrow + 2NaCl$$

二、硼砂的生产

生产硼化合物的基本原料是各种天然含硼资源。硼的分布很广，除含硼矿物外，可利用的含硼资源还有含硼盐湖卤水等。

含硼矿物很分散，已知的含硼矿物有 130 种左右，其中值得开采有工业利用价值的仅有 10 余种。目前已开发利用的有粗硼砂矿、硼钙石矿、硼镁矿等。世界硼矿的储量以 B$_2$O$_3$ 计在 200Mt 以上，其中美国占首位约为 130Mt。另外拥有丰富硼资源的国家还有土耳其、哈萨克、俄罗斯、中国、智利等国家。我国硼资源主要分布于青海、西藏、辽宁、吉林等地，多年来工业生产主要采用辽宁、吉林的硼镁矿。

硼矿加工的最初产品一般为硼砂或硼酸，其他含硼产品则是这两个母体产品的衍生产品。目前，世界上已有商品化的硼化合物产品60 多种，其中产量较大的有硼砂、硼酸、过硼酸钠、过硼酸钙、氮化硼、硫化硼等。

我国硼砂生产具有悠久的历史，远在明代中叶在西藏已有手工作坊对天然硼砂的加工和利用。据历史记载，古代中医沿用至今的"冰硼散"就是用天然硼砂制成的。

硼砂又名十水四硼酸钠，分子式 Na$_2$B$_4$O$_7 \cdot$10H$_2$O，为无色半透明晶体或白色粉末，无臭、微带甜涩味，相对密度 1.71。不溶于醇，易溶于热水、甘油中，其水溶液呈弱碱性，pH＝9.2，在空气中缓慢风化。在温度低于56℃时，自溶液中结晶生成十水硼砂。60℃时失去8分子结晶水，320℃时失去全部结晶水成无水硼砂，741℃时熔融成无色玻璃状。熔化的硼砂能溶解各种金属氧化物，生成硼酸的复盐，并因金属的不同而呈现特征颜色。例如：

$$Na_2B_4O_7 + CoO \rightleftharpoons Co(BO)_2 \cdot 2NaBO_2$$
（蓝色）

硼砂与强酸反应生成硼酸，与强碱反应生成偏硼酸钠。硼砂是重要的化工原料之一，几乎所有含硼化合物都可由硼砂制得。

硼砂主要用于玻璃和搪瓷工业。在玻璃中，可增强紫外线的透射率，提高玻璃的透明度和耐热性能。在搪瓷制品中，可使瓷釉不易脱落且使其具有光泽。焊接时可用它作助熔剂，以熔去金属表面的氧化物。另外，硼砂在印染、农药、防腐、防冻、医药、冶金、军工等方面均有较广泛的应用。

（一）硼砂的生产方法

硼砂的生产方法根据所采用的原料不同有较大的差异。如我国西藏所产的天然硼砂只需精制便可，四川地区的含硼卤水可采用纯碱分解、冷冻分级结晶即可得到硼砂，而含硼湖泥及含硼矿物则各有不同的加工方法。以含硼矿物为原料制取硼砂有以下几种方法。

1. 硫酸法（酸解） 20世纪50年代中期，我国首先采用硫酸法加工硼镁矿制取硼酸。此法是用硫酸分解高品位的硼镁矿制成硼酸，然后再用纯碱中和生产硼砂。

该法的优点是流程短，母液可循环使用。但要求矿石的品位要高，原料及硫酸消耗大，B_2O_3 的收率较低，一般只有40%～50%，因此生产成本很高，设备腐蚀严重。该法到60年代初基本停用。

2. 常压、加压碱解法（碱解） 碱解法克服了酸解的缺点，使硼镁矿分解率达到85%～90%，B_2O_3 回收率达80%以上，加压碱解法是在较高的压力和温度下进行碱解，比常压法缩短流程，但此法过滤困难，成本高。

3. 碳碱法（碱解） 碳碱法制取硼砂可加工较低品位硼镁矿，碳化和浸取一次完成，可用纯碱代替烧碱，对设备腐蚀性小，硼砂母液可直接用于分解硼镁矿粉，B_2O_3 收率及碱利用率都较高，工艺流程比较短。但碳碱法仍存在着碳解时间长、设备利用率低、碳解率仍不高等，还有待深入研究，提高生产技术水平。

（二）碳碱法生产硼砂

1. 硼镁矿石的预处理　工业生产中大多采用纤维硼镁矿为原料生产硼砂。纤维硼镁矿组成比较复杂，其中含有纤维硼镁石（$2MgO \cdot B_2O_3 \cdot H_2O$）、蛇纹石（$3MgO \cdot SiO_2 \cdot 2H_2O$）、白云石（$CaCO_3 \cdot MgCO_3$）、磁铁矿（$Fe_3O_4$）、水镁石 [$Mg(OH)_2$] 及灰绿泥石等。开采出的硼镁矿首先破碎成 $300 \sim 500mm$ 块状，在高温下进行焙烧分解。硼矿石焙烧质量是影响碳解的关键因素之一，未经焙烧的生矿石化学活性很差，碳解率很低。硼镁矿经焙烧后，矿石的晶体结构发生改变，脱去结晶水，生成焦硼酸镁，同时部分伴生的硅酸盐及硫酸盐分解变成疏松多孔结构，硬度下降易于粉碎，化学活性显著提高，使矿石中的 B_2O_3 容易被分解剂所浸取。焙烧过程中的反应如下：

主反应　$2MgO \cdot B_2O_3 \cdot H_2O \xrightarrow{700 \sim 800℃} 2MgO \cdot B_2O_3 + H_2O \uparrow$

副反应　白云石脱水

$CaCO_3 \cdot MgCO_3 \xrightarrow{600℃} CaCO_3 + MgO \cdot CO_2 \Longrightarrow CaO + MgO + CO_2 \uparrow$

磁铁矿氧化　$2Fe_3O_4 + \dfrac{1}{2}O_2 \Longrightarrow 3Fe_2O_3$

水镁石脱水　$Mg(OH)_2 \Longrightarrow MgO + H_2O \uparrow$

蛇纹石脱水　$3MgO \cdot SiO_2 \cdot 2H_2O \xrightarrow{700 \sim 800℃} Mg_3Si_2O_7 + 2H_2O \uparrow$

焙烧过程主要控制温度、煤石比、矿石块度、停留时间等工艺条件。焙烧温度很重要，温度控制过高矿石被烧结，甚至熔融成玻璃体，活性反而下降。如果温度过低或停留时间过短，矿石脱水不完全，原结构未改变，化学活性得不到提高。

硼镁矿的焙烧是在竖窑、回转窑或沸腾炉内进行。所得熟矿石再经雷蒙机或球磨粉碎机粉碎成 140 目的矿粉后，即可投入硼砂生产中。

2. 二氧化碳气体的制备 碳碱法硼砂生产中所需要的二氧化碳气体是由石灰石的煅烧获得的。石灰石（要求粒度为 10～15cm）与无烟煤（固定碳含量为 67%，粒度不超过 5cm）按 9:1 的比例送入石灰窑进行煅烧，煅烧过程的主要反应为：

$$CaCO_3 \!=\!\!=\!\! CaO + CO_2$$

$$C + O_2 \!=\!\!=\!\! CO_2$$

$$MgCO_3 \!=\!\!=\!\! MgO + CO_2$$

石灰石在 650℃时微微分解。其分解压力随温度的上升而升高，当温度升至 900℃时分解压力与大气压相等，石灰石迅速分解。

煅烧后产生的石灰（CaO、MgO 等）经冷却后送入石灰贮仓，可作建筑材料。煅烧产生的 CO_2 气体首先经过旋风分离器，除去 CO_2 气体中夹带的大部分粉尘。然后，将气体送入湿填料塔和干填料塔进一步除尘，得到净化的含 CO_2 含量为 30%～35% 的气体（也称为窑气），再经空气压缩机压缩，送入 CO_2 贮罐备用。

3. 碳解机理及影响因素 硼矿粉用纯碱溶液和 CO_2 分解的过程简称碳解。碳解反应中首先发生的是 CO_2 与碳酸钠的反应。溶解于料液中的 CO_2，对碳解反应起着主导作用。CO_2 的分压愈高，窑气流量愈大，则反应速率愈快，碳解率也愈高。

碳解反应可认为按如下三步进行。

$$CO_2 + Na_2CO_3 + H_2O \!=\!\!=\!\! 2NaHCO_3$$

$$2NaHCO_3 + 2(MgO \cdot B_2O_3) \!=\!\!=\!\! 3MgCO_3 \cdot Mg(OH)_2 + Na_2B_4O_7$$

$$3MgCO_3 \cdot Mg(OH)_2 + CO_2 \!=\!\!=\!\! 4MgCO_3 + H_2O$$

碳解总反应式可写成：

$$2(2MgO \cdot B_2O_3) + 3CO_2 + Na_2CO_3 \!=\!\!=\!\! Na_2B_4O_7 + 4MgCO_3$$

同时发生的副反应有：

$$MgO + CO_2 \!=\!\!=\!\! MgCO_3$$

$$CaO + CO_2 \!=\!\!=\!\! CaCO_3$$

$$MgO + H_2O \!=\!\!=\!\! Mg(OH)_2$$

碳碱法生产的关键是碳解工序，其主要的化学反应就在碳解反应器中发生，碳解反应进行的是否理想，直接影响到硼砂的产量及质量、原材料的消耗及能量的消耗等。影响碳解反应的主要因素如下。

（1）反应温度　由动力学分析，提高温度可加快反应速度。随温度的升高，硼镁矿的分解率也增加，如135℃下的分解率约比120℃时提高2%～3%。但若温度过高，则会影响二氧化碳在液相中的溶解，从而使分解率降低。实践证明，碳解反应温度控制在135℃左右最佳。

（2）反应压力　碳解反应是气、液、固三相反应，由碳解反应式可以看出，提高压力对碳解反应是有利的。另外，压力越高，二氧化碳在溶液中的溶解度越大，对碳解反应越有利。但随着压力的提高，碳解率上升趋势逐渐缓慢，如压力从0.4～0.6MPa提高一倍时，碳解率仅提高2%。并且，随着压力的提高，对设备要求更加严格，所以在实际生产中一般将操作压力控制在0.45～0.6MPa之间。

（3）液固比及搅拌　液固比即母液体积（m^3）与矿粉吨数之比。在碳解过程中，按反应机理分析，碳解反应是按上述分三步进行的，第二步反应比第一步慢，是碳解反应过程的控制步骤。第二步反应速率的高低，取决于碳酸氢钠扩散到矿粉表面的速度和生成硼砂离开固体粒子表面的速度。也就是说碳解反应属于扩散控制。固体颗粒的大小、液固比、搅拌速度均会影响过程的扩散阻力。矿粉颗粒越小、液固比越大、搅拌速率越快，扩散阻力就越小，反应速率越快、碳解率越高。在实际生产过程中，除尽量满足上述条件外，还需考虑能量消耗，设备利用率等条件。实践证明，矿粉粒度为140目、液固比在(1.45～1.6):1为宜。碳解过程中，由碳解反应器底部通入的二氧化碳气体可起到一定的搅拌作用。除气流搅拌外，碳解反应器内装有搅拌装置，又增加了机械搅拌，搅拌转速一般在100r/min左右。

（4）过碱量　由反应式看出，碳酸钠过量，可以促进化学平衡的移动，加速碳解反应的进行，提高硼的利用率。但碳酸钠用量过多不但经济上不合理，还会在浓缩时发生如下逆反应：

$$Na_2B_4O_7 + Na_2CO_3 \Longrightarrow 4NaBO_2 + CO_2$$

从而降低了硼砂产量，增加了硼的消耗。所以在实际生产中加入的碳酸钠量一般为理论量的 105%～110%。

(5) 二氧化碳分压　二氧化碳分压对反应速率和碳解率起着决定性作用。CO_2 的分压愈高,反应速率愈快,碳解时间愈短,最终碳解率也愈高。

采用窑气进行碳解,当 CO_2 分压低于 0.098MPa 时,碳解反应速率和最终碳解率与分压的关系极为显著。分压下降,反应速率和反应达到平衡后的最终碳解率也相应大幅度下降。当 CO_2 分压在 0.098MPa 以上时,继续提高分压,碳解前期和中期的反应速率有所增加,而后期的反应速率则无显著差异,其最终碳解率也相差无几。当反应温度控制在 125～135℃,CO_2 含量为 25%～30%,反应压力为 0.45～0.6MPa 时,CO_2 分压的波动幅度大致在 0.14～0.06MPa 之间,正是在 CO_2 分压对反应速率和碳解率有显著影响的范围内。

目前,我国硼砂生产所采用的硼镁矿中所含三氧化二硼为 10%～13%,在上述工艺条件下,碳解率一般为 80%～85%,总收率为73%～78%。为提高三氧化二硼的收率,应从提高碳解压力、提高二氧化碳浓度等方面进行研究,以充分利用有限的硼资源。并且,如何加工利用低品位硼矿是我国硼化物生产中一个十分迫切需要解决的问题。

4. 碳碱法制硼砂工艺流程　碳解法生产硼砂的工艺流程如图 7-5 所示。经焙烧的矿粉粉碎到一定粒度与成品分离工序送来的母液混合,然后加入纯碱用泵送入碳解釜并通入二氧化碳进行碳解反应。

加入碳酸钠的量为理论量的 105%～110%,反应温度为 135℃,采用夹套加热,反应压力为 0.45～0.6MPa,碳解反应时间为 13～15h,通入的窑气 CO_2 含量为 30%～35%。在碳解反应器内,矿粉中的 B_2O_3 被碳解生成硼砂转入液相。

碳解后的悬浮液(料浆)送过滤工序,除去残渣硼泥,得到硼砂滤液。过滤设备一般采用真空叶片过滤机和加压过滤机。真空叶片过滤机是利用多孔的滤布为介质,采用抽真空的方法造成压力差,使悬浮状料浆中的溶液通过滤布,固体颗粒则吸附在滤布表层形成滤饼。滤饼经热水洗涤,洗出残留于其中的硼砂后,残渣硼泥可作肥料或建筑材料。

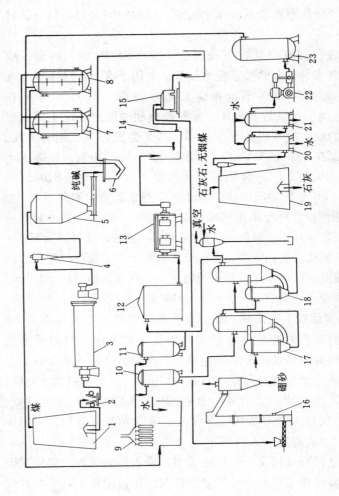

图 7-5 硼砂生产工艺流程图

1—矿石焙烧窑；2—颚式破碎机；3—球磨机；4—旋风分离器；5—矿粉贮仓；6—混料罐；7，8—碳解釜；9—真空叶片过滤机；10—淡液气液分离罐；11—浓液气液分离器；12—浓液过滤罐；13—加压过滤机；14—结晶罐；15—离心机；16—气流干燥器；17，18—双效蒸发器；19—石灰窑；20，21—石灰窑；22—空气压缩机；23—缓冲罐

为了提高硼砂的结晶率，滤液要进行蒸发浓缩。将滤液送入标准式双效蒸发器，得到硼砂浓度为 $400\sim600g \cdot L^{-1}$ 的浓缩液，然后将浓缩液送入圆筒式结晶罐，冷却、降低浓缩液的温度，使之达到过饱和状态而析出硼砂结晶。结晶罐内装有冷却蛇管，附转速为 $30\sim35r/min$ 的浆式搅拌器。经离心分离得到含量为 95% 的硼砂，分离出的母液送回配料工序循环使用。

根据用户的需要，部分 95% 的硼砂产品需经干燥，除去大约 4% 的游离水，得到纯度达 99% 以上的产品。干燥操作采取气流干燥，其为连续式常压干燥的一种形式。细粉状和颗粒状湿物料被高速热气流均匀地分散成悬浮状态，在短暂时间内吸收气流中的热量而达到干燥的目的。气流干燥接触面大，传热均匀迅速、物料不会出现局部过热或干燥不均匀的现象。湿硼砂含结晶水多而含游离水少，采用气流干燥是比较理想的。成品纯度稳定，包装后无结块现象。碳解反应所用二氧化碳由石灰窑引出经净化、压缩送碳解工序。

三、钛白粉的生产

钛白粉学名二氧化钛，分子式 TiO_2，是一种多晶型化合物，有板钛型、锐钛型和金红石型三种。工业上利用的主要是后两种，锐钛型在常温下稳定，在高温（915℃）时向金红石型转化。金红石型是二氧化钛稳定的结晶型态，自然界为数不多，大多为人工方法合成。二氧化钛化学性质相当稳定，不溶于水、有机酸和弱无机酸、可溶于浓硫酸、碱和氢氟酸。与浓硫酸反应生成硫酸盐，溶于氢氧化钠的熔融物中，生成钛酸盐，高温下有还原剂存在时与不同的氯化剂作用生成四氯化钛等。

二氧化钛具有很好的物理、化学、光学和颜料性能，因而用途十分广泛。在涂料工业中二氧化钛可使涂料色彩鲜艳、漆膜寿命长，还可作为白色颜料和瓷器釉药。作为造纸工业的填料可以改进纸张的可印性和不透明度。化学纤维工业中加入二氧化钛作消光剂，在塑料、橡胶、印染、化妆品工业、医药填料和食品添加剂方面也有广泛的应用。

工业上生产二氧化钛的原料为含钛矿石。如钛铁矿（$FeO \cdot TiO_2$）、钛磁矿（$Fe_3O_4 \cdot TiO_2$）、榍石（$CaO \cdot TiO_2 \cdot SiO_2$）等，其中以钛铁矿的使用最为普遍。

二氧化钛的生产方法以溶剂分类有碱（或盐）熔融法和酸分解法两大类，酸分解法又分为硫酸法和氯化法两种。硫酸法生产二氧化钛历史悠久，生产经验丰富，原料品位可以较低，产品质量良好，但生产过程中废酸、废渣较多，劳动强度大。

氯化法采用高品位矿石，杂质较少，工艺流程比硫酸法短，生产自动化程度较高，所需能量小，氯气可循环使用，污染较小等。但氯化法投资较大、工艺难度大、技术要求高、对材质要求高。

目前钛白粉的世界产量约为 $2.5 \sim 3.0\text{Mt}$，其中硫酸法产量约占 2/3，氯化法产量约占 1/3，近年来新建厂大都采用氯化法生产。我国钛白粉生产的发展速度较慢，目前仍以硫酸法为主。

（一）硫酸法钛白粉生产原理及过程

硫酸法是生产二氧化钛的传统方法，有液相法、固相法、加压法和连续法等，目前工业生产以固相法为主。

硫酸法生产钛白粉的典型流程可分为五个阶段：原矿准备；钛白硫酸盐溶液的制备；水合二氧化钛的制备；偏钛酸的煅烧及钛白粉的后处理。

1. 原矿准备　硫酸法生产钛白粉多以分布较广的钛铁矿为原料，首先通过加热等方法脱出钛铁矿中的水分，再进行磁选分离掉矿中有害杂质，最后粉碎。钛铁矿中的含水量、粒度均会影响酸解操作。

2. 钛白的硫酸盐溶液的制备

（1）钛铁矿酸解　将含 50% 左右的钛铁矿粉碎成 325 目的矿粉与 92%～93% 的浓硫酸进行酸解反应，将其中的钛和铁等组分转化为可溶性硫酸盐溶液。钛铁精矿的组成较复杂，酸解反应包括气、液、固三相，反应机理较复杂。

钛铁矿的主要化学成分为偏钛酸亚铁（$FeO \cdot TiO_2$），为弱酸弱碱盐，能与强酸反应，且反应进行比较完全。矿中其他组分也能被强酸分解，利用物理或化学方法，可使钛与杂质分离。酸解反应为放热反应，温度可达 250℃，所以需采用高沸点的硫酸（沸点 338℃）进行分解。

硫酸分解钛铁矿反应如下：

$$FeTiO_3 + 3H_2SO_4 = Ti(SO_4)_2 + FeSO_4 + 3H_2O \qquad (7-4)$$

$$FeTiO_3 + 2H_2SO_4 = TiOSO_4 + FeSO_4 + 2H_2O \qquad (7-5)$$

另外还有以下副反应同时发生。

$$Fe_2O_3 + 3H_2SO_4 = Fe_2(SO_4)_3 + 3H_2O$$

$$2Ti(SO_4)_2 + Fe = Ti_2(SO_4)_3 + FeSO_4$$

$$Fe_2(SO_4)_3 + Fe = 3FeSO_4$$

当硫酸过量时对反应式（7-4）比较有利。在钛液中加入质量较纯的铁屑，能使氧化性较强的 Fe^{3+} 还原成 Fe^{2+}，当溶液中 Fe^{3+} 全部还原后，铁屑与溶液中的 Ti^{4+} 反应使 Ti^{4+} 还原成 Ti^{3+}。为使钛液中 Fe^{3+} 全部被还原成 Fe^{2+}，防止在以后过程中重新被氧化，应使 Fe^{3+} 的还原略为过量，保持溶液中有一定量的 Ti^{3+}。

硫酸在钛液中以三种形态存在：与钛结合的酸、与其他金属结合的酸、游离酸。其中与钛结合的酸和游离酸的总和称为有效酸。采用酸度系数 F（也称酸比值）来表示有效酸与钛盐之间的浓度关系，即

$$F = \frac{有效酸含量}{钛盐含量（以 TiO_2 计）} = \frac{有效酸浓度}{总 TiO_2 浓度}$$

当溶液中有效酸全部与钛结合生成正硫酸氧钛时，酸度系数为：

$$F = \frac{H_2SO_4}{TiO_2} = \frac{98}{80} = 1.23$$

当溶液中有效酸全部与钛结合生成正硫酸盐时，则一个分子钛与两个分子硫酸结合，此时酸度系数为：

$$F = \frac{2H_2SO_4}{TiO_2} = \frac{2 \times 98}{80} = 2.45$$

酸度系数随矿酸比、硫酸浓度、分解反应温度、反应时间、溶液最终浓度及还原温度等的变化而变化。采用固相法生产时，钛液的 F 值为 $1.6 \sim 2.1$ 之间。此时硫酸过量，溶液中主要是硫酸氧钛，有少量 $Ti(SO_4)_2$。

钛铁矿组成很复杂，具有比热容较小，活化能较高的特性。钛铁

矿在常温下几乎不与硫酸反应，必须预热加温。酸解反应中，利用硫酸稀释放出的大量热控制反应速率，温度升高反应速率急剧增加。

根据酸解过程的动力学分析，酸解过程可分为五个阶段：① 硫酸在溶液中以对流和扩散方式，向钛铁矿粉相界移动；② 硫酸被钛铁矿粉表面吸附；③ 硫酸与钛铁矿粉反应，形成反应面并附在钛铁矿粉表面；④ 生成的硫酸盐在水的溶解下，从固相物表面解析脱离钛铁矿；⑤ 钛和铁的硫酸盐从固相物表面扩散到溶液中。

为加强扩散作用，提高扩散系数，可采取搅拌及控制温度的方法。加快硫酸与钛铁矿的相互扩散，增加反应速率，改善钛铁矿和硫酸的润湿性能。硫酸分解钛铁矿的反应速率，随着反应温度升高而急剧加快。另外，粉碎钛铁矿，增大其表面积也可加快反应速率。

（2）钛液的净化　净化的目的是除去钛液中不溶性悬浮杂质和部分硫酸亚铁。

根据胶体性质、共沉淀原理、沉淀规律，采用添加助沉剂的方法进行沉淀以除去不溶性杂质。酸解后的钛液中尚含有大量的硫酸亚铁，$FeSO_4$ 的分离采取结晶分离的方法。表 7-3 为 $FeSO_4$ 在不同温度时的溶解度。

表 7-3　$FeSO_4$ 在不同温度时溶解度（$TiO_2 = 120 g \cdot L^{-1}$，有效酸 $240 g \cdot L^{-1}$）

温度 /℃	30	20	15	10	5	0	-2	-6
$FeSO_4/(g \cdot L^{-1})$	240	190	130	117	95	79	59	38

$FeSO_4$ 的结晶方法，按冷却方式可分为自然结晶和冷冻结晶，按操作方法可分为间歇法和真空连续法。$FeSO_4$ 结晶与钛液的分离可用真空抽滤和离心过滤。

经沉降和除去 $FeSO_4$ 后的钛液中，仍含有胶体和细小的机械杂质。它们的表面仍可吸附重金属离子，如不除去，在水解时会成为不良的结晶中心，影响水合 TiO_2 粒子的大小、形状，最终影响产品的质量。除去这些杂质的方法是加入净化剂，使它与杂质产生共沉淀，再加入助滤剂，采用压滤机或过滤机等设备过滤。

3. 水合二氧化钛的制备　钛液的水解是二氧化钛从液相（钛液）

重新转变为固相（偏钛酸）的过程。

（1）钛液水解反应　钛液在稀释或加热的条件下即能水解而析出氢氧化钛的水合物沉淀，反应如下：

$$TiOSO_4 + 3H_2O \xrightarrow[\text{稀释}]{\text{室温}} Ti(OH)_4\downarrow + H_2SO_4$$

$Ti(OH)_4$ 在常温下易溶于有机酸、稀无机酸、碱及钛盐溶液中，具有明显的胶体特征。$Ti(OH)_4$ 具有两性特征，且偏酸性，可以认为 $Ti(OH)_4$ 就是正钛酸或 α 钛酸 $Ti(OH)_4$。

当 $Ti(OH)_4$ 陈化时，其组成发生变化变为 $TiO(OH)_2$ 即为偏钛酸或称为 β 钛酸 H_2TiO_3，其性质完全不同于正钛酸。钛液加热维持其沸腾时，也会发生水解反应产生白色偏钛酸沉淀。偏钛酸实质上是高分散和活动状态的二氧化钛，它牢固地吸附着一定量的水，可以用 $TiO_2 \cdot yH_2O$ 来表示，称为水合二氧化钛。工业上制取偏钛酸的方法为钛液高温沸腾水解，反应如下：

$$TiOSO_4 + 2H_2O \longrightarrow H_2TiO_3\downarrow + H_2SO_4$$

（2）偏钛酸水洗　热水解得到的偏钛酸悬浮液中，含有游离硫酸和硫酸亚铁等可溶性杂质及其他离子，水洗主要利用偏钛酸的水不溶性和杂质的水溶性进行液固分离。生产中采用真空叶滤机进行过滤，当偏钛酸滤饼沉积到一定厚度，将真空叶滤片放入一次水洗槽中水洗 1～2h 后，再将叶滤机吊入二次水洗槽中水洗 10h，检验滤液，当合格后将偏钛酸物料再送去漂洗。为防止偏钛酸中铁沉淀析出，应保持 pH＝1～2，可在洗涤水中加入少量硫酸或盐酸。在水洗过程中保持一定量的 Ti^{3+}，防止出现 Fe^{3+}。

（3）偏钛酸的漂洗　经水洗的偏钛酸中含铁量为 0.01% 左右，产品中含铁量要求控制在 0.003% 以下。残留于偏钛酸中的铁需在漂洗过程中进一步除去，漂洗是将水洗后的偏钛酸在酸性介质中用还原剂处理，将残留的氢氧化铁溶解并还原为硫酸亚铁，再进一步水洗除去，同时除去其他杂质，得到合格的偏钛酸。

目前工业上大部分采用三价钛盐漂白，另外还可采用锌粉漂白及电漂白等方法。

（4）偏钛酸的盐处理　在生产颜料钛白粉时要根据不同品级的需要，在偏钛酸中加入少量添加剂，然后在适当的温度下煅烧，使产品具有良好的色相、光泽、较高的着色力、遮盖力、适宜的粒度、形状以及在漆料介质中的易分散性。偏钛酸煅烧前加入添加剂的过程称为盐处理。在工业生产中，必须在偏钛酸溶液中加入金红石化促进剂和晶型调节剂，使 TiO_2 以合理的速度成长，在较低的煅烧温度下生产出晶型转化完全、大小适中、外形规整的颜料粒子。

一般使用的金红石化促进剂为锌盐（硫酸锌、氯化锌、氧化锌等）及二氧化钛溶胶。调节剂常用的有硫酸钾、碳酸钾等钾盐。添加剂主要有磷酸盐、锑盐、钾盐等。针对不同的晶种要求，加入不同的盐处理剂，常将几种添加剂配合使用，添加剂的加入量应在保证质量的前提下越少越好，并应注意添加的顺序。

4. 偏钛酸的煅烧　二氧化钛以水合物的形式从硫酸溶液中沉淀出来，不仅带有大量的水，而且吸附夹带了一定量的酸。经高温煅烧可除去偏钛酸中水分和三氧化硫，同时使二氧化钛转变成所需要的晶型。

偏钛酸煅烧时，有脱水和脱硫过程，也有晶型转化及粒子成长过程。偏钛酸的煅烧反应是一个强烈的吸热过程，工业上采取回转窑煅烧，煅烧时发生的反应如下：

$$TiO_2 \cdot xSO_4 \cdot yH_2O =\!=\!= TiO_2 + xSO_4 \uparrow + yH_2O$$

煅烧过程中存在着二氧化钛晶型的转变。由无定型的偏钛酸凝聚粒子转变为锐钛型晶体，锐钛晶型 TiO_2 在低温时稳定，高温时向金红石型晶型转化，这些转化过程均属于不可逆反应。煅烧过程中，随着脱水、脱硫过程，微晶体开始长大然后凝聚，所以煅烧后的产品是粒子的凝聚物。

5. 钛白的后处理　原始钛白未经处理时，存在一定的缺陷，需要经过一系列的粒度分级和表面改性处理，改善它的底色、着色力、不透明度、化学稳定性等，弥补缺陷。

煅烧后的产品需经过粉碎使其粒度达到要求，粉碎钛白的方法一般分为湿式和干式两种。粉碎工艺流程选择主要取决于对钛白产品的要求及技术经济指标综合考虑。经磨细的钛白粉要进行粒度分级，一般采用以水为介质的湿法分级。然后进行表面改性处理，即在钛白的颗粒表面包覆一层特殊的膜，以提高钛白的耐候性和分散性，使其具有各种良好的性能。钛白表面的包覆处理可分为有机包覆和无机包覆。无机包覆是在钛白颗粒表面沉积一层金属的氢氧化物或水合氧化物，可降低光化学活性，提高耐候性。有机包覆处理的目的是为了改进钛白在不同介质中的分散性。表面处理时，需要控制好试剂的浓度、pH 值、添加剂和处理剂的添加速度及发生反应的温度等。

再经水洗、过滤、干燥、超微粉碎和计量包装即得到二氧化钛产品。

（二）硫酸法生产二氧化钛流程

硫酸法生产二氧化钛流程如图 7-6 所示。将钛铁矿与热浓硫酸加

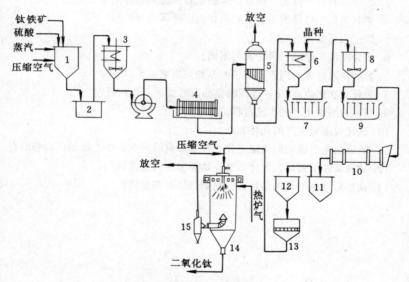

图 7-6　硫酸法生产二氧化钛的工艺流程

1—酸解器；2—沉淀槽；3—冷冻器；4—压滤机；5—蒸发器；6—水解器；

7，9—液片吸滤机；8，12—处理器；10—回转窑；11—水洗器；

13—过滤器；14—干燥塔；15—旋风分离器

入酸解器中，使其中的钛和铁等转化成可溶性硫酸盐，酸解钛铁矿后所得钛液含有可溶性的盐类、不溶性的悬浮物、残渣及胶体物质。经沉淀槽除去部分不溶性杂质后再利用冷却结晶分离的方法，除去钛液中大量的硫酸亚铁结晶及胶体和细小的机械杂质。净化后的钛液经蒸发器进入水解器同时加入一定数量的晶种进行热水解反应，以使二氧化钛由液相中结晶出来得到含偏钛酸结晶的悬浮液，经叶片吸滤机对偏钛酸滤饼进行水洗、漂洗后送盐处理器进行盐处理，再经煅烧及钛白的表面处理、干燥即得成品钛白。

思　考　题

1. 生产无机盐的原料有哪几种？

2. 何为标准流程，设置标准流程的意义及作用是什么？

3. 为什么要对矿石进行精选？试述矿石精选的几种主要方法？

4. 矿石热化学处理的主要目的是什么？有哪些方法？

5. 如何强化焙烧过程？

6. 何为浸取和萃取？两者有何不同？

7. 影响浸取速率的因素有哪些？是如何影响的？

8. 为什么在焙烧高 SiO_2 含量的重晶石时要加入石灰石？

9. 简述硫酸钡生产的工艺过程。

10. 试比较硼酸生产的几种方法。

11. 碳碱法生产硼酸的关键是什么？其影响因素有哪些？是如何影响的？

12. 钛白矿粉酸解时，为什么要在钛液中加入纯铁屑？

13. 钛白后处理的目的是什么？它们包括哪些步骤？

参 考 文 献

1 施湛青主编.无机物工艺学（上册）.北京：化学工业出版社，1981

2 姚梓均主编.无机物工艺学（下册）.北京：化学工业出版社，1981

3 陈五平主编.无机化工工艺学（一）.北京：化学工业出版社，1996

4 陈五平主编.无机化工工艺学（二）.北京：化学工业出版社，1989

5 陈五平主编.无机化工工艺学（三）.北京：化学工业出版社，1989

6 陈五平主编.无机化工工艺学（四）.北京：化学工业出版社，1989

7 程桂花主编.合成氨.北京：化学工业出版社，1998

8 郑永铭主编.硫酸与硝酸.北京：化学工业出版社，1998

9 张世明主编.化学肥料.北京：化学工业出版社，1998

10 文建光主编.纯碱与烧碱.北京：化学工业出版社，1998

11 姜圣阶等编著.合成氨工学.第一卷，第二卷，第三卷.北京：石油化学工业出版社，
   1978，1976，1977

12 中国纯碱工业协会主编.纯碱工艺学.北京：化学工业出版社，1990

13 方度，蒋兰荪，吴正德主编.氨碱工艺学.北京：化学工业出版社，1990

14 赵师琦主编.无机物工艺.北京：化学工业出版社，1985

15 陆忠兴，周元培主编.氨碱分册.北京：化学工业出版社，1995

16 侯德榜主编.制碱工学（上、下册）.北京：化学工业出版社，1959

17 B.C.库兹涅佐夫著.张继榕等译.电解食盐制造氯气及烧碱.北京：化学工业出版
   社，1958

18 天津化工研究院.无机盐工业手册（上册）.北京：化学工业出版社，1981

19 周有英主编.无机盐工艺学.北京：化学工业出版社，1995

20 （苏）M.E.波任.无机盐工艺学（上、下册）.北京：高等教育出版社，1982

内 容 提 要

本书主要阐述典型无机产品（如合成氨、化学肥料、无机酸碱盐等）的生产原理、生产方法、工艺条件的确定、生产工艺流程及主要设备构造等。并对有关产品生产的新工艺、新技术、新设备及发展动态作了简要介绍。

本书为全国化工中等专业学校化学工艺专业的规划教材，也可作为职工培训和化工技校的参考教材。